L. Jentsch und J. Maul

Zur Elastizitäts- und Thermoelastizitätstheorie

Mathematical Research · Mathematische Forschung

Wissenschaftliche Beiträge
herausgegeben von der
Akademie der Wissenschaften der DDR
Zentralinstitut für Mathematik und Mechanik

Band 4

Zur Elastizitäts- und Thermoelastizitätstheorie

von

L. Jentsch und J. Maul

Zur Elastizitäts- und Thermoelastizitätstheorie

Potentialtheoretische Methoden in Anwendung auf verschiedene Modelle

Von

Prof. Dr. Lothar Jentsch
Technische Hochschule Karl-Marx-Stadt

und

Dr. Johannes Maul
Karl-Marx-Universität Leipzig

Akademie-Verlag · Berlin 1980

Erschienen im Akademie-Verlag, DDR-1080 Berlin, Leipziger Str 3—4
Lektor: Dr. Reinhard Höppner

Lizenznummer: 202 · 100/418/80
Umschlag: Rolf Kunze
Gesamtherstellung: VEB Druckerei „Thomas Müntzer", 5820 Bad Langensalza
Bestellnummer: 762 810 2 (2182/4)
Printed in GDR
DDR 20,— M

Vorwort

Bereits zu Beginn unseres Jahrhunderts wurde die zur Lösung des Dirichletschen und Neumannschen Problems für die Laplacesche Differentialgleichung entwickelte potentialtheoretische Methode u. a. von Fredholm (1906) und H. Weyl (1915) auf die räumlichen Grundaufgaben der Elastostatik angewandt. Dabei zeigte es sich, daß die natürlichen Potentialansätze mit der Somiglianaschen Grundlösungsmatrix und dem Spannungsoperator an Stelle der Normalableitung nicht auf reguläre Fredholmsche Integralgleichungen sondern, wie man später erkannte, auf zweidimensionale singuläre Integralgleichungen führen. Erst mit der Entwicklung der Theorie der mehrdimensionalen singulären Integralgleichungen wurde die potentialtheoretische Methode zu neuem Leben erweckt und seit den fünfziger Jahren vorwiegend von Kupradze und seinen Schülern, zu denen sich im weiteren Sinne auch die Autoren zählen, auf die verschiedensten Randwertaufgaben der Elastostatik, Thermoelastostatik, stationäre elastische und thermoelastische Schwingungen und mikropolare Elastizitätstheorie angewandt.

Im ersten Teil des Buches werden verallgemeinerte thermoelastische stationäre Schwingungen in Körpern mit Einschlüssen aus anderem Material betrachtet und für die entsprechenden Randkontaktaufgaben Existenz- und Eindeutigkeitssätze bewiesen. Die zugrunde gelegten linearen inhomogenen Kontaktbedingungen bedeuten im homogenen Fall physikalisch, daß die Einschlüsse reibungsfrei bei idealem Wärmekontakt an dem umgebenden Medium gleiten, ohne sich von diesem abzuheben.

In der ebenen Elastizitätstheorie sind auf Grund des Zusammenhangs mit der Bipotentialgleichung und den analytischen Funktionen funktionentheoretische Methoden vorherrschend. Im zweiten Teil des Buches wird dagegen die potentialtheoretische Methode, die bei den ebenen Problemen in unmittelbarem Zusammenhang mit den eindimensionalen singulären Integralgleichungen steht, auf gemischte Randwertaufgaben und Randkontaktaufgaben der ebenen mikropolaren Elastizitätstheorie und der ebenen Thermoelastizitätstheorie angewandt. Während im ersten Teil des Buches aufgabenspezifische Potentialansätze zum Ziel führen, gelingt im zweiten Teil die Lösung aller Aufgaben in Form des Potentials der einfachen Schicht mit den Grundlösungen oder geeigneten Greenschen Tensoren im Kern.

Auf eine besondere Kennzeichnung der Vektoren wurde verzichtet, auch geht unserer Meinung nach aus dem Zusammenhang eindeutig hervor, ob O der Buchstabe, die Zahl null, der Nullvektor oder das Landau-Symbol ist. Die Bezeichnungen beider Teile des Buches sind weitestgehend voneinander unabhängig, jeder Teil hat sein eigenes Literaturverzeichnis. Eine doppelte Bedeutung gleicher Bezeichnungen tritt nur in Einzelfällen auf, in denen eine Verwechslung ausgeschlossen ist.

Die Autoren danken dem Akademie-Verlag, daß mit dem vorliegenden Band eine schnelle Veröffentlichung von Forschungsergebnissen ermöglicht wurde.

Karl-Marx-Stadt, September 1979 Lothar Jentsch
Leipzig, September 1979 Johannes Maul

Inhaltsverzeichnis

Verallgemeinerte thermoelastische Schwingungen in Körpern mit gleitenden Einschlüssen aus anderem Material

Lothar Jentsch

1. Einleitung

In dieser Arbeit werden Existenz- und Eindeutigkeitssätze für Kontaktaufgaben und Randkontaktaufgaben der Theorie stationärer thermoelastischer Schwingungen mit singulären Integralgleichungsmethoden bewiesen. Zu Grunde gelegt wird die verallgemeinerte Thermomechanik für isotrope Körper mit nicht verschwindender Relaxationszeit des Wärmestromes [1]. Untersucht wird zunächst die reine Kontaktaufgabe für den dreidimensionalen thermoelastischen Raum, der Einschlüsse aus anderem Material enthält. Dieses Problem ist grundlegend für die Randkontaktaufgaben für beschränkte oder unbeschränkte Gebiete mit im Endlichen liegenden Rand, bei denen neben den Kontaktbedingungen an den Trennflächen zwischen zwei homogenen Teilen noch Randbedingungen hinzutreten. Hat man dieses nämlich gelöst, dann kann man die Existenz von gekoppelten Grundlösungsmatrizen nachweisen und die Randkontaktaufgaben in großer Analogie zum elastisch homogenen Fall behandeln (vgl. [2], [3]).

Das reine Kontaktproblem für stationäre thermoelastische Schwingungen im Rahmen der Thermoelastizitätstheorie mit Fourierschem Wärmeleitgesetz und fester Koppelung ist Gegenstand der Arbeiten [4], [5], die Randkontaktaufgaben wurden in [4] und [11] studiert. Hier betrachten wir den Fall, daß die Einschlüsse an dem umgebenden Medium reibungsfrei gleiten können, ohne sich voneinander abzuheben. Die dazu erforderlichen potentialtheoretischen Grundlagen findet man in [6]. Im Hinblick auf die Konstruktion der gekoppelten Grundlösungsmatrix und die Untersuchung der Randkontaktaufgaben hat man auch einen Existenzsatz für ein reines adjungiertes Kontaktproblem und Eindeutigkeitssätze für adjungierte Randkontaktaufgaben zu beweisen.

Bekanntlich kann ein Gebiet keine stationären elastischen Schwingungen ausführen, wenn auf dem Rand der Verschiebungs- und Normalspannungsvektor Null sind. Die Diskussion des dem Kontaktproblem entsprechenden singulären Integralgleichungssystems würde sich sehr vereinfachen, wenn für die Nichtexistenz von Eigenschwingungen bereits das Verschwinden des Verschiebungsvektors und der Normalkomponente des Normalspannungsvektors am Rand ausreichte. Leider ist das nicht so, wie durch ein konkretes Beispiel belegt wird.

2. Bezeichnungen und Grundgleichungen

Die Grundgleichungen der verallgemeinerten Thermomechanik isotroper Körper sind [1]

$$\mu \Delta u + (\lambda+\mu) \operatorname{grad} \operatorname{div} u - \gamma \operatorname{grad} \theta = -f + \varrho \frac{\partial^2 u}{\partial t^2} , \tag{2.1}$$

$$\Delta\theta - \frac{1}{\kappa} \, l(\partial_t) \frac{\partial\theta}{\partial t} - \eta \, l(\partial_t) \frac{\partial}{\partial t} \operatorname{div} u = - \frac{1}{\lambda_\theta} \, l(\partial_t) w_\theta . \tag{2.2}$$

Dabei ist

$u = u(x,t)$	Verschiebungsvektor an der Stelle x zur Zeit t,
T_0	konstante Temperatur im undeformierten Anfangszustand
$T = T(x,t)$	Temperatur
$\theta = T - T_0$	
$f = f(x,t)$	Volumenkraft
$w_\theta = w_\theta(x,t)$	Dichte der inneren Wärmequellen
λ, μ	Lamésche Elastizitätsmoduln
ϱ	Dichte
α	linearer Wärmeausdehnungskoeffizient
$\gamma = (2\mu+3\lambda)\alpha$	
λ_θ	Wärmeleitzahl
$\eta = \gamma T_0/\lambda_\theta$	
c_ε	auf das Volumen bezogene spezifische Wärme bei konstanten Deformationen
$\kappa = \lambda_\theta/c_\varepsilon$	
t_r	Relaxationszeit des Wärmestromes
$l(\partial_t) = 1 + t_r \frac{\partial}{\partial t}$.	

In der verallgemeinerten Thermomechanik besteht bei isotropen Körpern zwischen dem Wärmestromvektor q und θ der Zusammenhang (s.[1])

$$l(\partial_t) q = - \lambda_\theta \operatorname{grad} \theta , \tag{2.3}$$

für $t_r = 0$ ist dies das Fouriersche Wärmeleitgesetz. Durch Integration von (2.3) folgt ($\theta_{,k} = \frac{\partial\theta}{\partial x_k}$)

$$q_k(x,t) = - \frac{\lambda_\theta}{t_r} \int_0^t \theta_{,k}(x,\tau) e^{\frac{\tau-t}{t_r}} d\tau + q_k(x,0) e^{-\frac{t}{t_r}} . \tag{2.4}$$

Für zeitlich periodische Temperaturfelder

$$\theta(x,t) = \theta'(x) \cos \omega t + \theta''(x) \sin \omega t \tag{2.5}$$

erhält man aus (2.4)

$$q_k(x,t) = \frac{\lambda_\theta}{1+\omega^2 t_r^2}\left[\cos\omega t(-\theta'_{,k}+\omega t_r \theta''_{,k}) - \sin\omega t(\theta''_{,k}+\omega t_r \theta'_{,k})\right]$$

$$+ \frac{\lambda_\theta}{1+\omega^2 t_r^2}\, e^{-\frac{t}{t_r}} (\theta'_{,k} - \omega t_r\, \theta''_{,k}) + q_k(x,0)\, e^{-\frac{t}{t_r}} ,$$

also gilt für große t die auch (2.3) genügende Beziehung

$$q_k(x,t) = \frac{\lambda_\theta}{1+\omega^2 t_r^2}\left[\cos\omega t(-\theta'_{,k}+\omega t_r \theta''_{,k})-\sin\omega t(\theta''_{,k}+\omega t_r \theta'_{,k})\right]. \tag{2.6}$$

Wir nehmen jetzt alle äußeren Einflüsse, sowie $u(x,t)$, $\theta(x,t)$ zeitlich periodisch entsprechend (2.5) an und bilden komplexwertige nur von x abhängige Funktionen, deren Real- bzw. Imaginärteil gleich der bei $\cos\omega t$ bzw. $\sin\omega t$ stehenden Funktion ist, also z. B.

$$\theta = \theta(x) = \theta'(x) + i\, \theta''(x).$$

Dann erhält man aus (2.1), (2.2) die folgenden Grundgleichungen für die thermoelastischen Schwingungen mit nicht verschwindender Relaxationszeit:

$$\mu \Delta u + (\lambda+\mu)\operatorname{grad} \operatorname{div} u + \varrho\omega^2 u - \gamma \operatorname{grad}\theta = -f, \tag{2.7}$$

$$\Delta\theta + i\, \frac{\omega}{\kappa^r}\theta + i\omega \eta^r \operatorname{div} u = - \frac{1}{\lambda_\theta^r}\, w_\theta \tag{2.8}$$

mit

$$\lambda_\theta^r = \frac{\lambda_\theta}{1-i\omega t_r}, \quad \kappa^r = \frac{\lambda_\theta^r}{c_\varepsilon}, \quad \eta^r = \frac{\gamma T_0}{\lambda_\theta^r}. \tag{2.9}$$

Für den komplexen Wärmestrom durch ein Flächenelement mit dem Normaleneinheitsvektor $n = (n_1,n_2,n_3)^T$ folgt aus (2.6)

$$n\cdot q(x) = \sum_{k=1}^{3} \frac{\lambda_\theta}{1+\omega^2 t_r^2}\left[(-\theta'_{,k}+\omega t_r \theta''_{,k})- i(\theta''_{,k}+\omega t_r \theta'_{,k})\right] n_k$$

$$= - \lambda_\theta^r \frac{\partial\theta}{\partial n} = - \lambda_\theta^r\, n\cdot\operatorname{grad}\theta\, . \tag{2.10}$$

In der Theorie der stationären thermoelastischen Schwingungen wirkt sich also die Berücksichtigung der endlichen Ausbreitungsgeschwindigkeit der Wärme nur so aus, daß man an Stelle der Wärmeleitzahl λ_θ mit der komplexen Wärmeleitzahl λ_θ^r rechnen muß.

Wir setzen

$$U = \begin{pmatrix} u \\ u_4 = \theta \end{pmatrix}, \quad F = \begin{pmatrix} -f \\ - w_\theta / \lambda_\theta^r \end{pmatrix}$$

und schreiben das System (2.7), (2.8) kurz

$$B^r U = F. \tag{2.11}$$

Für $t_r = 0$ erhält man aus B^r den Operator B (vgl. [4], (1.5)).

Die vierreihige Grundlösungsmatrix $\Gamma^r(x,y;\omega,\gamma)$ von B^r ergibt sich aus der Grundlösungsmatrix $\Gamma(x,y;\omega,\gamma)$ von B, indem man λ_θ durch λ_θ^r ersetzt. Nach [7], [4] gilt für die Elemente von $\Gamma^r(x,y;\omega,\gamma)$

$$\Gamma^r_{kj}(x,y;\omega,\gamma) =$$

$$= (1-\delta_{k4})(1-\delta_{j4})\left[\frac{\delta_{kj}}{\mu}\frac{e^{id_3|x-y|}}{|x-y|} - \sum_{l=1}^{3} a_l^r \frac{\partial^2}{\partial x_k \partial x_j}\frac{e^{id_l^r|x-y|}}{|x-y|}\right]$$

$$+ i\omega\eta^r\delta_{k4}(1-\delta_{j4})\sum_{l=1}^{2} b_l^r \frac{\partial}{\partial x_j}\frac{e^{id_l^r|x-y|}}{|x-y|} \tag{2.12}$$

$$-\gamma\delta_{j4}(1-\delta_{k4})\sum_{l=1}^{2} b_l^r \frac{\partial}{\partial x_k}\frac{e^{id_l^r|x-y|}}{|x-y|} + \delta_{k4}\delta_{j4}\sum_{l=1}^{2} c_l^r \frac{e^{id_l^r|x-y|}}{|x-y|}$$

mit

$$(d^r_{1,2})^2 = \frac{\varrho\omega^2}{2(\lambda+2\mu)} + \frac{1}{2}i\omega\left(\frac{1}{\kappa^r} + \frac{\eta^r\gamma}{\lambda+2\mu}\right)$$

$$\mp\omega\sqrt{-\frac{\eta^r\gamma}{\kappa^r(\lambda+2\mu)} + \frac{1}{4}\left[\frac{\varrho\omega}{\lambda+2\mu} + i\left(-\frac{1}{\kappa^r} + \frac{\eta^r\gamma}{\lambda+2\mu}\right)\right]^2}\,, \tag{2.13}$$

$$a_l^r = (-1)^l\frac{1 - i\omega/\kappa^r(d_l^r)^2}{(\lambda+2\mu)((d_2^r)^2-(d_1^r)^2)}\,, \quad b_l^r = (-1)^l\frac{1}{(\lambda+2\mu)((d_2^r)^2-(d_1^r)^2)}\,,$$

$$c_l^r = (-1)^l\,\frac{(d_l^r)^2-\varrho\omega^2/(\lambda+2\mu)}{(d_2^r)^2-(d_1^r)^2}\,,\quad l = 1,\ 2,$$

$$a_3 = a_3^r = -\frac{1}{\varrho\omega^2}\,,\quad d_3 = d_3^r = \sqrt{\frac{\varrho}{\mu}}\,\omega\ .$$

Wir nehmen an

$$(d_1^r)^2 \neq (d_2^r)^2. \tag{2.14}$$

Es ist $(d_1^r)^2 = (d_2^r)^2$ genau dann, wenn folgende zwei Bedingungen erfüllt sind

$$\frac{\varrho^2\omega^2}{(\lambda+2\mu)^2} - \frac{1}{\lambda_\theta^2}\left(c_\varepsilon + \frac{\gamma^2 T_o}{\lambda+2\mu}\right)^2 + 2t_r\frac{\varrho\omega^2}{(\lambda+2\mu)\lambda_\theta}\left(-c_\varepsilon + \frac{\gamma^2 T_o}{\lambda+2\mu}\right)$$

$$- t_r^2\,\omega^2\,\frac{1}{\lambda_\theta^2}\left(c_\varepsilon + \frac{\gamma^2 T_o}{\lambda+2\mu}\right)^2 = 0, \tag{2.15}$$

$$\frac{\varrho\lambda_\theta}{\lambda+2\mu}\left(-c_\varepsilon + \frac{\gamma^2 T_o}{\lambda+2\mu}\right) + t_r\left(c_\varepsilon + \frac{\gamma^2 T_o}{\lambda+2\mu}\right)^2 = 0. \tag{2.16}$$

In diesem Fall ist der gemeinsame Wert

$$(d_1^r)^2 = (d_2^r)^2 = \frac{1}{2}\frac{\varrho\omega^2}{\lambda+2\mu}\left(1 + \frac{t_r\omega + i}{\sqrt{1+3\omega^2 t_r^2}}\right). \tag{2.17}$$

Es werden d_1^r, d_2^r so festgelegt, daß

$$\operatorname{Im} d_1^r > 0, \ \operatorname{Im} d_2^r > 0. \tag{2.18}$$

Dies ist genau dann möglich, wenn t_r von einer kritischen Relaxationszeit t_r^{krit}, die durch

$$(t_r^{krit})^2 = \frac{2\lambda_\theta^2 c_\varepsilon \varrho^2 \gamma^2 T_0(\lambda+2\mu)}{[c_\varepsilon(\lambda+2\mu)+\gamma^2 T_0]^4} \tag{2.19}$$

gegeben ist, verschieden ist.

Für ein Metall mit den Kennwerten $\lambda_\theta = 0{,}5$ cal·grad^{-1}·cm^{-1}·sec^{-1}, $c_\varepsilon = 0{,}866$ cal·grad^{-1}·cm^{-3}, $\varrho = 7{,}8$ g·cm^{-3}, Elastizitätsmodul $E = 21000$ kp·mm^{-2}, Poissonsche Zahl $\nu = 0{,}3$, $\alpha = 12\cdot10^{-6}$ grad^{-1}, $T_0 = 290^\circ$ K ergab sich $t_r^{krit} = 2{,}36\cdot10^{-7}$ sec, während für Metalle $t_r = 10^{-11}$ sec beträgt. Mit diesen Kennwerten ergab sich auch, daß (2.16) verletzt ist, also ist die Annahme (2.14) gerechtfertigt.

Wegen der Voraussetzungen (2.14), (2.18) bleiben die in [4], S. 175-182 zusammengestellten Formeln und Eigenschaften von $\Gamma(x,y;\omega,\gamma)$ auch richtig, wenn λ_θ durch λ_θ^r ersetzt wird, also gelten sie auch für $\Gamma^r(x,y;\omega,\gamma)$.

Den zu B^r adjungierten Operator B^{r*} und seine Grundlösungsmatrix $\Gamma^{r*}(x,y;\omega,\gamma)$ erhält man aus B^r und $\Gamma^r(x,y;\omega,\gamma)$, indem man γ durch $i\omega\eta^r$ und $i\omega\eta^r$ durch γ ersetzt. Es gilt dann

$$\Gamma_{kj}^{r*}(x,y;\omega,\gamma) = \Gamma_{jk}^r(y,x;\omega,\gamma). \tag{2.20}$$

3. Die reinen Kontaktprobleme

Wir betrachten ein unbeschränktes Gebiet D_o und beschränkte Gebiete $D_1,\ldots,D_N$ mit den Rändern $S_1,\ldots,S_N$, so daß $\overline{D}_s \cap \overline{D}_t = \emptyset$ für $s \neq t$ $(s,t=1,\ldots,N)$ und $E_3 = \bigcup_{p=o}^{N} \overline{D}_p$. Es sei $S_o = \bigcup_{q=1}^{N} S_q$. Die thermoelastischen Eigenschaften von D_p sind charakterisiert durch die Materialkonstanten λ_p, μ_p, ϱ_p, α_p, $\lambda_{\theta p}$, $c_{\varepsilon p}$, t_{rp}. Sind Operatoren mit diesen Konstanten gebildet, setzen wir (p) darunter.

Wir verwenden Matrizenschreibweise, ^{T} bedeutet das Transponieren, Vektoren sind als Spaltenmatrizen aufzufassen, $a \cdot b = a^T b$ ist das Skalarprodukt zweier Vektoren a und b, e_1, e_2, e_3 sind die Koordinateneinheitsvektoren.

Es seien $E^n(n)$, $E^t(n)$ $(n=(n_1,n_2,n_3)^T, |n| = 1)$ dreireihige Matrizen mit den Elementen

$$E^n_{kj}(n) = n_k n_j, \quad E^t_{kj}(n) = \delta_{kj} - n_k n_j, \tag{3.1}$$

dann ist

$$E^n(n)u = (u \cdot n)n \tag{3.2}$$

die Komponente von u in Richtung n und

$$E^t(n)u = u - (u \cdot n)n \tag{3.3}$$

die dazu senkrechte Komponente. Es ist

$$\underset{(p)}{T}(\partial_x, n) = \sum_{k,j=1}^{3} \Big(\delta_{kj}\mu_p \sum_{l=1}^{3} n_l \frac{\partial}{\partial x_l} + \lambda_p n_k \frac{\partial}{\partial x_j} + \mu_p n_j \frac{\partial}{\partial x_k}\Big) e_k e_j^T \tag{3.4}$$

der Spannungsoperator (zum Teil lassen wir ∂_x weg) und

$$\underset{(p)}{\widetilde{T}}(\partial_x, n)U(x) = \underset{(p)}{T}(\partial_x, n)u(x) - \gamma_p n u_4(x) \tag{3.5}$$

die zum Feld U(x) gehörige Wärmespannung auf ein Flächenelement an der Stelle x mit der äußeren Normalen n. Weiter sei

$$\underset{(p)}{\widetilde{T}^{*}}(\partial_x, n)U(x) := \underset{(p)}{T}(\partial_x, n)u(x) - i\omega\eta_p^r n u_4(x). \tag{3.6}$$

Es ist

$$E^t(n) \underset{(p)}{\widetilde{T}}(\partial_x, n)U(x) = E^t(n) \underset{(p)}{\widetilde{T}^{*}}(\partial_x, n)U(x) =$$

$$= E^t(n) \underset{(p)}{T}(\partial_x, n)u(x) =: \underset{(p)}{T^t}(\partial_x, n)u(x). \tag{3.7}$$

Definition 3.1. U heißt regulär, wenn auf D_p

$$\mathrm{Re}\, u_j,\ \mathrm{Im}\, u_j \subset C^0(\overline{D}_p) \cap C^1(\overline{D}_p) \cap C^2(D_p), \quad p=0,\ldots,N, \ j=1,\ldots,4.$$

<u>Definition 3.2</u>. Sei U (bzw. V) regulär, $\underset{(o)}{B^r}U = 0$ (bzw. $\underset{(o)}{B^{r*}}V = 0$) auf D_o. Dann besitzen U und V auf D_o die eindeutigen Zerlegungen

$$U = \begin{pmatrix} \overset{12}{u} \\ u_4 \end{pmatrix} + \begin{pmatrix} \overset{3}{u} \\ 0 \end{pmatrix}, \quad V = \begin{pmatrix} \overset{12}{v} \\ v_4 \end{pmatrix} + \begin{pmatrix} \overset{3}{v} \\ 0 \end{pmatrix}$$

mit

$$(\Delta+(d^r_{1o})^2)(\Delta+(d^r_{2o})^2)u = 0, \quad (\Delta+(d^r_{1o})^2)(\Delta+(d^r_{2o})^2)v = 0,$$

$$(\Delta+d^2_{3o})u = 0, \quad (\Delta+d^2_{3o})v = 0,$$

$$\text{rot}\ \overset{12}{u} = 0, \ \text{rot}\ \overset{12}{v} = 0, \ \text{div}\ \overset{3}{u} = 0, \ \text{div}\ \overset{3}{v} = 0$$ (s. [4], S. 180).

U (bzw. V) erfüllt die Ausstrahlungsbedingung, wenn für $|x|>R_o$

$$\overset{12}{u}(x) = o(|x|^{-1}), \quad \frac{\partial \overset{12}{u}(x)}{\partial x_k} = O(|x|^{-2}),$$

$$\overset{3}{u}(x) = O(|x|^{-1}), \quad \frac{\partial \overset{3}{u}(x)}{\partial |x|} - id_{3o}\overset{3}{u}(x) = O(|x|^{-2}), \tag{3.8}$$

$$u_4(x) = o(|x|^{-1}), \quad \frac{\partial u_4(x)}{\partial x_k} = O(|x|^{-2})$$

gilt (bzw. für V).

<u>Problem</u> $\overset{\omega}{G}{}^r_\theta$. Gesucht ein reguläres U mit folgenden Eigenschaften:

1. $\underset{(p)}{B^r}U = 0$ auf D_p, $p = 0,\dots,N$, (3.9)
2. U erfüllt die Ausstrahlungsbedingung,
3. U erfüllt die Kontaktbedingungen

a) $\{\underset{(o)}{T^t}(\partial_x,n)u(x)\}^- = h^-(x), \ x \in S_o$, (3.10a)

b) $\{\underset{(q)}{T^t}(\partial_x,n)u(x)\}^+ = h^+(x), \ x \in S_q, \ q = 1,\dots,N$, (3.10b)

c) $\{\underset{(q)}{\tilde{T}}(\partial_x,n)U(x)\cdot n\}^+ - \{\underset{(o)}{\tilde{T}}(\partial_x,n)U(x)\cdot n\}^- = k(x), \ x \in S_q$, (3.10c)

d) $\lambda^r_{\theta q}\left\{\frac{\partial u_4(x)}{\partial n}\right\}^+ - \lambda^r_{\theta o}\left\{\frac{\partial u_4(x)}{\partial n}\right\}^- = h_4(x), \ x \in S_q$, (3.10d)

e) $(\{u(x)\}^+ - \{u(x)\}^-)\cdot n = g(x), \ x \in S_o$, (3.10e)

f) $\{u_4(x)\}^+ - \{u_4(x)\}^- = g_4(x), \ x \in S_o$. (3.10f)

<u>Problem</u> $\overset{\omega}{G}{}^{r*}_\theta$. Gesucht ein reguläres V mit folgenden Eigenschaften:

1. $\underset{(p)}{B^{r*}}V = 0$ auf D_p, $p = 0,\dots,N$, (3.11)
2. V erfüllt die Ausstrahlungsbedingung,
3. V erfüllt die adjungierten Kontaktbedingungen

$$\text{a)}\quad \left\{ \underset{(o)}{T^t}(\partial_x, n)v(x) \right\}^- = h^-(x), \quad x \in S_o, \tag{3.12a}$$

$$\text{b)}\quad \left\{ \underset{(q)}{T^t}(\partial_x, n)v(x) \right\}^+ = h^+(x), \quad x \in S_q, \quad q = 1, \dots, N, \tag{3.12b}$$

$$\text{c)}\quad \left\{ \underset{(q)}{\tilde{T}^*}(\partial_x, n)V(x)\cdot n \right\}^+ - \left\{ \underset{(o)}{\tilde{T}^*}(\partial_x, n)V(x)\cdot n \right\}^- = k(x), \quad x \in S_q, \tag{3.12c}$$

$$\text{d)}\quad \left\{ \frac{\partial v_4(x)}{\partial n} \right\}^+ - \left\{ \frac{\partial v_4(x)}{\partial n} \right\}^- = h_4(x), \quad x \in S_o, \tag{3.12d}$$

$$\text{e)}\quad (\{v(x)\}^+ - \{v(x)\}^-)\cdot n = g(x), \quad x \in S_o, \tag{3.12e}$$

$$\text{f)}\quad \frac{1}{\lambda^r_{\theta_q}} \{v_4(x)\}^+ - \frac{1}{\lambda^r_{\theta_o}} \{v_4(x)\}^- = g_4(x), \quad x \in S_q. \tag{3.12f}$$

Der Normaleneinheitsvektor $n = n(x)$ zeigt für $x \in S_q$ aus D_q heraus (also z. B. in (3.10a) in D_o hinein), $\{.\}^+, \{.\}^-$ ist der Grenzwert des in der Klammer stehenden Ausdrucks auf der Normalen von D_q bzw. D_o her, $\frac{\partial}{\partial n} = n \cdot \text{grad}$ ist die Ableitung in Richtung n.

4. Eindeutigkeitssatz für die reinen Kontaktprobleme

Um den Eindeutigkeitssatz formulieren zu können, betrachten wir folgende Probleme:

Problem $\underset{(q)}{R}_G$. U ist Lösung des Problems $\underset{(q)}{R}_G$, wenn U regulär und

$$u(x) = 0 \text{ für alle } x \in E_3 \setminus \bar{D}_q,\ u_4(x) = 0 \text{ für alle } x \in E_3, \tag{4.1}$$

$$\mu_q \Delta u + \varrho_q \omega^2 u = 0,\ \operatorname{div} u = 0 \text{ auf } D_q, \tag{4.2}$$

$$\{\underset{(q)}{T}(\partial_x, n)u(x)\}^+ = 0,\ \{u(x)\cdot n\}^+ = 0 \text{ für alle } x \in S_q. \tag{4.3}$$

Problem R_G. U ist Lösung des Problems R_G, wenn U regulär und

$$u(x) = 0 \text{ für alle } x \in D_o,\ u_4(x) = 0 \text{ für alle } x \in E_3, \tag{4.4}$$

sowie (4.2), (4.3) gilt für $q = 1,\dots,N$.

Sind K_G, $\underset{(q)}{K}_G$ die linearen Lösungsräume der Probleme R_G, $\underset{(q)}{R}_G$, dann gilt offenbar $K_G = \underset{(1)}{K}_G \oplus \dots \oplus \underset{(N)}{K}_G$.

Bemerkung 4.1. Wir haben es in dieser Arbeit immer mit komplexen linearen Räumen zu tun.

Hilfssatz 4.1. Sei $S_o \subset \Lambda_2$. Dann ist $\dim \underset{(q)}{K}_G < \infty$ und damit $\dim K_G < \infty$.

Beweis. Sei $U \subset \underset{(q)}{K}_G$, dann gilt für u mit dem elastostatischen Greenschen Tensor 2. Art G(x,y) für das Gebiet D_q (s. [12], S. 21)

$$4\pi u(x) = \int_{D_q} G(x,y)\varrho_q \omega^2 u(y)dy + 4\pi \sum_{j=1}^{6} \int_{D_q} a_j(x)a_j(y)^T u(y)dy,\ x \in D_q, \tag{4.5}$$

wobei $a_1,\dots,a_6$ geeignet orthonormierte starre infinitesimale Verschiebungen sind. Wegen des Singularitätsverhaltens $G(x,y) = O(|x-y|^{-1})$ (s. [12], § 5) ist (4.5) eine homogene Fredholmsche Integralgleichung 2. Art, die nur endlich viele linear unabhängige Lösungen besitzt.

Hilfssatz 4.2. Ist $U \subset \underset{(q)}{K}_G$, $S_o \subset \Lambda_r(\alpha)$, dann gilt $u \in C^{r,\beta}(D_q)$, $0 < \beta < \alpha \leq 1$.

Beweis. Sei $U \subset \underset{(q)}{K}_G$, dann ist u in D_q beliebig oft differenzierbar. Wir wählen in D_q einen genügend glatten Randstreifen D_q^ε von S_q, in dem ω kein Eigenwert des folgenden Randeigenwertproblems RE ist:

$$A(\partial_x, \omega)u \equiv \mu_q \Delta u + (\lambda_q + \mu_q)\operatorname{grad} \operatorname{div} u + \varrho_q \omega^2 u = 0 \text{ in } D_q^\varepsilon,$$

$$\{\underset{(q)}{T}(\partial_x, n)u\}^+ = 0 \text{ auf } \partial D_q^\varepsilon.$$

Dann ist u in D_q^ε darstellbar durch ein Potential der einfachen Schicht mit der Grundlösung $\Gamma(x-y,\omega)$ von $A(\partial_x,\omega)$, deren Dichte einem singulären

Integralgleichungssystem genügt (vgl. [8], S. 304). Aus Satz 3.3 in [8], S. 257, Satz 6.15 in [8], S. 178, Satz 8 in [9], S. 201 folgt die Behauptung.

<u>Bemerkung 4.2</u>. Man muß damit rechnen, daß $\dim K_G > 0$, denn selbst im Fall $\omega = 0$ kann es Lösungen geben (vgl. [6], Eindeutigkeitssatz 1).

Der Beweis des Eindeutigkeitssatzes stützt sich auf zwei Integralsätze, die Verallgemeinerungen der Integralsätze (3.3), (3.4) in [4] sind und analog wie in [7], S. 13-15 bewiesen werden.

<u>Integralsätze</u>. Sei D ein beschränktes Gebiet mit dem Rand $S \subset \Lambda_2$, dann gilt für jede reguläre Lösung U von $B^r U = 0$

$$\frac{2\lambda_\theta}{i\omega T_o}\frac{1}{1+\omega^2 t_r^2}\int_D |\operatorname{grad} u_4|^2 dx = \int_S [\tilde{T}(\partial_x, n)U\cdot\bar{u} - \tilde{T}(\partial_x, n)\bar{U}\cdot u]\, dS$$

$$+ \frac{1}{i\omega T_o}\int_S [\overline{\lambda_\theta^r} u_4 \frac{\partial \bar{u}_4}{\partial n} + \lambda_\theta^r \bar{u}_4 \frac{\partial u_4}{\partial n}]\, dS \tag{4.6}$$

und für jede reguläre Lösung V von $B^{r*} V = 0$

$$\frac{2i\omega T_o}{\lambda_\theta}\int_D |\operatorname{grad} v_4|^2 dx = \int_S [\overline{\tilde{T}^*(\partial_x, n)V}\cdot v - \tilde{T}^*(\partial_x, n)V\cdot\bar{v}]\, dS$$

$$+ i\omega T_o \int_S [\frac{1}{\overline{\lambda_\theta^r}}\bar{v}_4 \frac{\partial v_4}{\partial n} + \frac{1}{\lambda_\theta^r} v_4 \frac{\partial \bar{v}_4}{\partial n}]\, dS. \tag{4.7}$$

<u>Bemerkung 4.3</u>. (4.6), (4.7) gelten auch mit dem verallgemeinerten Spannungsoperator $\overset{\iota}{\tilde{T}}$, $\overset{\iota}{\tilde{T}}{}^*$ (vgl. [4]).

<u>Eindeutigkeitssatz</u>. Sei $S_o \subset \Lambda_2$. Dann haben die homogenen Probleme $\overset{\omega}{G}{}^r_{\theta o}$ und $\overset{\omega}{G}{}^{r*}_{\theta o}$ ($h^- = h^+ = 0$, $k = h_4 = g = g_4 = 0$) genau K_G als Lösung.

Beweis. a) Sei U eine Lösung des Problems $\overset{\omega}{G}{}^r_{\theta o}$, dann erhält man analog wie beim Beweis des Eindeutigkeitssatzes B in [4]

$$\sum_{p=o}^{N}\frac{2\lambda_{\theta p}}{\omega T_o}\frac{1}{1+\omega^2 t_{rp}^2}\int_{D_p \cap K_R} |\operatorname{grad} u_4|^2 dx + 2\omega\sqrt{\rho_o \mu_o}\int_{\partial K_R} |\overset{3}{u}|^2 dS = o(1). \tag{4.8}$$

Hieraus folgt (vgl. [4], S. 185-186) $u_4 = 0$ auf D_p, $p = 0, \ldots, N$, $u = 0$ auf D_o. Also ist U Lösung des Problems R_G.

Für eine reguläre Lösung V des Problems $\overset{\omega}{G}{}^{r*}_{\theta o}$ erhält man aus (4.7)

$$\sum_{p=o}^{N}\frac{T_o}{\lambda_{\theta p}}\int_{D_p \cap K_R} |\operatorname{grad} v_4|^2 dx + \sqrt{\rho_o \mu_o}\int_{\partial K_R} |\overset{3}{v}|^2 dS = o(1), \tag{4.9}$$

woraus ebenfalls $V \subset K_G$ folgt.

b) Man sieht leicht, daß jedes $U \subset K_G$ Lösung des Problems $\overset{\omega}{G}{}^r_{\theta o}$ und $\overset{\omega}{G}{}^{r*}_{\theta o}$ ist.

5. Das Problem R_H

Beim Beweis des Existenzsatzes ist es wichtig zu wissen, ob das folgende Problem R_H nichttriviale Lösungen besitzen kann. Es wird ein Beispiel angegeben, das zeigt, daß man mit dieser Möglichkeit rechnen muß.

Problem $\underset{(q)}{R}_H$. U ist Lösung des Problems $\underset{(q)}{R}_H$, wenn U regulär,

$$u(x) = 0 \text{ für alle } x \in E_3 \setminus \bar{D}_q, \ u_4(x) = 0 \text{ für alle } x \in E_3, \tag{5.1}$$

$$\mu_0 \Delta u + \varrho_0 \omega^2 u = 0, \ \operatorname{div} u = 0 \text{ auf } D_q, \tag{5.2}$$

$$\{u(x)\}^+ = 0, \{\underset{(o)}{T}(\partial_x, n)u(x) \cdot n\}^+ = 0 \text{ für alle } x \in S_q. \tag{5.3}$$

Problem R_H. U ist Lösung des Problems R_H, wenn U regulär,

$$u(x) = 0 \text{ für alle } x \in D_o, \ u_4(x) = 0 \text{ für alle } x \in E_3, \tag{5.4}$$

sowie (5.2), (5.3) gilt für $q=1,\ldots,N$.

Sind K_H, $\underset{(q)}{K}_H$ die linearen Lösungsräume der Probleme R_H, $\underset{(q)}{R}_H$, dann gilt wieder $K_H = \underset{(1)}{K}_H \oplus \ldots \oplus \underset{(N)}{K}_H$.

Hilfssatz 5.1. Sei $S_o \subset \Lambda_2$. Dann ist $\dim \underset{(q)}{K}_H < \infty$ und damit $\dim K_H < \infty$.

Beweis. Sei $U \subset \underset{(q)}{K}_H$ und $G(x,y)$ der elastostatische Greensche Tensor 1. Art für das Gebiet D_q, dann gilt

$$u(x) = \frac{1}{4\pi} \int_{D_q} G(x,y) \varrho_0 \omega^2 u(y) dy, \ x \in D_q$$

(vgl. [2], (5.58)), also ist wegen des Singularitätsverhaltens von $G(x,y)$ (s. [12], § 5) $\dim \underset{(q)}{K}_H < \infty$.

Analoge Überlegungen wie beim Hilfssatz 4.2 führen zum

Hilfssatz 5.2. Ist $U \subset \underset{(q)}{K}_H$, $S_o \subset \Lambda_{r+1}(\alpha)$, dann gilt $u \subset C^{r,\beta}(D_q)$, $0 < \beta < \alpha \leq 1$.

Satz 5.1. Seien r, ϑ, φ Kugelkoordinaten. Zu jeder Frequenz $\omega > 0$ gibt es ein Gebiet D: $0 < R_1 < r < R_2 < \infty$, $0 < \vartheta_1 < \vartheta < \vartheta_2 < \pi$, für das das Problem R_H eine nichttriviale Lösung besitzt.

Beweis. Wir haben ein nicht identisch verschwindendes Feld

$$u = u_r(r,\vartheta,\varphi) e_r + u_\vartheta(r,\vartheta,\varphi) e_\vartheta + u_\varphi(r,\vartheta,\varphi) e_\varphi \tag{5.5}$$

zu finden, für das gilt

$$-\mu \operatorname{rot} \operatorname{rot} u + \varrho \omega^2 u = 0, \tag{5.6}$$

$$\operatorname{div} u = 0 \text{ auf } D, \tag{5.7}$$

$$\{u(x)\}^+ = 0 \quad \text{für alle } x \in \partial D, \tag{5.8}$$

$$\{T(\partial_x, n(x))u(x)\cdot n(x)\}^+ = 0 \text{ für alle } x \in \partial D. \tag{5.9}$$

Wir suchen eine Lösung der Gestalt

$$u = u_\varphi(r,\vartheta)e_\varphi,$$

dann gilt von vornherein $\operatorname{div} u = 0$, sowie

$$T(\partial_x, e_r)u = \mu\left(\frac{\partial u_\varphi}{\partial r} - \frac{1}{r}u_\varphi\right)e_\varphi,$$

$$T(\partial_x, e_\vartheta)u = \frac{\mu}{r}\left(\frac{\partial u_\varphi}{\partial \vartheta} - \cot\vartheta\cdot u_\varphi\right)e_\varphi,$$

also ist (5.9) erfüllt. Die r- und ϑ-Komponente von (5.6) sind identisch erfüllt, die φ-Komponente liefert

$$\frac{\partial^2 u_\varphi}{\partial r^2} + \frac{2}{r}\frac{\partial u_\varphi}{\partial r} + \frac{1}{r^2}\frac{\partial^2 u_\varphi}{\partial \vartheta^2} + \frac{1}{r^2}\cot\vartheta\frac{\partial u_\varphi}{\partial \vartheta} + \left(\frac{\varrho}{\mu}\omega^2 - \frac{1}{r^2\sin^2\vartheta}\right)u_\varphi = 0. \tag{5.10}$$

Der Produktansatz

$$u_\varphi(r,\vartheta) = u(r)v(\vartheta)$$

führt nach Trennung der Variablen auf die Differentialgleichungen

$$u'' + \frac{2}{r}u' + \frac{\varrho}{\mu}\omega^2 u - \frac{C}{r^2}u = 0, \tag{5.11}$$

$$v'' + \cot\vartheta\, v' - \frac{1}{\sin^2\vartheta}v + Cv = 0. \tag{5.12}$$

Setzt man $z = \cos\vartheta$, dann geht (5.12) über in die Differentialgleichung

$$(1-z^2)\frac{d^2v}{dz^2} - 2z\frac{dv}{dz} - \frac{1}{1-z^2}v + Cv = 0,$$

die nur für

$$C = n(n+1),\ n = 1,\ 2,\ldots$$

beschränkte Lösungen hat und zwar die zugeordneten Legendreschen Funktionen 1. Art vom Grad 1 und der Ordnung n (vgl. [10], S. 460)

$$v_n(z) = P_n^1(z) = \sqrt{1-z^2}\,\frac{dP_n(z)}{dz},\ n = 1,\ 2,\ \ldots$$

Es ist

$$v_1(\vartheta) = \sin\vartheta,\ v_2(\vartheta) = \frac{3}{2}\sin 2\vartheta,\ v_3(\vartheta) = \frac{3}{2}\sin\vartheta(5\cos^2\vartheta - 1). \tag{5.13}$$

Die Differentialgleichung

$$u'' + \frac{2}{r} u' + \frac{\varrho}{\mu}\omega^2 u - \frac{n(n+1)}{r^2} u = 0$$

hat die allgemeine Lösung (vgl. [10], 2.170, 2.105, 2.104)

$$u_n(r) = C_1 r^n \frac{d^{n+1}}{ds^{n+1}} \cos ar + C_2 r^n \frac{d^{n+1}}{ds^{n+1}} \sin ar, \quad a = \sqrt{\frac{\varrho}{\mu}}\,\omega, \; s = \frac{1}{2} r^2. \tag{5.14}$$

Um reguläre Lösungen zu erhalten, müssen wir annehmen $r > \varepsilon > 0$, $\varepsilon < \vartheta < \pi - \varepsilon$. Die erste Lösung, mit der sich die Randbedingung (5.8) erfüllen läßt, ist

$$u_\varphi(r,\vartheta) = u_3(r) v_3(\vartheta).$$

Es ist

$$u_\varphi(r,\vartheta) = 0 \text{ für } \vartheta_1 = \arccos \tfrac{1}{5}\sqrt{5}, \; \vartheta_2 = \arccos(-\tfrac{1}{5}\sqrt{5}). \tag{5.15}$$

Für $u_3(r)$ erhält man mit

$$C_1 = -\frac{15a}{R_2^4}\cos aR_2 - \frac{15a^2}{R_2^3}\sin aR_2 + \frac{6a^3}{R_2^2}\cos aR_2 + \frac{a^4}{R_2}\sin aR_2,$$

$$C_2 = -\frac{15a}{R_2^4}\sin aR_2 + \frac{15a^2}{R_2^3}\cos aR_2 + \frac{6a^3}{R_2^2}\sin aR_2 - \frac{a^4}{R_2}\cos aR_2,$$

$$u_3(r) = C_1\left[\frac{15a}{r^4}\sin ar - \frac{15a^2}{r^3}\cos ar - \frac{6a^3}{r^2}\sin ar + \frac{a^4}{r}\cos ar\right]$$

$$+ C_2\left[-\frac{15a}{r^4}\cos ar - \frac{15a^2}{r^3}\sin ar + \frac{6a^3}{r^2}\cos ar + \frac{a^4}{r}\sin ar\right].$$

Es ist $u_3(R_2) = 0$. Setzen wir

$$a(R_2 - R_1) = k\pi, \quad R_1 R_2 = p, \tag{5.16}$$

dann liefert die Bedingung $u_3(R_1) = 0$ die Gleichung

$$5(k^2\pi^2 - 15) - 15a^2 p - 2a^4 p^2 = 0. \tag{5.17}$$

Zu vorgegebenem a und k = 2, 3,... ist (5.17) für

$$p = -\frac{15}{4}\frac{1}{a^2} + \frac{15}{4}\frac{1}{a^2}\sqrt{1 + \frac{8}{45}(\pi^2 k^2 - 15)} > 0 \tag{5.18}$$

erfüllt. Aus (5.16) ergibt sich dann

$$R_{1,2} = \mp\frac{k\pi}{2a} + \frac{k\pi}{2a}\sqrt{1 + \frac{4a^2}{k^2\pi^2} p}\,. \tag{5.19}$$

Also ist $u = u_3(r) v_3(\vartheta) e_\varphi$ im Gebiet D, wobei ϑ_1, ϑ_2, R_1, R_2 durch

(5.15), (5.18), (5.19) gegeben sind, Lösung des Problems R_H.

<u>Bemerkung</u>. Es lassen sich weitere einfache Beispiele am Hohlzylinder endlicher Länge finden. So erfüllt für jedes feste k = 1, 2,...

$$u = J_1\left(\sqrt{\frac{\varrho}{\mu}\omega^2 + \frac{k^2\pi^2}{(z_2-z_1)^2}}\, r\right)\sin k\pi \frac{z_2-z}{z_2-z_1}\, e_\varphi$$

im Gebiet D: $0<R_1<r<R_2<\infty$, $z_1<z<z_2$, die Bedingungen (5.6)-(5.9), wenn

$$J_1\left(\sqrt{\frac{\varrho}{\mu}\omega^2 + \frac{k^2\pi^2}{(z_2-z_1)^2}}\, R_j\right) = 0,\ j = 1,\ 2$$

gilt.

6. Potentialtheoretische Grundlagen

In diesem Abschnitt werden die Sprungrelationen zusammengestellt, die bei der Aufstellung und der Diskussion der den Problemen $\tilde{G}_e^{\omega r}$, $\tilde{G}_e^{\omega r*}$ entsprechenden singulären Integralgleichungssysteme benötigt werden. Wegen der Eigenschaften von $\Gamma^r(x,y;\omega,\gamma)$ für $x=y$ (vgl. [4], S. 179) lassen sich die Sprungrelationen im wesentlichen auf bekannte Sprungrelationen für Potentiale mit der Somiglianaschen Grundlösungsmatrix zurückführen.

Wichtiger Hinweis. Da in allen weiteren Formeln der Kapitel 6 und 7 die Matrizen $\Gamma^r(x,y;\omega,\gamma)$, $\Gamma^{r*}(x,y;\omega,\gamma)$ und Teilmatrizen hiervon stets mit den Argumenten $(x,y;\omega,\gamma)$ vorkommen, lassen wir aus Gründen der Platzersparnis diese weg.

Wir zerlegen Γ^r und entsprechend Γ^{r*} in

$$\gamma^r = (\Gamma^r_{kj})_{k,j=1,2,3},$$

$$\gamma^r_{(4)} = (\Gamma^r_{41},\Gamma^r_{42},\Gamma^r_{43}),\quad \Gamma^r_{(4)} = (\Gamma^r_{41},\Gamma^r_{42},\Gamma^r_{43},\Gamma^r_{44}),$$

$$\gamma^{r(4)} = (\Gamma^r_{14},\Gamma^r_{24},\Gamma^r_{34})^T,\quad \Gamma^{r(4)} = (\Gamma^r_{14},\Gamma^r_{24},\Gamma^r_{34},\Gamma^r_{44})^T.$$

Bei den Sprungrelationen kommen folgende Voraussetzungen vor:
V_1: $S\subset\Lambda_1(\alpha)$, φ, $f\in C^{0,\beta}(S)$, $0<\beta<\alpha\leq 1$, V_2: $S\subset\Lambda_3$, φ, $f\in C^{1,\beta}(S)$,
V_3: $S\subset\Lambda_2(\alpha)$, φ, $f\in C^{1,\beta}(S)$, $0<\beta<\alpha\leq 1$.

1. Unter V_1 gilt

$$\Big\{T^t(\partial_x,n(x))\frac{1}{2\pi}\int_S (E^t(n(y))\gamma^{rT})^T\varphi(y)dS_y\Big\}^{\pm} =$$

$$= \pm E^t(n(x))\varphi(x) + \frac{1}{2\pi}\int_S T^t(\partial_x,n(x))(E^t(n(y))\gamma^{rT})^T\varphi(y)dS_y \tag{6.1}$$

und analog mit γ^{r*} (vgl. [6], (4.28)).
2. Unter V_1 gilt

$$\Big\{n(x)\cdot T(\partial_x,n(x))\int_S (E^t(n(y)\gamma^{rT})^T\varphi(y)dS_y\Big\}^{\pm} =$$

$$= \int_S n(x)\cdot T(\partial_x,n(x))(E^t(n(y))\gamma^{rT})^T\varphi(y)dS_y \tag{6.2}$$

und analog mit γ^{r*}(vgl. [6], (4.26)).
3. Unter V_1 gilt

$$\Big\{T^t(\partial_x,n(x))\int_S \gamma^r f(y)n(y)dS_y\Big\}^{\pm} = \int_S T^t(\partial_x,n(x))\gamma^r f(y)n(y)dS_y \tag{6.3}$$

und analog mit γ^{r*}(vgl. [6], (4.30), (4.23)).

4. Unter V_1 gilt

$$\left\{n(x)\cdot T(\partial_x,n(x))\frac{1}{2\pi}\int_S \gamma^r f(y)n(y)dS_y\right\}^{\pm} =$$

$$= \pm f(x) + \frac{1}{2\pi}\int_S n(x)\cdot T(\partial_x,n(x))\gamma^r f(y)n(y)dS_y \tag{6.4}$$

und analog mit γ^{r*}(vgl. [6], (4.31)).

5. Unter V_1 gilt

$$\left\{\frac{1}{2\pi}\int_S (T^t(\partial_y,n(y))\gamma^{rT})^T\varphi(y)dS_y\right\}^{\pm} =$$

$$=\mp E^t(n(x))\varphi(x) + \frac{1}{2\pi}\int_S (T^t(\partial_y,n(y))\gamma^{rT})^T\varphi(y)dS_y \tag{6.5}$$

und analog mit γ^{r*}(vgl. [6], (4.13)).

6. Unter V_1 gilt

$$\left\{\frac{1}{2\pi}\int_S (T(\partial_y,n(y))\gamma^{rT})^T f(y)n(y)dS_y\right\}^{\pm} =$$

$$= \mp f(x)n(x) + \frac{1}{2\pi}\int_S (T(\partial_y,n(y))\gamma^{rT})^T f(y)n(y)dS_y \tag{6.6}$$

und analog mit γ^{r*} (vgl. [6], (4.14)).

7. Unter V_1 gilt

$$\left\{E^t(n(x))\int_S (T(\partial_y,n(y))\gamma^{rT})^T f(y)n(y)dS_y\right\}^{\pm} =$$

$$= \int_S E^t(n(x))(T(\partial_y,n(y))\gamma^{rT})^T f(y)n(y)dS_y \tag{6.7}$$

und analog mit γ^{r*} (vgl. [6], (4.14)).

8. Unter V_1 gilt

$$\left\{\frac{\partial}{\partial n(x)}\frac{1}{2\pi}\int_S \Gamma^r_{44}f(y)dS_y\right\}^{\pm} = \pm f(x) + \frac{1}{2\pi}\int_S \frac{\partial}{\partial n(x)}\Gamma^r_{44}f(y)dS_y \tag{6.8}$$

und analog mit Γ^{r*}_{44}.

9. Unter V_1 gilt

$$\frac{1}{2\pi}\int_S \frac{\partial}{\partial n(y)}\Gamma^r_{44}f(y)dS_y = \mp f(x) + \frac{1}{2\pi}\int_S \frac{\partial}{\partial n(y)}\Gamma^r_{44}f(y)dS_y \tag{6.9}$$

und analog mit Γ^{r*}_{44}.

10. Unter V_1 gilt

$$\left\{T^t(\partial_x,n(x))\int_S \frac{\partial}{\partial n(y)}\gamma^{r(4)}f(y)dS_y\right\}^{\pm} =$$

$$= \int_S T^t(\partial_x, n(x)) \frac{\partial}{\partial n(y)} \gamma^{r(4)} f(y) dS_y \tag{6.10}$$

und analog mit γ^{r*} (vgl. [4], (4.15)).

11. Unter V_1 gilt

$$\left\{ n(x) \cdot \tilde{T}(\partial_x, n(x)) \int_S \frac{\partial}{\partial n(y)} \Gamma^{r(4)} f(y) dS_y \right\}^{\pm} =$$

$$= \int_S n(x) \cdot \tilde{T}(\partial_x, n(x)) \frac{\partial}{\partial n(y)} \Gamma^{r(4)} f(y) dS_y \tag{6.11}$$

und analog mit $\tilde{T}^*, \Gamma^{r*(4)}$ (vgl. [4], (4.15)).

12. Unter V_1 gilt

$$\left\{ \frac{\partial}{\partial n(x)} \frac{1}{2\pi} \int_S (T(\partial_y, n(y)) \gamma^{r\ T}_{(4)})^T f(y) n(y) dS_y \right\}^{\pm} =$$

$$= \pm i\omega\eta^r f(x) + \frac{1}{2\pi} \int_S \frac{\partial}{\partial n(x)} (T(\partial_y, n(y)) \gamma^{r\ T}_{(4)})^T f(y) n(y) dS_y \tag{6.12}$$

und analog mit $\gamma^{r*}_{(4)}$ und γ statt $i\omega\eta^r$ (vgl. [4], (5.9)).

13. Unter V_1 gilt

$$\left\{ \frac{\partial}{\partial n(x)} \int_S (\tilde{T}^*(\partial_y, n(y)) \Gamma^{r\ T}_{(4)})^T f(y) n(y) dS_y \right\}^{\pm} =$$

$$= \int_S \frac{\partial}{\partial n(x)} (\tilde{T}^*(\partial_y, n(y)) \Gamma^{r\ T}_{(4)})^T f(y) n(y) dS_y \tag{6.13}$$

und analog mit $\tilde{T}, \Gamma^{r*}_{(4)}$ (vgl. [4], (4.13)).

14. Unter V_1 gilt

$$\left\{ (T(\partial_x, n(x)) \frac{1}{2\pi} \int_S \frac{\partial}{\partial n(y)} \gamma^{r(4)} f(y) dS_y \right\}^{\pm} =$$

$$= \mp \gamma n(x) f(x) + \frac{1}{2\pi} \int_S T(\partial_x, n(x)) \frac{\partial}{\partial n(y)} \gamma^{r(4)} f(y) dS_y \tag{6.14}$$

und analog mit $\gamma^{r*(4)}$ und $i\omega\eta^r$ statt γ (vgl. [4], (4.15)).

15. Unter V_1 gilt

$$\left\{ \frac{\partial}{\partial n(x)} \int_S (T^t(\partial_y, n(y)) \gamma^{r\ T}_{(4)})^T E^t(n(y)) \varphi(y) dS_y \right\}^{\pm} =$$

$$= \int_S \frac{\partial}{\partial n(x)} (T^t(\partial_y, n(y)) \gamma^{r\ T}_{(4)})^T E^t(n(y)) \varphi(y) dS_y \tag{6.15}$$

und analog mit $\gamma^{r*}_{(4)}$ (vgl. [4], (5.9) und beachte

$(T^t(\partial_y, n(y)) \gamma^{r\ T}_{(4)})^T E^t(n(y)) \varphi(y) = (T(\partial_y, n(y)) \gamma^{r\ T}_{(4)})^T E^t(n(y)) \varphi(y)$).

16. Unter V_2 gilt

$$\left\{T^t(\partial_x,n(x))\int_S (T(\partial_y,n(y))\gamma^{rT})^T f(y)n(y)dS_y\right\}^{\pm} =$$

$$= \int_S T^t(\partial_x,n(x))(T(\partial_y,n(y))\gamma^{rT})^T f(y)n(y)dS_y \qquad (6.16)$$

und analog mit γ^{r*} (vgl. [6], (4.58)).

17. Unter V_2 gilt

$$\left\{n(x)\cdot T(\partial_x,n(x))\int_S (T(\partial_y,n(y))\gamma^{rT})^T f(y)n(y)dS_y\right\}^{\pm} =$$

$$= \frac{2\mu(\lambda+\mu)}{\lambda+2\mu}\left\{\frac{\partial}{\partial n(x)}\int_S \frac{\partial}{\partial n(y)}\frac{1}{|x-y|} f(y)dS_y\right\}^{\pm} + \qquad (6.17)$$

$$+\int_S \left[n(x)\cdot T(\partial_x,n(x))(T(\partial_y,n(y))\gamma^{rT})^T n(y) - \frac{2\mu(\lambda+\mu)}{\lambda+2\mu}\frac{\partial^2}{\partial n(x)\partial n(y)}\frac{1}{|x-y|}\right] f(y)dS_y$$

und analog mit γ^{r*} (vgl. [6], (4.60)).

18. Unter V_2 gilt

$$\left\{n(x)\cdot T(\partial_x,n(x))\int_S (T^t(\partial_y,n(y))\gamma^{rT})^T \varphi_k(y)e_k dS_y\right\}^{\pm} =$$

$$= \int_S n(x)\cdot T(\partial_x,n(x))(T^t(\partial_y,n(y))\gamma^{rT})^T \varphi_k(y)e_k dS_y \qquad (6.18)$$

und analog mit γ^{r*} (vgl. [6], (4.59)).

19. Unter V_3 gilt

$$\left\{T(\partial_x,n(x))\int_S (T^t(\partial_y,n(y))\gamma^{rT})^T \varphi(y)dS_y\right\}^{+} =$$

$$= \left\{T(\partial_x,n(x))\int_S (T^t(\partial_y,n(y))\gamma^{rT})^T \varphi(y)dS_y\right\}^{-}, \qquad (6.19)$$

$$\left\{T(\partial_x,n(x))\int_S (T(\partial_y,n(y))\gamma^{rT})^T f(y)n(y)dS_y\right\}^{+} =$$

$$= \left\{T(\partial_x,n(x))\int_S (T(\partial_y,n(y))\gamma^{rT})^T f(y)n(y)dS_y\right\}^{-} \qquad (6.20)$$

und analog mit γ^{r*} (vgl. [6], (4.16), (4.17)).

20. Unter V_3 gilt

$$\left\{\frac{\partial}{\partial n(x)}\int_S \frac{\partial}{\partial n(y)}\Gamma^r_{44} f(y)dS_y\right\}^{+} = \left\{\frac{\partial}{\partial n(x)}\int_S \frac{\partial}{\partial n(y)}\Gamma^r_{44} f(y)dS_y\right\}^{-} \qquad (6.21)$$

und analog mit Γ^{r*}_{44}.

Die Integrale auf der rechten Seite von (6.1)-(6.7), (6.10)-(6.18) existieren im Sinne des Cauchyschen Hauptwertes und gehören zu $C^{0,\beta}(S)$. Die Integrale auf der rechten Seite von (6.8), (6.9) existieren als gewöhnliche uneigentliche Integrale und gehören zu $C^{0,\beta}(S)$. Die Grenzwerte in (6.19)-(6.21) existieren und gehören zu $C^{0,\beta}(S)$.

7. Existenzsätze für die reinen Kontaktprobleme

Man muß zunächst notwendige Lösbarkeitsbedingungen für die Probleme $\overset{\omega}{G}{}^r_\theta$, $\overset{\omega}{G}{}^{r*}_\theta$ beachten, die sich auch als hinreichend erweisen werden. Da mit $U\in K_G$ auch ReU, Im$U\in K_G$, existiert in K_G eine reellwertige Basis

$$V_j = \begin{pmatrix} v_j \\ 0 \end{pmatrix}, \; j = 1,\dots,M_G. \tag{7.1}$$

<u>Notwendige Lösbarkeitsbedingung</u> für die Probleme $\overset{\omega}{G}{}^r_\theta$, $\overset{\omega}{G}{}^{r*}_\theta$.

$$\int_{S_0} h^+ \cdot \{v_j\}^+ dS = 0, \; j = 1,\dots,M_G. \tag{7.2}$$

Beweis. Wir wenden den bekannten Integralsatz (vgl. [4], S. 175)

$$\int_D (U\cdot B^{r*}V - V\cdot B^r U)dx = \int_S (u\cdot \tilde{T}^*(\partial_x,n)V - v\cdot \tilde{T}(\partial_x,n)U + u_4\frac{\partial v_4}{\partial n} - v_4\frac{\partial u_4}{\partial n})dS \tag{7.3}$$

an auf die Gebiete D_q, $q=1,\dots,N$, mit U = Lösung des Problems $\overset{\omega}{G}{}^r_\theta$, $V = V_j$, dann folgt wegen $\{v_j\cdot n\}^+ = 0$

$$0 = -\int_{S_q} \{v_j\}^+ \cdot \{\underset{(q)}{\tilde{T}}(\partial_x,n)U\}^+ dS = -\int_{S_q} \{v_j\}^+ \cdot h^+ dS.$$

Setzen wir jetzt V = Lösung des Problems $\overset{\omega}{G}{}^{r*}_\theta$, $U = V_j$, dann folgt

$$0 = \int_{S_q} \{v_j\}^+ \cdot \{\underset{(q)}{\tilde{T}^*}(\partial_x,n)V\}^+ dS = \int_{S_q} \{v_j\}^+ \cdot h^+ dS.$$

Damit ist (7.2) bewiesen.

Zur Lösung des Problems $\overset{\omega}{G}{}^r_\theta$ machen wir zunächst den Ansatz

$$\begin{aligned} u(x) = u(x,\phi) = {} & \frac{1}{2\pi}\int_{S_p} (E^t(n(y))\underset{(p)}{\gamma}{}^{rT})^T \varphi_p(y)dS_y + \\ & + \frac{1}{2\pi}\int_{S_p} \underset{(p)}{\gamma}{}^r d(y)n(y)dS_y + K_p\frac{1}{2\pi}\int_{S_p} \underset{(p)}{\gamma}{}^{r(4)} d_4(y)dS_y + \\ & + B_p\frac{1}{2\pi}\int_{S_p} (\underset{(p)}{T}(\partial_y,n(y))\underset{(p)}{\gamma}{}^{rT})^T f(y)n(y)dS_y + \\ & + D_pK_p\frac{1}{2\pi}\int_{S_p} \underset{(p)}{\gamma}{}^{r(4)} f(y)dS_y + C_pK_p\frac{1}{2\pi}\int_{S_p} \frac{\partial}{\partial n(y)}\underset{(p)}{\gamma}{}^{r(4)} f_4(y)dS_y, \end{aligned} \tag{7.4}$$

$$\begin{aligned} u_4(x) = u_4(x,\phi) = {} & \frac{1}{2\pi}\int_{S_p} (E^t(n(y))\underset{(p)}{\gamma}{}^{r\,T}_{(4)})^T \varphi_p(y)dS_y + \\ & + \frac{1}{2\pi}\int_{S_p} \underset{(p)}{\gamma}{}^r_{(4)} d(y)n(y)dS_y + K_p\frac{1}{2\pi}\int_{S_p} \underset{(p)}{\Gamma}{}^r_{44} d_4(y)dS_y + \end{aligned}$$

$$+ B_p \frac{1}{2\pi} \int_{S_p} (\underset{(p)}{T}(\partial_y, n(y)) \underset{(p)}{\gamma}^{r}{}_{(4)}^{T})^T f(y) n(y) dS_y + \tag{7.4}$$

$$+ D_p K_p \frac{1}{2\pi} \int_{S_p} \underset{(p)}{\Gamma}^r_{44} f(y) dS_y + C_p K_p \frac{1}{2\pi} \int_{S_p} \frac{\partial}{\partial n(y)} \underset{(p)}{\Gamma}^r_{44} f_4(y) dS_y$$

für $x \in D_p$, $p = 0,\dots,N$. Es gilt offenbar

$$\underset{(p)}{B}^r U(x) = 0 \text{ für } x \in D_p.$$

Die zehn auf S_o definierten Dichtefunktionen $\varphi^- \cdot e_k = \varphi_o \cdot e_k$, $\varphi^+(y) \cdot e_k = \varphi_q(y) \cdot e_k$ für $y \in S_q$ $(q=1,\dots,N, k=1,2,3)$, d, d_4, f, f_4 sind so zu bestimmen, daß die 10 Kontaktbedingungen (3.10a)-(3.10f) erfüllt sind. Die Konstanten B_p, C_p, D_p, K_p sind geeignet zu wählen.

Zur Lösung des Problems $\tilde{G}_\theta^{r*}$ wird zunächst ein Ansatz

$$U^*(x, \phi) \tag{7.4*}$$

gemacht, er geht aus (7.4) durch die Ersetzungen $\underset{(p)}{\Gamma}^r | \underset{(p)}{\Gamma}^{r*}$, $C_p | C_p^*$, $D_p | D_p^*$, $K_p | K_p^*$ hervor.

Die Kontaktbedingung (3.10a) und die Sprungrelationen (6.1), (6.3), (6.16), (6.10) führen auf

$$\begin{aligned}
-\varphi^-(x) &+ \frac{1}{2\pi} \int_{S_o} \underset{(o)}{T}^t(\partial_x, n(x)) (E^t(n(y)) \underset{(o)}{\gamma}^{rT})^T \varphi^-(y) dS_y \\
&+ \frac{1}{2\pi} \int_{S_o} \underset{(o)}{T}^t(\partial_x, n(x)) \underset{(o)}{\gamma}^r d(y) n(y) dS_y \\
&+ K_o \frac{1}{2\pi} \int_{S_o} \underset{(o)}{T}^t(\partial_x, n(x)) \underset{(o)}{\gamma}^{r(4)} d_4(y) dS_y \\
&+ B_o \frac{1}{2\pi} \int_{S_o} \underset{(o)}{T}^t(\partial_x, n(x)) (\underset{(o)}{T}(\partial_y, n(y)) \underset{(o)}{\gamma}^{rT})^T f(y) n(y) dS_y \\
&+ D_o K_o \frac{1}{2\pi} \int_{S_o} \underset{(o)}{T}^t(\partial_x, n(x)) \underset{(o)}{\gamma}^{r(4)} f(y) dS_y \\
&+ C_o K_o \frac{1}{2\pi} \int_{S_o} \underset{(o)}{T}^t(\partial_x, n(x)) \frac{\partial}{\partial n(y)} \underset{(o)}{\gamma}^{r(4)} f_4(y) dS_y = h^-(x), \quad x \in S_o.
\end{aligned} \tag{7.5a}$$

Die Kontaktbedingung (3.10b) führt auf

$$\varphi^+(x) + \frac{1}{2\pi} \int_{S_q} \underset{(q)}{T}^t(\partial_x, n(x)) (E^t(n(y)) \underset{(q)}{\gamma}^{rT})^T \varphi^+(y) dS_y$$

$$+\frac{1}{2\pi}\int_{S_q}\underset{(q)}{T}^t(\partial_x,n(x))\underset{(q)}{\gamma}^r d(y)n(y)dS_y$$

$$+K_q\frac{1}{2\pi}\int_{S_q}\underset{(q)}{T}^t(\partial_x,n(x))\underset{(q)}{\gamma}^{r(4)}d_4(y)dS_y$$

$$+B_q\frac{1}{2\pi}\int_{S_q}\underset{(q)}{T}^t(\partial_x,n(x))(\underset{(q)}{T}(\partial_y,n(y))\underset{(q)}{\gamma}^{rT})^T f(y)n(y)dS_y$$

$$+D_qK_q\frac{1}{2\pi}\int_{S_q}\underset{(q)}{T}^t(\partial_x,n(x))\underset{(q)}{\gamma}^{r(4)}f(y)dS_y \tag{7.5b}$$

$$+C_qK_q\frac{1}{2\pi}\int_{S_q}\underset{(q)}{T}^t(\partial_x,n(x))\frac{\partial}{\partial n(y)}\underset{(q)}{\gamma}^{r(4)}f_4(y)dS_y=h^+(x),\ x\in S_q.$$

<u>Bemerkung 7.1</u>. Wegen $h^-\cdot n = 0$, $h^+\cdot n = 0$, gilt für jede Lösung von (7.5a), (7.5b) $\varphi^-(x) = E^t(n(x))\varphi^-(x)$, $\varphi^+(x) = E^t(n(x))\varphi^+(x)$.

Die Kontaktbedingung (3.10c) und (6.2), (6.4), (6.17), (6.11) führen auf

$$-\frac{1}{2\pi}\int_{S_o}n(x)\cdot\underset{(o)}{T}(\partial_x,n(x))(E^t(n(y))\underset{(o)}{\gamma}^{rT})^T\varphi^-(y)dS_y$$

$$+\frac{1}{2\pi}\int_{S_q}n(x)\cdot\underset{(q)}{T}(\partial_x,n(x))(E^t(n(y))\underset{(q)}{\gamma}^{rT})^T\varphi^+(y)dS_y$$

$$+2d(x)+\frac{1}{2\pi}\int_{S_q}n(x)\cdot\underset{(q)}{T}(\partial_x,n(x))\underset{(q)}{\gamma}^r d(y)n(y)dS_y$$

$$-\frac{1}{2\pi}\int_{S_o}n(x)\cdot\underset{(o)}{T}(\partial_x,n(x))\underset{(o)}{\gamma}^r d(y)n(y)dS_y$$

$$+K_q\frac{1}{2\pi}\int_{S_q}n(x)\cdot\underset{(q)}{T}(\partial_x,n(x))\underset{(q)}{\gamma}^{r(4)}d_4(y)dS_y \tag{7.5c}$$

$$-K_o\frac{1}{2\pi}\int_{S_o}n(x)\cdot\underset{(o)}{T}(\partial_x,n(x))\underset{(o)}{\gamma}^{r(4)}d_4(y)dS_y$$

$$+B_q\frac{1}{2\pi}\int_{S_q}n(x)\cdot\underset{(q)}{T}(\partial_x,n(x))(\underset{(q)}{T}(\partial_y,n(y))\underset{(q)}{\gamma}^{rT})^T f(y)n(y)dS_y$$

$$-B_o\frac{1}{2\pi}\int_{S_o}n(x)\cdot\underset{(o)}{T}(\partial_x,n(x))(\underset{(o)}{T}(\partial_y,n(y))\underset{(o)}{\gamma}^{rT})^T f(y)n(y)dS_y$$

$$+D_qK_q\frac{1}{2\pi}\int_{S_q}n(x)\cdot\underset{(q)}{T}(\partial_x,n(x))\underset{(q)}{\gamma}^{r(4)}f(y)dS_y$$

$$- D_oK_o \frac{1}{2\pi}\int_{S_o} n(x)\cdot \underset{(o)}{T}(\partial_x,n(x)) \underset{(o)}{\gamma}^{r(4)}f(y)dS_y$$

$$+ C_qK_q \frac{1}{2\pi}\int_{S_q}\Big[n(x)\cdot \underset{(q)}{T}(\partial_x,n(x))\frac{\partial}{\partial n(y)}\underset{(q)}{\gamma}^{r(4)}-\gamma_q\frac{\partial}{\partial n(y)}\underset{(q)}{\Gamma}^{r}_{44}\Big]f_4(y)dS_y$$

$$- C_oK_o \frac{1}{2\pi}\int_{S_o}\Big[n(x)\cdot \underset{(o)}{T}(\partial_x,n(x))\frac{\partial}{\partial n(y)}\underset{(o)}{\gamma}^{r(4)}-\gamma_o\frac{\partial}{\partial n(y)}\underset{(o)}{\Gamma}^{r}_{44}\Big]f_4(y)dS_y$$

$$-\gamma_q \frac{1}{2\pi}\int_{S_q}(E^t(n(y))\,\underset{(q)}{\gamma}^{r}_{(4)}{}^{T})^{T}\varphi^{+}(y)dS_y$$

$$+\gamma_o \frac{1}{2\pi}\int_{S_o}(E^t(n(y))\,\underset{(o)}{\gamma}^{r}_{(4)}{}^{T})^{T}\varphi^{-}(y)dS_y \qquad (7.5c)$$

$$-\gamma_q \frac{1}{2\pi}\int_{S_q}\underset{(q)}{\gamma}^{r}_{(4)}d(y)n(y)dS_y +\gamma_o \frac{1}{2\pi}\int_{S_o}\underset{(o)}{\gamma}^{r}_{(4)}d(y)n(y)dS_y$$

$$-\gamma_qK_q \frac{1}{2\pi}\int_{S_q}\underset{(q)}{\Gamma}^{r}_{44}d_4(y)dS_y +\gamma_oK_o \frac{1}{2\pi}\int_{S_o}\underset{(o)}{\Gamma}^{r}_{44}d_4(y)dS_y$$

$$-\gamma_qB_q \frac{1}{2\pi}\int_{S_q}(\,\underset{(q)}{T}(\partial_y,n(y))\,\underset{(q)}{\gamma}^{r}_{(4)}{}^{T})^{T}f(y)n(y)dS_y$$

$$+\gamma_oB_o \frac{1}{2\pi}\int_{S_o}(\,\underset{(o)}{T}(\partial_y,n(y))\,\underset{(o)}{\gamma}^{r}_{(4)}{}^{T})^{T}f(y)n(y)dS_y$$

$$-\gamma_qD_qK_q \frac{1}{2\pi}\int_{S_q}\underset{(q)}{\Gamma}^{r}_{44}f(y)dS_y-\gamma_oD_oK_o \frac{1}{2\pi}\int_{S_o}\underset{(o)}{\Gamma}^{r}_{44}f(y)dS_y = k(x),\ x\in S_q.$$

Die Bedeutung des 8. und 9. Summanden auf der linken Seite von (7.5c) bedarf einer besonderen Erklärung. Wir wählen

$$B_o\,\frac{\mu_o(\lambda_o+\mu_o)}{\lambda_o+2\mu_o} = B_q\,\frac{\mu_q(\lambda_q+\mu_q)}{\lambda_q+2\mu_q}, \qquad (7.6)$$

deshalb ist nach (6.17) für $x\in S_q$, wenn man den stetigen Durchgang der Normalableitung des klassischen Potentials der Doppelschicht beachtet,

$$\Big\{n(x)\cdot \underset{(q)}{T}(\partial_x,n(x))B_q\int_{S_q}(\,\underset{(q)}{T}(\partial_y,n(y))\,\underset{(q)}{\gamma}^{rT})^{T}f(y)n(y)dS_y\Big\}^{+}$$

$$-\Big\{n(x)\cdot \underset{(o)}{T}(\partial_x,n(x))B_o\int_{S_o}(\,\underset{(o)}{T}(\partial_y,n(y))\,\underset{(o)}{\gamma}^{rT})^{T}f(y)n(y)dS_y\Big\}^{-} =$$

$$=B_q\int_{S_q}[n(x)\cdot \underset{(q)}{T}(\partial_x,n(x))(\underset{(q)}{T}(\partial_y,n(y))\underset{(q)}{\gamma}^{rT})^T n(y)-\frac{2\mu_q(\lambda_q+\mu_q)}{\lambda_q+2\mu_q}\frac{\partial^2}{\partial n(x)\partial n(y)}\frac{1}{|x-y|}]f(y)dS_y$$

$$-B_o\int_{S_q}[n(x)\cdot \underset{(o)}{T}(\partial_x,n(x))(\underset{(o)}{T}(\partial_y,n(y))\underset{(o)}{\gamma}^{rT})^T n(y)-\frac{2\mu_o(\lambda_o+\mu_o)}{\lambda_o+2\mu_o}\frac{\partial^2}{\partial n(x)\partial n(y)}\frac{1}{|x-y|}]f(y)dS_y$$

$$-B_o\int_{S_o\setminus S_q} n(x)\cdot \underset{(o)}{T}(\partial_x,n(x))(\underset{(o)}{T}(\partial_y,n(y))\underset{(o)}{\gamma}^{rT})^T n(y)f(y)dS_y$$

$$=: B_q\int_{S_q} n(x)\cdot \underset{(q)}{T}(\partial_x,n(x))(\underset{(q)}{T}(\partial_y,n(y))\underset{(q)}{\gamma}^{rT})^T n(y)f(y)dS_y$$

$$-B_o\int_{S_o} n(x)\cdot \underset{(o)}{T}(\partial_x,n(x))(\underset{(o)}{T}(\partial_y,n(y))\underset{(o)}{\gamma}^{rT})^T n(y)f(y)dS_y.$$

Die Kontaktbedingung (3.10d) und (6.8), (6.12) führen auf

$$-\lambda^r_{\theta o}\frac{1}{2\pi}\int_{S_o}\frac{\partial}{\partial n(x)}(E^t(n(y))\underset{(o)}{\gamma}^r_{(4)}{}^T)^T\varphi^-(y)dS_y$$

$$+\lambda^r_{\theta q}\frac{1}{2\pi}\int_{S_q}\frac{\partial}{\partial n(x)}(E^t(n(y))\underset{(q)}{\gamma}^r_{(4)}{}^T)^T\varphi^+(y)dS_y$$

$$+\lambda^r_{\theta q}\frac{1}{2\pi}\int_{S_q}\frac{\partial}{\partial n(x)}\underset{(q)}{\gamma}^r_{(4)}d(y)n(y)dS_y-\lambda^r_{\theta o}\frac{1}{2\pi}\int_{S_o}\frac{\partial}{\partial n(x)}\underset{(o)}{\gamma}^r_{(4)}d(y)n(y)dS_y$$

$$+(\lambda^r_{\theta q}K_q+\lambda^r_{\theta o}K_o)d_4(x)+\lambda^r_{\theta q}K_q\frac{1}{2\pi}\int_{S_q}\frac{\partial}{\partial n(x)}\underset{(q)}{\Gamma}^r_{44}d_4(y)dS_y$$

$$-\lambda^r_{\theta o}K_o\frac{1}{2\pi}\int_{S_o}\frac{\partial}{\partial n(x)}\underset{(o)}{\Gamma}^r_{44}d_4(y)dS_y \qquad (7.5d)$$

$$+(\lambda^r_{\theta q}B_q i\omega\eta^r_q+\lambda^r_{\theta o}B_o i\omega\eta^r_o)f(x)$$

$$+\lambda^r_{\theta q}B_q\frac{1}{2\pi}\int_{S_q}\frac{\partial}{\partial n(x)}(\underset{(q)}{T}(\partial_y,n(y))\underset{(q)}{\gamma}^r_{(4)}{}^T)^T f(y)n(y)dS_y$$

$$-\lambda^r_{\theta o}B_o\frac{1}{2\pi}\int_{S_o}\frac{\partial}{\partial n(x)}(\underset{(o)}{T}(\partial_y,n(y))\underset{(o)}{\gamma}^r_{(4)}{}^T)^T f(y)n(y)dS_y$$

$$+(\lambda^r_{\theta q}D_qK_q+\lambda^r_{\theta o}D_oK_o)f(x)+\lambda^r_{\theta q}D_qK_q\frac{1}{2\pi}\int_{S_q}\frac{\partial}{\partial n(x)}\underset{(q)}{\Gamma}^r_{44}f(y)dS_y$$

$$-\lambda^r_{\theta o}D_oK_o\frac{1}{2\pi}\int_{S_o}\frac{\partial}{\partial n(x)}\underset{(o)}{\Gamma}^r_{44}f(y)dS_y$$

$$+\lambda^r_{\theta q} C_q K_q \frac{1}{2\pi} \int_{S_q} \frac{\partial}{\partial n(x)} \frac{\partial}{\partial n(y)} \underset{(q)}{\Gamma^r_{44}} f_4(y) dS_y$$

$$-\lambda^r_{\theta o} C_o K_o \frac{1}{2\pi} \int_{S_o} \frac{\partial}{\partial n(x)} \frac{\partial}{\partial n(y)} \underset{(o)}{\Gamma^r_{44}} f_4(y) dS_y = h_4(x),\ x \in S_q.$$

Wir wählen

$$\lambda^r_{\theta o} C_o K_o = \lambda^r_{\theta q} C_q K_q, \tag{7.7}$$

dann haben die beiden letzten Summanden auf der linken Seite von (7.5d) folgende Bedeutung

$$\lambda^r_{\theta q} C_q K_q \left\{\frac{\partial}{\partial n(x)} \int_{S_q} \frac{\partial}{\partial n(y)} \underset{(q)}{\Gamma^r_{44}} f_4(y) dS_y\right\}^+$$

$$-\lambda^r_{\theta o} C_o K_o \left\{\frac{\partial}{\partial n(x)} \int_{S_o} \frac{\partial}{\partial n(y)} \underset{(o)}{\Gamma^r_{44}} f_4(y) dS_y\right\}^-$$

$$= \lambda^r_{\theta q} C_q K_q \int_{S_q} \left[\frac{\partial}{\partial n(x)} \frac{\partial}{\partial n(y)} \underset{(q)}{\Gamma^r_{44}} - \frac{\partial^2}{\partial n(x)\partial n(y)} \frac{1}{|x-y|}\right] f_4(y) dS_y$$

$$-\lambda^r_{\theta o} C_o K_o \int_{S_q} \left[\frac{\partial}{\partial n(x)} \frac{\partial}{\partial n(y)} \underset{(o)}{\Gamma^r_{44}} - \frac{\partial^2}{\partial n(x)\partial n(y)} \frac{1}{|x-y|}\right] f_4(y) dS_y$$

$$-\lambda^r_{\theta o} C_o K_o \int_{S_o \setminus S_q} \frac{\partial}{\partial n(x)} \frac{\partial}{\partial n(y)} \underset{(o)}{\Gamma^r_{44}} f_4(y) dS_y$$

$$=: \lambda^r_{\theta q} C_q K_q \int_{S_q} \frac{\partial}{\partial n(x)} \frac{\partial}{\partial n(y)} \underset{(q)}{\Gamma^r_{44}} f_4(y) dS_y$$

$$- \lambda^r_{\theta o} C_o K_o \int_{S_o} \frac{\partial}{\partial n(x)} \frac{\partial}{\partial n(y)} \underset{(o)}{\Gamma^r_{44}} f_4(y) dS_y.$$

Die Kerne der mittleren Integrale sind schwach singulär (vgl. [4], S.179).
Die Kontaktbedingung (3.10e) und (6.6), (6.9) führen auf

$$- \frac{1}{2\pi} \int_{S_o} n(x) \cdot (E^t(n(y)) \underset{(o)}{\gamma^{rT}})^T \varphi^-(y) dS_y$$

$$+ \frac{1}{2\pi} \int_{S_q} n(x) \cdot (E^t(n(y)) \underset{(q)}{\gamma^{rT}})^T \varphi^+(y) dS_y$$

$$+ \frac{1}{2\pi} \int_{S_q} n(x) \cdot \underset{(q)}{\gamma^r} d(y) n(y) dS_y - \frac{1}{2\pi} \int_{S_o} n(x) \cdot \underset{(o)}{\gamma^r} d(y) n(y) dS_y \tag{7.5e}$$

$$+K_q \frac{1}{2\pi} \int_{S_q} n(x) \cdot \underset{(q)}{\gamma^{r(4)}} d_4(y) dS_y - K_o \frac{1}{2\pi} \int_{S_o} n(x) \cdot \underset{(o)}{\gamma^{r(4)}} d_4(y) dS_y$$

$$-(B_q+B_o)f(x) + B_q \frac{1}{2\pi}\int_{S_q} n(x)\cdot(\underset{(q)}{T}(\partial_y,n(y))\,\underset{(q)}{\gamma}^{rT})^T f(y)n(y)dS_y$$

$$- B_o \frac{1}{2\pi}\int_{S_o} n(x)\cdot(\underset{(o)}{T}(\partial_y,n(y))\,\underset{(o)}{\gamma}^{rT})^T f(y)n(y)dS_y$$

$$+ D_qK_q \frac{1}{2\pi}\int_{S_q} n(x)\cdot\underset{(q)}{\gamma}^{r(4)} f(y)dS_y - D_oK_o \frac{1}{2\pi}\int_{S_o} n(x)\cdot\underset{(o)}{\gamma}^{r(4)} f(y)dS_y$$

$$+ C_qK_q \frac{1}{2\pi}\int_{S_q} n(x)\cdot\frac{\partial}{\partial n(y)}\underset{(q)}{\gamma}^{r(4)} f_4(y)dS_y$$

$$- C_oK_o \frac{1}{2\pi}\int_{S_o} n(x)\cdot\frac{\partial}{\partial n(y)}\underset{(o)}{\gamma}^{r(4)} f_4(y)dS_y = g(x),\ x\in S_q.$$

Die Kontaktbedingung (3.10f) und (6.9) führen auf

$$- \frac{1}{2\pi}\int_{S_o} (E^t(n(y))\,\underset{(o)}{\gamma}^{r}_{(4)}{}^{T})^T \varphi^-(y)dS_y$$

$$+ \frac{1}{2\pi}\int_{S_q} (E^t(n(y))\,\underset{(q)}{\gamma}^{r}_{(4)}{}^{T})^T \varphi^+(y)dS_y$$

$$+ \frac{1}{2\pi}\int_{S_q} \underset{(q)}{\gamma}^{r}_{(4)} d(y)n(y)dS_y - \frac{1}{2\pi}\int_{S_o} \underset{(o)}{\gamma}^{r}_{(4)} d(y)n(y)dS_y$$

$$+ K_q \frac{1}{2\pi}\int_{S_q} \underset{(q)}{\Gamma}^{r}_{44} d_4(y)dS_y - K_o \frac{1}{2\pi}\int_{S_o} \underset{(o)}{\Gamma}^{r}_{44} d_4(y)dS_y$$

$$+ B_q \frac{1}{2\pi}\int_{S_q} (\underset{(q)}{T}(\partial_y,n(y))\,\underset{(q)}{\gamma}^{r}_{(4)}{}^{T})^T f(y)n(y)dS_y \tag{7.5f}$$

$$- B_o \frac{1}{2\pi}\int_{S_o} (\underset{(o)}{T}(\partial_y,n(y))\,\underset{(o)}{\gamma}^{r}_{(4)}{}^{T})^T f(y)n(y)dS_y$$

$$+ D_qK_q \frac{1}{2\pi}\int_{S_q} \underset{(q)}{\Gamma}^{r}_{44} f(y)dS_y - D_oK_o \frac{1}{2\pi}\int_{S_o} \underset{(o)}{\Gamma}^{r}_{44} f(y)dS_y$$

$$-(C_qK_q + C_oK_o)f_4(x) + C_qK_q \frac{1}{2\pi}\int_{S_q} \frac{\partial}{\partial n(y)}\underset{(q)}{\Gamma}^{r}_{44} f_4(y)dS_y$$

$$- C_oK_o \frac{1}{2\pi}\int_{S_o} \frac{\partial}{\partial n(y)}\underset{(o)}{\Gamma}^{r}_{44} f_4(y)dS_y = g_4(x),\ x\in S_q.$$

Die Kontaktbedingungen (3.12) führen auf das System (7.5*). Man erhält es aus (7.5) durch folgende Ersetzungen: $\underset{(p)}{\gamma}^{r} \mid \underset{(p)}{\gamma}^{r*}, \underset{(p)}{\gamma}^{r(4)} \mid \lambda^{r}_{\theta p}\underset{(p)}{\gamma}^{r*(4)}$,

${}_{(p)}\gamma^{r}(4) \,\Big|\, \frac{1}{\lambda^{r}_{\theta p}}\, {}_{(p)}\gamma^{r*}(4)$, ${}_{(p)}\Gamma^{r}_{44} \,\big|\, {}_{(p)}\Gamma^{r*}_{44}$, $\gamma_p \,\big|\, \lambda^{r}_{\theta p} i\omega\eta^{r}_{p}$, $i\omega\eta^{r}_{p} \,\Big|\, \frac{\gamma_p}{\lambda^{r}_{\theta p}}$, $C_p \,|\, C^{*}_{p}$, $D_p \,|\, D^{*}_{p}$,

$K_p \,\Big|\, \frac{1}{\lambda^{r}_{\theta p}} K^{*}_{p}$, $p = 0,\dots,N$. Die Bedingung (7.7) ist dann zu ersetzen durch

$$C^{*}_{o}K^{*}_{o} = C^{*}_{q}K^{*}_{q}. \tag{7.8}$$

Führen wir die Vektoren

$$\Phi = (\varphi_1,\dots,\varphi_{10})^T = (\varphi_1^-,\varphi_2^-,\varphi_3^-,\varphi_1^+,\varphi_2^+,\varphi_3^+,d,d_4,f,f_4)^T$$

$$H = (h_1,\dots,h_{10})^T = (h_1^-,h_2^-,h_3^-,h_1^+,h_2^+,h_3^+,k,h_4,g,g_4)^T$$

ein, dann kann das System (7.5) geschrieben werden

$$\sum_{j=1}^{10} K_{kj}(\varphi_j) \equiv \sum_{j=1}^{10} a_{kj}(x)\varphi_j(x) + \frac{1}{2\pi}\int_{S_o} \sum_{j=1}^{10} k_{kj}(x,y)\varphi_j(y)\,dS_y = h_k(x),$$

$$k = 1,\dots,10$$

oder in Matrizenschreibweise

$$K(\Phi) = H. \tag{7.9}$$

Entsprechend schreiben wir das System (7.5*) in der Form

$$K_*(\Phi) = H. \tag{7.10}$$

Für die symbolische Matrix des Operators K erhält man für $x \in S_q$ (vgl. [6], S. 34)

$$\Sigma(x,\vartheta) = \begin{pmatrix} -1 & 0 & 0 & 0 & 0 & 0 & \sigma_{17} & 0 & \sigma_{19} & \sigma_{1,10} \\ 0 & -1 & 0 & 0 & 0 & 0 & \sigma_{27} & 0 & \sigma_{29} & \sigma_{2,10} \\ 0 & 0 & -1 & 0 & 0 & 0 & \sigma_{37} & 0 & \sigma_{39} & \sigma_{3,10} \\ 0 & 0 & 0 & 1 & 0 & 0 & \sigma_{47} & 0 & \sigma_{49} & \sigma_{4,10} \\ 0 & 0 & 0 & 0 & 1 & 0 & \sigma_{57} & 0 & \sigma_{59} & \sigma_{5,10} \\ 0 & 0 & 0 & 0 & 0 & 1 & \sigma_{67} & 0 & \sigma_{69} & \sigma_{6,10} \\ \sigma_{71} & \sigma_{72} & \sigma_{73} & \sigma_{74} & \sigma_{75} & \sigma_{76} & 2 & 0 & \sigma_{79} & \sigma_{7,10} \\ 0 & 0 & 0 & 0 & 0 & 0 & 0 & \sigma_{88} & \sigma_{89} & 0 \\ 0 & 0 & 0 & 0 & 0 & 0 & 0 & 0 & \sigma_{99} & 0 \\ 0 & 0 & 0 & 0 & 0 & 0 & 0 & 0 & 0 & \sigma_{10,10} \end{pmatrix} \tag{7.11}$$

mit $\sigma_{88} = K_q\lambda^{r}_{\theta q} + K_o\lambda^{r}_{\theta o}$, $\sigma_{99} = -B_q - B_o$, $\sigma_{10,10} = -K_qC_q - K_oC_o$,
$\sigma_{71},\dots,\sigma_{76}$, $\sigma_{17},\dots,\sigma_{67}$ wie in [6], S.34.

Die symbolische Matrix $\Sigma_*(x,\vartheta)$ von K_* ist genauso besetzt wie $\Sigma(x,\vartheta)$, $\sigma_{*kj} = \sigma_{kj}$ für $1 \leq k,j \leq 7$, $\sigma_{*99} = \sigma_{99}$, $\sigma_{*88} = K^{*}_{q} + K^{*}_{o}$,

$$\sigma_{\varkappa 10,10} = -\frac{1}{\lambda^r_{\theta q}} C^*_q K^*_q - \frac{1}{\lambda^r_{\theta o}} C^*_o K^*_o .$$

Die symbolischen Determinanten haben die Werte (vgl. [6], S.34) für $x \in S_q$

$$\det \Sigma(x,\vartheta) = (B_q+B_o)(K_q\lambda^r_{\theta q}+K_o\lambda^r_{\theta o})(K_qC_q+K_oC_o)\left(2-\frac{\mu_o^2}{(\lambda_o+2\mu_o)^2}-\frac{\mu_q^2}{(\lambda_q+2\mu_q)^2}\right), \tag{7.12}$$

$$\det \Sigma_\varkappa(x,\vartheta) = (B_q+B_o)(K^*_q+K^*_o)\left(\frac{1}{\lambda^r_{\theta q}}C^*_qK^*_q+\frac{1}{\lambda^r_{\theta o}}C^*_oK^*_o\right)\left(2-\frac{\mu_o^2}{(\lambda_o+2\mu_o)^2}-\frac{\mu_q^2}{(\lambda_q+2\mu_q)^2}\right). \tag{7.13}$$

Wir wählen jetzt in Übereinstimmung mit (7.6)

$$B_o = 1, \quad B_q = \frac{\mu_o(\lambda_o+\mu_o)(\lambda_q+2\mu_q)}{(\lambda_o+2\mu_o)\mu_q(\lambda_q+\mu_q)} . \tag{7.14}$$

Weiter setzen wir jetzt im Hinblick auf später fest

$$K_o = 1, \quad K^*_o = \lambda^r_{\theta o}, \quad K_q = B_q \frac{\lambda^r_{\theta o}\overline{\lambda^r_{\theta q}}}{\overline{\lambda^r_{\theta o}}\lambda^r_{\theta q}}, \quad K^*_q = B_q \frac{\overline{\lambda^r_{\theta q}}\lambda^r_{\theta o}}{\overline{\lambda^r_{\theta o}}} . \tag{7.15}$$

In Übereinstimmung mit (7.15), (7.7), (7.8) wählen wir

$$C_o = C^*_o = 1, \quad C_q = C^*_q = \frac{1}{B_q}\frac{\overline{\lambda^r_{\theta o}}}{\overline{\lambda^r_{\theta q}}} . \tag{7.16}$$

Man sieht leicht, daß mit diesen Konstanten gilt ($\lambda_p > 0$, $\mu_p > 0$)

$$\det \Sigma(x,\vartheta) \neq 0, \quad \det \Sigma_\varkappa(x,\vartheta) \neq 0. \tag{7.17}$$

Ebenso sind die Minoren $\delta_1, \ldots, \delta_9 \neq 0$ (vgl. [2], Satz 1.6). Unter der Voraussetzung $S_o \subset \Lambda_3$ sind K, $K_\varkappa$ Operatoren der Klasse $\overset{*}{G}(2,\alpha,\alpha)$, $0 < \alpha \leqq 1/2$ (vgl. [2]). Beachten wir den Einbettungssatz 6.12, S.173 in [8], dann folgt für jede Lösung ϕ von $K(\phi) = H$ aus $H \subset C^{0,\beta}(S_o)$ auch $\phi \subset C^{0,\alpha}(S_o)$. Da in (7.5e) die Regularität aller nicht f(y) enthaltenden Integrale mindestens eine Differenzierbarkeitsordnung besser ist als die ihrer Dichten und (7.5e) eine Fredholmsche Integralgleichung mit schwach singulärem Kern für f(y) ist (vgl. [6], (5.9)), folgt aus $g \subset C^{1,\beta}(S_o)$ auch $f \subset C^{1,\alpha}(S_o)$. Ebenso ist (7.5f) eine Fredholmsche Integralgleichung mit schwach singulärem Kern für f_4, so daß aus $g_4 \subset C^{1,\beta}(S_o)$ auch $f_4 \subset C^{1,\alpha}(S_o)$ folgt. Zusammenfassend erhält man den

Satz 7.1. Sei $S_o \subset \Lambda_3$. Dann sind K, K_* lineare beschränkte Operatoren des komplexen Hilbert-Raumes $L_2^{(10)}(S_o)$ in sich. Weiter sind K, K_* Φ-Operatoren mit dem Index null. Falls $h^-, h^+, k, h_4 \subset C^{o,\beta}(S_o)$, $g, g_4 \subset C^{1,\beta}(S_o)$, dann gilt für jede Lösung $\Phi \subset L_2^{(10)}(S_o)$ von $K(\Phi) = H$ bzw. $K_*(\Phi) = H$, daß $\varphi^-, \varphi^+, d, d_4 \subset C^{o,\alpha}(S_o)$, $f, f_4 \subset C^{1,\alpha}(S_o)$, $0 < \alpha < \frac{1}{2}$, $\alpha \leq \beta$.

Wir kommen jetzt zur Diskussion der Integralgleichungen (7.9), (7.10). Im weiteren setzen wir voraus $S_o \subset \Lambda_3$.

Hilfssatz 7.1. Sei

$$W_j = \begin{pmatrix} w_j \\ 0 \end{pmatrix}, \quad j = 1,\ldots,M_H \tag{7.18}$$

eine Basis von K_H und

$$\varphi_j(x) := \{\underset{(o)}{T}(\partial_x, n(x)) w_j(x)\}^+, \quad x \in S_o.$$

Dann sind

$$\Phi_j = (\varphi_j \cdot e_1, \varphi_j \cdot e_2, \varphi_j \cdot e_3, 0,0,0,0,0,0,0)^T \tag{7.19}$$

in $L_2^{(10)}(S_o)$ linear unabhängig, und es gilt

$$K(\Phi_j) = 0, \; K_*(\Phi_j) = 0, \; j = 1,\ldots,M_H.$$

Beweis. Aus Hilfssatz 5.2 folgt, daß W_j regulär und $\varphi_j \subset C^{o,\beta}(S_o)$, $0 < \beta < 1$.

Sei $\sum_{j=1}^{M_H} \nu_j \Phi_j(x) = 0$ für alle $x \in S_o$, dann ist

$$\{\sum_{j=1}^{M_H} \nu_j w_j(x)\}^+ = 0, \quad \{\underset{(o)}{T}(\partial_x, n(x)) \sum_{j=1}^{M_H} \nu_j w_j(x)\}^+ = 0.$$

Hieraus folgt $\sum_{j=1}^{M_H} \nu_j w_j(x) = 0$ für alle $x \in \bigcup_{q=1}^{N} D_q$ und somit $\nu_1 = \ldots = \nu_{M_H} = 0$.

Also sind $\Phi_1, \ldots, \Phi_{M_H}$ linear unabhängig.

Es gilt $K(\Phi_j) = 0$, wenn

$$-\varphi_j(x) + \frac{1}{2\pi} \int_{S_o} \underset{(o)}{T^t}(\partial_x, n(x)) (E^t(n(y)) \underset{(o)}{\gamma^{rT}})^T \varphi_j(y) dS_y = 0, \tag{7.20}$$

$$-\frac{1}{2\pi} \int_{S_o} n(x) \cdot \underset{(o)}{T}(\partial_x, n(x)) (E^t(n(y)) \underset{(o)}{\gamma^{rT}})^T \varphi_j(y) dS_y$$

$$+ \gamma_o \frac{1}{2\pi} \int_{S_o} (E^t(n(y)) \underset{(o)}{\gamma^r}{}_{(4)}^T)^T \varphi_j(y) dS_y = 0, \tag{7.21}$$

$$-\lambda^r_{\theta o}\frac{1}{2\pi}\int_{S_o}\frac{\partial}{\partial n(x)}(E^t(n(y))\underset{(o)}{\gamma}^r_{(4)}{}^T)^T\varphi_j(y)dS_y = 0, \tag{7.22}$$

$$-\frac{1}{2\pi}\int_{S_o} n(x)\cdot(E^t(n(y))\underset{(o)}{\gamma}^{rT})^T\varphi_j(y)dS_y = 0, \tag{7.23}$$

$$-\frac{1}{2\pi}\int_{S_o}(E^t(n(y))\underset{(o)}{\gamma}^r_{(4)}{}^T)^T\varphi_j(y)dS_y = 0. \tag{7.24}$$

Aus der Darstellungsformel (2.14) in [4] folgt

$$4\pi w_j(x) = \int_{S_o}\underset{(o)}{\gamma}^r\varphi_j(y)dS_y, \tag{7.25}$$

$$0 = \int_{S_o}\underset{(o)}{\gamma}^r_{(4)}\varphi_j(y)dS_y \quad \text{für } x\in\bigcup_{q=1}^N D_q. \tag{7.26}$$

Wegen $\varphi_j(x) = E^t(n(x))\varphi_j(x)$ folgt aus (7.26)

$$0 = \int_{S_o}(E^t(n(y))\underset{(o)}{\gamma}^r_{(4)}{}^T)^T\varphi_j(y)dS_y, \tag{7.27}$$

also sind (7.22), (7.24) erfüllt. Wegen $\{w_j(x)\}^+ = 0$ folgt aus (7.25)

$$0 = \int_{S_o}(E^t(n(y))\underset{(o)}{\gamma}^{rT})^T\varphi_j(y)dS_y,$$

also ist (7.23) erfüllt. Weiter folgt aus (7.25)

$$4\pi\varphi_j(x) = 2\pi\varphi_j(x) + \int_{S_o}\underset{(o)}{T}(\partial_x,n(x))\underset{(o)}{\gamma}^r\varphi_j(y)dS_y,$$

also

$$-\varphi_j(x) + \frac{1}{2\pi}\int_{S_o}\underset{(o)}{T}(\partial_x,n(x))(E^t(n(y))\underset{(o)}{\gamma}^{rT})^T\varphi_j(y)dS_y = 0. \tag{7.28}$$

Multiplizieren wir (7.28) mit $E^t(n(x))$, so folgt (7.20); multiplizieren wir (7.28) skalar nit $n(x)$ und beachten (7.27), dann folgt (7.21). Da (7.25), (7.26) auch mit $\underset{(o)}{\gamma}^{r*}$, $\underset{(o)}{\gamma}^{r*}_{(4)}$ gelten, zeigt man analog $K_*(\phi_j) = 0$. Damit ist der Hilfssatz bewiesen.

Es ist erforderlich, die zu (7.9), (7.10) adjungierten homogenen Integralgleichungssysteme

$$K^*(\Psi) = 0, \quad K^*_*(\Psi) = 0 \tag{7.29}$$

in die Betrachtung einzubeziehen. Setzen wir

$$\Psi = (\psi_1^-,\psi_2^-,\psi_3^-,\psi_1^+,\psi_2^+,\psi_3^+,d^*,d_4^*,f^*,f_4^*)^T,$$

dann erhält man für $K^*(\Psi) = 0$ ausgeschrieben (beachte (2.20))

$$
\begin{aligned}
-\psi^{-}(x) &+ \frac{1}{2\pi}\int_{S_o} E^{t}(n(x))\Big(\underset{(o)}{T^{t}}(\partial_y,n(y))\,\overline{\underset{(o)}{\gamma}^{r*T}}\Big)^{T}\psi^{-}(y)\,dS_y \\
&- \frac{1}{2\pi}\int_{S_o} E^{t}(n(x))\Big(\underset{(o)}{T}(\partial_y,n(y))\,\overline{\underset{(o)}{\gamma}^{r*T}}\Big)^{T} d^{*}(y)n(y)\,dS_y \\
&+\gamma_o\,\frac{1}{2\pi}\int_{S_o} E^{t}(n(x))\,\overline{\underset{(o)}{\gamma}^{r*(4)}}\,d^{*}(y)\,dS_y \\
&-\overline{\lambda^{r}_{\theta o}}\,\frac{1}{2\pi}\int_{S_o} E^{t}(n(x))\frac{\partial}{\partial n(y)}\,\overline{\underset{(o)}{\gamma}^{r*(4)}}\,d_4^{*}(y)\,dS_y \qquad (7.30a)\\
&- \frac{1}{2\pi}\int_{S_o} E^{t}(n(x))\,\overline{\underset{(o)}{\gamma}^{r*}}\,f^{*}(y)n(y)\,dS_y \\
&- \frac{1}{2\pi}\int_{S_o} E^{t}(n(x))\,\overline{\underset{(o)}{\gamma}^{r*(4)}}\,f_4^{*}(y)\,dS_y = 0,\quad x\in S_o,
\end{aligned}
$$

$$
\begin{aligned}
+\psi^{+}(x) &+ \frac{1}{2\pi}\int_{S_q} E^{t}(n(x))\Big(\underset{(q)}{T^{t}}(\partial_y,n(y))\,\overline{\underset{(q)}{\gamma}^{r*T}}\Big)^{T}\psi^{+}(y)\,dS_y \\
&+ \frac{1}{2\pi}\int_{S_q} E^{t}(n(x))\Big(\underset{(q)}{T}(\partial_y,n(y))\,\overline{\underset{(q)}{\gamma}^{r*T}}\Big)^{T} d^{*}(y)n(y)\,dS_y \\
&-\gamma_q\,\frac{1}{2\pi}\int_{S_q} E^{t}(n(x))\,\overline{\underset{(q)}{\gamma}^{r*(4)}}\,d^{*}(y)\,dS_y \\
&+\overline{\lambda^{r}_{\theta q}}\,\frac{1}{2\pi}\int_{S_q} E^{t}(n(x))\frac{\partial}{\partial n(y)}\,\overline{\underset{(q)}{\gamma}^{r*(4)}}\,d_4^{*}(y)\,dS_y \qquad (7.30b)\\
&+ \frac{1}{2\pi}\int_{S_q} E^{t}(n(x))\,\overline{\underset{(q)}{\gamma}^{r*}}\,f^{*}(y)n(y)\,dS_y \\
&+ \frac{1}{2\pi}\int_{S_q} E^{t}(n(x))\,\overline{\underset{(q)}{\gamma}^{r*(4)}}\,f_4^{*}(y)\,dS_y = 0,\quad x\in S_q,
\end{aligned}
$$

$$
\begin{aligned}
2d^{*}(x) &+ \frac{1}{2\pi}\int_{S_o} n(x)\cdot\Big(\underset{(o)}{T^{t}}(\partial_y,n(y))\,\overline{\underset{(o)}{\gamma}^{r*T}}\Big)^{T}\psi^{-}(y)\,dS_y \\
&+ \frac{1}{2\pi}\int_{S_q} n(x)\cdot\Big(\underset{(q)}{T^{t}}(\partial_y,n(y))\,\overline{\underset{(q)}{\gamma}^{r*T}}\Big)^{T}\psi^{+}(y)\,dS_y \\
&+ \frac{1}{2\pi}\int_{S_q} n(x)\cdot\Big(\underset{(q)}{T}(\partial_y,n(y))\,\overline{\underset{(q)}{\gamma}^{r*T}}\Big)^{T} d^{*}(y)n(y)\,dS_y
\end{aligned}
$$

$$-\gamma_q \frac{1}{2\pi} \int_{S_q} n(x) \cdot \overline{\underset{(q)}{\gamma}^{r*(4)}} d^*(y) dS_y$$

$$- \frac{1}{2\pi} \int_{S_o} n(x) \cdot (\underset{(o)}{T}(\partial_y, n(y)) \overline{\underset{(o)}{\gamma}^{r*T}})^T d^*(y) n(y) dS_y$$

$$+\gamma_o \frac{1}{2\pi} \int_{S_o} n(x) \cdot \overline{\underset{(o)}{\gamma}^{r*(4)}} d^*(y) dS_y \qquad (7.30c)$$

$$+\overline{\lambda^r_{\theta q}} \frac{1}{2\pi} \int_{S_q} n(x) \cdot \frac{\partial}{\partial n(y)} \overline{\underset{(q)}{\gamma}^{r*(4)}} d_4^*(y) dS_y$$

$$-\overline{\lambda^r_{\theta o}} \frac{1}{2\pi} \int_{S_o} n(x) \cdot \frac{\partial}{\partial n(y)} \overline{\underset{(o)}{\gamma}^{r*(4)}} d_4^*(y) dS_y$$

$$+ \frac{1}{2\pi} \int_{S_q} n(x) \cdot \overline{\underset{(q)}{\gamma}^{r*}} f^*(y) n(y) dS_y - \frac{1}{2\pi} \int_{S_o} n(x) \cdot \overline{\underset{(o)}{\gamma}^{r*}} f^*(y) n(y) dS_y$$

$$+ \frac{1}{2\pi} \int_{S_q} n(x) \cdot \overline{\underset{(q)}{\gamma}^{r*(4)}} f_4^*(y) dS_y - \frac{1}{2\pi} \int_{S_o} n(x) \cdot \overline{\underset{(o)}{\gamma}^{r*(4)}} f_4^*(y) dS_y = 0, \; x \in S_q,$$

$$(\overline{\lambda^r_{\theta q}} \bar{K}_q + \overline{\lambda^r_{\theta o}} \bar{K}_o) d_4^*(x) + \bar{K}_o \frac{1}{2\pi} \int_{S_o} (\underset{(o)}{T^t}(\partial_y, n(y)) \overline{\underset{(o)}{\gamma}^{r*}_{(4)}}{}^T)^T \psi^-(y) dS_y$$

$$+ \bar{K}_q \frac{1}{2\pi} \int_{S_q} (\underset{(q)}{T^t}(\partial_y, n(y)) \overline{\underset{(q)}{\gamma}^{r*}_{(4)}}{}^T)^T \psi^+(y) dS_y$$

$$+ \bar{K}_q \frac{1}{2\pi} \int_{S_q} (\underset{(q)}{T}(\partial_y, n(y)) \overline{\underset{(q)}{\gamma}^{r*}_{(4)}}{}^T)^T d^*(y) n(y) dS_y$$

$$- \bar{K}_o \frac{1}{2\pi} \int_{S_o} (\underset{(o)}{T}(\partial_y, n(y)) \overline{\underset{(o)}{\gamma}^{r*}_{(4)}}{}^T)^T d^*(y) n(y) dS_y \qquad (7.30d)$$

$$-\gamma_q \bar{K}_q \frac{1}{2\pi} \int_{S_q} \overline{\underset{(q)}{\Gamma}^{r*}_{44}} d^*(y) dS_y + \gamma_o \bar{K}_o \frac{1}{2\pi} \int_{S_o} \overline{\underset{(o)}{\Gamma}^{r*}_{44}} d^*(y) dS_y$$

$$+\overline{\lambda^r_{\theta q}} \bar{K}_q \frac{1}{2\pi} \int_{S_q} \frac{\partial}{\partial n(y)} \overline{\underset{(q)}{\Gamma}^{r*}_{44}} d_4^*(y) dS_y - \overline{\lambda^r_{\theta o}} \bar{K}_o \frac{1}{2\pi} \int_{S_o} \frac{\partial}{\partial n(y)} \overline{\underset{(o)}{\Gamma}^{r*}_{44}} d_4^*(y) dS_y$$

$$+ \bar{K}_q \frac{1}{2\pi} \int_{S_q} \overline{\underset{(q)}{\gamma}^{r*}_{(4)}} f^*(y) n(y) dS_y - \bar{K}_o \frac{1}{2\pi} \int_{S_o} \overline{\underset{(o)}{\gamma}^{r*}_{(4)}} f^*(y) n(y) dS_y$$

$$+ \bar{K}_q \frac{1}{2\pi} \int_{S_q} \overline{\underset{(q)}{\Gamma}^{r*}_{44}} f_4^*(y) dS_y - \bar{K}_o \frac{1}{2\pi} \int_{S_o} \overline{\underset{(o)}{\Gamma}^{r*}_{44}} f_4^*(y) dS_y = 0, \; x \in S_q,$$

$$-(B_q+B_o)f^*(x) + (\overline{\lambda^r_{\theta q}}\bar{D}_q\bar{K}_q+\overline{\lambda^r_{\theta o}}\bar{D}_o\bar{K}_o)d_4^*(x)$$

$$-(\overline{\lambda^r_{\theta q}}B_q i\omega\,\overline{\eta^r_q}+\overline{\lambda^r_{\theta o}}B_o i\omega\,\overline{\eta^r_o})d_4^*(x)$$

$$+B_o\frac{1}{2\pi}\int_{S_o} n(x)\cdot\underset{(o)}{T}(\partial_x,n(x))\big(\underset{(o)}{T^t}(\partial_y,n(y))\,\overline{\underset{(o)}{\gamma}^{r*T}}\big)^T\psi^-(y)dS_y$$

$$+\bar{D}_o\bar{K}_o\frac{1}{2\pi}\int_{S_o}\big(\underset{(o)}{T^t}(\partial_y,n(y))\,\overline{\underset{(o)}{\gamma}^{r*}}{}_{(4)}^{T}\big)^T\psi^-(y)dS_y$$

$$+B_q\frac{1}{2\pi}\int_{S_q} n(x)\cdot\underset{(q)}{T}(\partial_x,n(x))\big(\underset{(q)}{T^t}(\partial_y,n(y))\,\overline{\underset{(q)}{\gamma}^{r*T}}\big)^T\psi^+(y)dS_y$$

$$+\bar{D}_q\bar{K}_q\frac{1}{2\pi}\int_{S_q}\big(\underset{(q)}{T^t}(\partial_y,n(y))\,\overline{\underset{(q)}{\gamma}^{r*}}{}_{(4)}^{T}\big)^T\psi^+(y)dS_y$$

$$+B_q\frac{1}{2\pi}\int_{S_q} n(x)\cdot\underset{(q)}{T}(\partial_x,n(x))\big(\underset{(q)}{T}(\partial_y,n(y))\,\overline{\underset{(q)}{\gamma}^{r*T}}\big)^T d^*(y)n(y)dS_y$$

$$-B_o\frac{1}{2\pi}\int_{S_o} n(x)\cdot\underset{(o)}{T}(\partial_x,n(x))\big(\underset{(o)}{T}(\partial_y,n(y))\,\overline{\underset{(o)}{\gamma}^{r*T}}\big)^T d^*(y)n(y)dS_y$$

$$-\gamma_q B_q\frac{1}{2\pi}\int_{S_q} n(x)\cdot\underset{(q)}{T}(\partial_x,n(x))\,\overline{\underset{(q)}{\gamma}^{r*(4)}}d^*(y)dS_y$$

$$+\gamma_o B_o\frac{1}{2\pi}\int_{S_o} n(x)\cdot\underset{(o)}{T}(\partial_x,n(x))\,\overline{\underset{(o)}{\gamma}^{r*(4)}}d^*(y)dS_y \qquad (7.30e)$$

$$+\bar{D}_q\bar{K}_q\frac{1}{2\pi}\int_{S_q}\big(\underset{(q)}{T}(\partial_y,n(y))\,\overline{\underset{(q)}{\gamma}^{r*}}{}_{(4)}^{T}\big)^T d^*(y)n(y)dS_y$$

$$-\bar{D}_o\bar{K}_o\frac{1}{2\pi}\int_{S_o}\big(\underset{(o)}{T}(\partial_y,n(y))\,\overline{\underset{(o)}{\gamma}^{r*}}{}_{(4)}^{T}\big)^T d^*(y)n(y)dS_y$$

$$-\gamma_q\bar{D}_q\bar{K}_q\frac{1}{2\pi}\int_{S_q}\overline{\underset{(q)}{\Gamma}^{r*}_{44}}d^*(y)dS_y+\gamma_o\bar{D}_o\bar{K}_o\frac{1}{2\pi}\int_{S_o}\overline{\underset{(o)}{\Gamma}^{r*}_{44}}d^*(y)dS_y$$

$$+\overline{\lambda^r_{\theta q}}B_q\frac{1}{2\pi}\int_{S_q} n(x)\cdot\underset{(q)}{T}(\partial_x,n(x))\frac{\partial}{\partial n(y)}\overline{\underset{(q)}{\gamma}^{r*(4)}}d_4^*(y)dS_y$$

$$-\overline{\lambda^r_{\theta o}}B_o\frac{1}{2\pi}\int_{S_o} n(x)\cdot\underset{(o)}{T}(\partial_x,n(x))\frac{\partial}{\partial n(y)}\overline{\underset{(o)}{\gamma}^{r*(4)}}d_4^*(y)dS_y$$

$$+\overline{\lambda^r_{\theta q}}\bar{D}_q\bar{K}_q\frac{1}{2\pi}\int_{S_q}\frac{\partial}{\partial n(y)}\overline{\underset{(q)}{\Gamma}^{r*}_{44}}d_4^*(y)dS_y$$

$$-\overline{\lambda^{r}_{\theta o}}\,\bar{D}_o\bar{K}_o \frac{1}{2\pi}\int_{S_o}\frac{\partial}{\partial n(y)}\overline{\underset{(o)}{\Gamma}{}^{r*}_{44}}\, d^*_4(y)\,dS_y$$

$$+ B_q \frac{1}{2\pi}\int_{S_q} n(x)\cdot \underset{(q)}{T}(\partial_x,n(x))\,\overline{\underset{(q)}{\gamma}{}^{r*}}\, f^*(y)n(y)\,dS_y$$

$$- B_o \frac{1}{2\pi}\int_{S_o} n(x)\cdot \underset{(o)}{T}(\partial_x,n(x))\,\overline{\underset{(o)}{\gamma}{}^{r*}}\, f^*(y)n(y)\,dS_y$$

$$+ \bar{D}_q\bar{K}_q \frac{1}{2\pi}\int_{S_q}\overline{\underset{(q)}{\gamma}{}^{r*}_{(4)}}\, f^*(y)n(y)\,dS_y - \bar{D}_o\bar{K}_o \frac{1}{2\pi}\int_{S_o}\overline{\underset{(o)}{\gamma}{}^{r*}_{(4)}}\, f^*(y)n(y)\,dS_y$$

$$+ B_q \frac{1}{2\pi}\int_{S_q} n(x)\cdot \underset{(q)}{T}(\partial_x,n(x))\,\overline{\underset{(q)}{\gamma}{}^{r*(4)}}\, f^*_4(y)\,dS_y$$

$$- B_o \frac{1}{2\pi}\int_{S_o} n(x)\cdot \underset{(o)}{T}(\partial_x,n(x))\,\overline{\underset{(o)}{\gamma}{}^{r*(4)}}\, f^*_4(y)\,dS_y$$

$$+ \bar{D}_q\bar{K}_q \frac{1}{2\pi}\int_{S_q}\overline{\underset{(q)}{\Gamma}{}^{r*}_{44}}\, f^*_4(y)\,dS_y - \bar{D}_o\bar{K}_o \frac{1}{2\pi}\int_{S_o}\overline{\underset{(o)}{\Gamma}{}^{r*}_{44}}\, f^*_4(y)\,dS_y = 0,\ x\in S_q,$$

$$-(\bar{C}_q\bar{K}_q+\bar{C}_o\bar{K}_o)f^*_4(x) + \bar{C}_o\bar{K}_o \frac{1}{2\pi}\int_{S_o}\frac{\partial}{\partial n(x)}\Big(\underset{(o)}{T^t}(\partial_y,n(y))\,\overline{\underset{(o)}{\gamma}{}^{r*}_{(4)}}{}^{T}\Big)^{T}\psi^-(y)\,dS_y$$

$$+ \bar{C}_q\bar{K}_q \frac{1}{2\pi}\int_{S_q}\frac{\partial}{\partial n(x)}\Big(\underset{(q)}{T^t}(\partial_y,n(y))\,\overline{\underset{(q)}{\gamma}{}^{r*}_{(4)}}{}^{T}\Big)^{T}\psi^+(y)\,dS_y$$

$$+ \bar{C}_q\bar{K}_q \frac{1}{2\pi}\int_{S_q}\frac{\partial}{\partial n(x)}\Big(\underset{(q)}{T}(\partial_y,n(y))\,\overline{\underset{(q)}{\gamma}{}^{r*}_{(4)}}{}^{T}\Big)^{T} d^*(y)n(y)\,dS_y$$

$$- \bar{C}_o\bar{K}_o \frac{1}{2\pi}\int_{S_o}\frac{\partial}{\partial n(x)}\Big(\underset{(o)}{T}(\partial_y,n(y))\,\overline{\underset{(o)}{\gamma}{}^{r*}_{(4)}}{}^{T}\Big)^{T} d^*(y)n(y)\,dS_y$$

$$+\overline{\lambda^{r}_{\theta q}}\,\bar{C}_q\bar{K}_q \frac{1}{2\pi}\int_{S_q}\frac{\partial^2}{\partial n(x)\partial n(y)}\overline{\underset{(q)}{\Gamma}{}^{r*}_{44}}\, d^*_4(y)\,dS_y \qquad (7.30f)$$

$$-\overline{\lambda^{r}_{\theta o}}\,\bar{C}_o\bar{K}_o \frac{1}{2\pi}\int_{S_o}\frac{\partial^2}{\partial n(x)\partial n(y)}\overline{\underset{(o)}{\Gamma}{}^{r*}_{44}}\, d^*_4(y)\,dS_y$$

$$+ \bar{C}_q\bar{K}_q \frac{1}{2\pi}\int_{S_q}\frac{\partial}{\partial n(x)}\overline{\underset{(q)}{\gamma}{}^{r*}_{(4)}}\, f^*(y)n(y)\,dS_y$$

$$- \bar{C}_o\bar{K}_o \frac{1}{2\pi}\int_{S_o}\frac{\partial}{\partial n(x)}\overline{\underset{(o)}{\gamma}{}^{r*}_{(4)}}\, f^*(y)n(y)\,dS_y$$

$$+\bar{C}_q\bar{K}_q \frac{1}{2\pi}\int_{S_q}\frac{\partial}{\partial n(x)}\overline{\underset{(q)}{\Gamma}{}^{r*}_{44}}\, f^*_4(y)\,dS_y - \bar{C}_o\bar{K}_o \frac{1}{2\pi}\int_{S_o}\frac{\partial}{\partial n(x)}\overline{\underset{(o)}{\Gamma}{}^{r*}_{44}}\, f^*_4(y)\,dS_y = 0,\ x\in S_q.$$

Das System $K_*^*(\Upsilon) = 0$ bezeichnen wir mit (7.30*). Man erhält es aus (7.30) durch folgende Ersetzungen: $\underset{(p)}{\gamma}^{r*} | \underset{(p)}{\gamma}^{r}$, $\underset{(p)}{\gamma}^{r*(4)} | \frac{1}{\lambda^r_{\theta p}} \underset{(p)}{\gamma}^{r(4)}$,

$\underset{(p)}{\gamma}^{r*}(4) | \lambda^r_{\theta p} \underset{(p)}{\gamma}^{r}(4)$, $\underset{(p)}{\Gamma}^{*}_{44} | \underset{(p)}{\Gamma}_{44}$, $\gamma_p | -\overline{\lambda^r_{\theta p}} i\omega \overline{\eta^r_p}$, $i\omega \overline{\eta^r_p} | -\gamma_p/\lambda^r_{\theta p}$, $C_p | C^*_p$, $D_p | D^*_p$,

$K_p | \frac{1}{\lambda^r_{\theta p}} K^*_p$, $p = 0,\ldots,N$.

<u>Hilfssatz 7.2</u>. Sei V_j, $j = 1,\ldots,M_G$ die reelwertige Basis (7.1) von K_G, dann sind

$$\Psi_j(x) = (0,0,0,\{v_j\}^+\cdot e_1,\{v_j\}^+\cdot e_2,\{v_j\}^+\cdot e_3,0,0,0,0)^T, j=1,\ldots,M_G \qquad (7.31)$$

in $L_2^{(10)}(S_o)$ linear unabhängig, und es gilt

$$K^*(\Psi_j) = 0, \quad K_*^*(\Psi_j) = 0, \quad j = 1,\ldots,M_G.$$

Beweis. Aus Hilfssatz 4.2 folgt, daß V_j regulär und $\{v_j\}^+ \in C^{1,\beta}(S_o)$, $0 < \beta < 1$. Die lineare Unabhängigkeit ergibt sich wie beim Hilfssatz 7.1 daraus, daß aus $\{v_j\}^+ = 0$, $\{\underset{(q)}{T}(\partial_x, n(x)) v_j(x)\}^+ = 0$ folgt $v_j(x) \equiv 0$.

Setzen wir Ψ_j in $K^*(\Psi_j) = 0$ ein und streichen quer, dann folgt für $x \in S_q$

$$\{v_j(x)\}^+ + \frac{1}{2\pi} \int_{S_q} E^t(n(x))(\underset{(q)}{T}^t(\partial_y, n(y)) \underset{(q)}{\gamma}^{r*T})^T \{v_j(y)\}^+ dS_y = 0, \qquad (7.32)$$

$$\int_{S_q} n(x)\cdot \underset{(q)}{T}^t(\partial_y, n(y)) (\underset{(q)}{\gamma}^{r*T})^T \{v_j(y)\}^+ dS_y = 0, \qquad (7.33)$$

$$\int_{S_q} \underset{(q)}{T}^t(\partial_y, n(y)) (\underset{(q)}{\gamma}^{r*T}_{(4)})^T \{v_j(y)\}^+ dS_y = 0, \qquad (7.34)$$

$$B_q \int_{S_q} n(x)\cdot \underset{(q)}{T}(\partial_x, n(x)) (\underset{(q)}{T}^t(\partial_y, n(y)) \underset{(q)}{\gamma}^{r*T})^T \{v_j(y)\}^+ dS_y$$

$$+ D_q K_q \int_{S_q} (\underset{(q)}{T}^t(\partial_y, n(y)) \underset{(q)}{\gamma}^{r*T}_{(4)})^T \{v_j(y)\}^+ dS_y = 0, \qquad (7.35)$$

$$\int_{S_q} \frac{\partial}{\partial n(x)} (\underset{(q)}{T}^t(\partial_y, n(y)) \underset{(q)}{\gamma}^{r*T}_{(4)})^T \{v_j(y)\}^+ dS_y = 0. \qquad (7.36)$$

Aus der Darstellungsformel (2.15) in [4] folgt wegen $B^{r*} V_j = 0$, $\{v_j(x)\}^+\cdot n(x) = 0$, $\{\underset{(q)}{T}(\partial_x, n(x)) v_j(x)\}^+ = 0$, daß für $x \in D_q$ gilt

$$4\pi v_j(x) = - \int_{S_q} (\underset{(q)}{T}^t(\partial_y, n(y)) \underset{(q)}{\gamma}^{r*T})^T \{v_j(y)\}^+ dS_y, \qquad (7.37)$$

$$0 = \int_{S_q} \left(\underset{(q)}{T^t}(\partial_y, n(y)) \underset{(q)}{\gamma}^{r*}_{(4)}{}^T \right)^T \{v_j(y)\}^+ dS_y. \tag{7.38}$$

Aus (7.37) und (6.5) folgt

$$\{v_j(x)\}^+ + \frac{1}{2\pi} \int_{S_q} \left(\underset{(q)}{T^t}(\partial_y, n(y)) \underset{(q)}{\gamma}^{r*T} \right)^T \{v_j(y)\}^+ dS_y = 0. \tag{7.39}$$

Multiplizieren wir (7.39) mit $E^t(n(x))$ und skalar mit $n(x)$, dann folgt (7.32), (7.33). Aus (7.38) folgt durch Grenzübergang (7.34). Für $x \notin \bar{D}_q$ steht in (7.37) auf der linken Seite null, so daß aus (7.37), (6.18), (7.38) die Gültigkeit von (7.35) folgt. Schließlich folgt (7.36) aus (7.38) und (6.15).

Da (7.37), (7.38) auch mit $\underset{(q)}{\gamma}^{r}$, $\underset{(q)}{\gamma}^{r}_{(4)}$ gelten, zeigt man analog

$K^*_*(\Psi_j) = 0$. Damit ist der Hilfssatz bewiesen.

Mit einer Lösung Ψ von $K^*(\Psi) = 0$ bilden wir die Potentiale

$$\begin{aligned}
\underset{(p)}{w}(x) = \underset{(p)}{w}(x,\Psi) &= \frac{1}{2\pi} \int_{S_p} \left(\underset{(p)}{T^t}(\partial_y, n(y)) \underset{(p)}{\gamma}^{r*T} \right)^T \overline{\psi_p(y)} dS_y \\
&+ \sigma_p \frac{1}{2\pi} \int_{S_p} \left[\left(\underset{(p)}{T}(\partial_y, n(y)) \underset{(p)}{\gamma}^{r*T} \right)^T n(y) - \gamma_p \underset{(p)}{\gamma}^{r*(4)} \right] \overline{d^*(y)} dS_y \\
&+ \sigma_p \frac{1}{2\pi} \int_{S_p} \underset{(p)}{\gamma}^{r*} \overline{f^*(y)} n(y) dS_y \\
&+ \sigma_p \lambda^r_{\theta p} \frac{1}{2\pi} \int_{S_p} \frac{\partial}{\partial n(y)} \underset{(p)}{\gamma}^{r*(4)} \overline{d^*_4(y)} dS_y + \sigma_p \frac{1}{2\pi} \int_{S_p} \underset{(p)}{\gamma}^{r*(4)} \overline{f^*_4(y)} dS_y,
\end{aligned} \tag{7.40}$$

$$\begin{aligned}
\underset{(p)}{w}_4(x) = \underset{(p)}{w}_4(x,\Psi) &= \frac{1}{2\pi} \int_{S_p} \left(\underset{(p)}{T^t}(\partial_y, n(y)) \underset{(p)}{\gamma}^{r*}_{(4)}{}^T \right)^T \overline{\psi_p(y)} dS_y \\
&+ \sigma_p \frac{1}{2\pi} \int_{S_p} \left[\left(\underset{(p)}{T}(\partial_y, n(y)) \underset{(p)}{\gamma}^{r*}_{(4)}{}^T \right)^T n(y) - \gamma_p \underset{(p)}{\Gamma}^{r*}_{44} \right] \overline{d^*(y)} dS_y \\
&+ \sigma_p \frac{1}{2\pi} \int_{S_p} \underset{(p)}{\gamma}^{r*}_{(4)} \overline{f^*(y)} n(y) dS_y \\
&+ \sigma_p \lambda^r_{\theta p} \frac{1}{2\pi} \int_{S_p} \frac{\partial}{\partial n(y)} \underset{(p)}{\Gamma}^{r*}_{44} \overline{d^*_4(y)} dS_y + \sigma_p \frac{1}{2\pi} \int_{S_p} \underset{(p)}{\Gamma}^{r*}_{44} \overline{f^*_4(y)} dS_y,
\end{aligned} \tag{7.40}$$

$$p = 0, \dots, N.$$

Dabei ist $\psi_0(y) = \psi^-(y)$, $\psi_q(y) = \psi^+(y)$ für $y \in S_q$, $\sigma_p = -1$ für $p=0$, $\sigma_p = +1$ für $p=1,\dots,N$.

Mit einer Lösung Ψ von $K^*_*(\Psi) = 0$ bilden wir die Potentiale $\underset{(p)}{w}^*(x)$,

$\underset{(p)}{w}{}^{*}{}_{4}(x)$, die aus $\underset{(p)}{w}(x)$, $\underset{(p)}{w}{}_{4}(x)$ durch die Ersetzungen $\underset{(p)}{\gamma}{}^{r*} | \underset{(p)}{\gamma}{}^{r}$, $\underset{(p)}{\gamma}{}^{r*}(4) | \underset{(p)}{\gamma}{}^{r}(4)$, $\underset{(p)}{\Gamma}{}^{r*(4)} | \frac{1}{\lambda^{r}_{\theta p}} \underset{(p)}{\Gamma}{}^{r(4)}$, $\gamma_p | \lambda^{r}_{\theta p} i\omega \eta^{r}_{p}$ hervorgehen.

Wir verfügen jetzt über die Konstanten D_p, D^{*}_{p} und zwar soll gelten

$$D_p K_p + i\omega \eta^{r}_{p} B_p = 0, \quad D^{*}_{p} K^{*}_{p} + \gamma_p B_p = 0, \quad p=0,\dots,N. \tag{7.41}$$

In (7.5d) fallen dann die Glieder mit $f(x)$ und in (7.30e) die Glieder mit $d^{*}_{4}(x)$ weg.

<u>Hilfssatz 7.3</u>. Sei $\Psi \subset N(K^{*})$, dann ist

$$L(\Psi) := (\{ \underset{(o)}{T}(\partial_x, n(x)) \underset{(o)}{w}(x)\}^{+T}, 0,0,0,0,0,0,0)^{T} \tag{7.42}$$

eine antilineare Abbildung von $N(K^{*})$ in den von ϕ_j (vgl. (7.19)) aufgespannten linearen Raum $L\{\phi_1,\dots,\phi_{M_H}\} \subset N(K)$. Sei $\Psi \subset N(K^{*}_{*})$, dann ist

$$L_{*}(\Psi) := (\{ \underset{(o)}{T}(\partial_x, n(x)) \underset{(o)}{w}{}^{*}(x)\}^{+T}, 0,0,0,0,0,0,0)^{T}$$

eine antilineare Abbildung von $N(K^{*}_{*})$ in $L\{\phi_1,\dots,\phi_{M_H}\} \subset N(K_{*})$.

Beweis. Sei $\Psi \subset N(K^{*})$. Aus (7.30a), (6.5), (6.7) folgt

$$\{E^{t}(n(x)) \underset{(o)}{w}(x)\}^{+} = 0, \quad x \in S_o, \tag{7.43}$$

aus (7.30b), (6.5), (6.7) folgt

$$\{E^{t}(n(x)) \underset{(q)}{w}(x)\}^{-} = 0, \quad x \in S_q, \tag{7.44}$$

aus (7.30c), (6.5), (6.6) folgt

$$\{ \underset{(o)}{w}(x) \cdot n(x)\}^{+} + \{ \underset{(q)}{w}(x) \cdot n(x)\}^{-} = 0, \quad x \in S_q, \tag{7.45}$$

aus (7.30d), (6.9) folgt

$$K_o \{ \underset{(o)}{w}{}_{4}(x)\}^{+} + K_q \{ \underset{(q)}{w}{}_{4}(x)\}^{-} = 0, \quad x \in S_q, \tag{7.46}$$

aus (7.30e), (6.18), (6.17), (6.4), (6.14), (6.9) folgt

$$B_o\{n(x) \cdot \underset{(o)}{T}(\partial_x, n(x)) \underset{(o)}{w}(x)\}^{+} + B_q\{n(x) \cdot \underset{(q)}{T}(\partial_x, n(x)) \underset{(q)}{w}(x)\}^{-}$$
$$+ D_o K_o \{ \underset{(o)}{w}{}_{4}(x)\}^{+} + D_q K_q \{ \underset{(q)}{w}{}_{4}(x)\}^{-} = 0, \quad x \in S_q, \tag{7.47}$$

aus (7.30f), (6.15), (6.8) folgt

$$C_oK_o\left\{\frac{\partial}{\partial n(x)}\underset{(o)}{w}_4(x)\right\}^+ + C_qK_q\left\{\frac{\partial}{\partial n(x)}\underset{(q)}{w}_4(x)\right\}^- = 0,\ x\in S_q. \tag{7.48}$$

Nun wenden wir den Integralsatz (4.7) an auf D_q mit $V = \underset{(o)}{W}$ und auf $D_{qR} := (E_3\setminus\overline{D}_q)\cap K_R$ mit $V = \underset{(q)}{W}$, dann folgt

$$B_o\,\frac{2i\omega T_o}{\lambda_{\theta o}}\int_{D_q}|\mathrm{grad}\,\underset{(o)}{w}_4|^2dx + B_q\,\frac{2i\omega T_o}{\lambda_{\theta q}}\int_{D_{qR}}|\mathrm{grad}\,\underset{(q)}{w}_4|^2dx$$

$$= I_1 + I_2 - B_q 2i\omega\sqrt{\varrho_q\mu_q}\int_{\partial K_R}|\overset{3}{\underset{(q)}{w}}|^2dS + o(1) \tag{7.49}$$

mit

$$I_1 = B_o\int_{S_q}\left[\left\{\overline{\underset{(o)}{\tilde{T}^*}(\partial_x,n(x))\,\underset{(o)}{W}}\right\}^+\cdot\{\underset{(o)}{w}\}^+ - \{\underset{(o)}{\tilde{T}^*}(\partial_x,n(x))\,\underset{(o)}{W}\}^+\cdot\{\underset{(o)}{\overline{w}}\}^+\right]dS$$

$$- B_q\int_{S_q}\left[\left\{\overline{\underset{(q)}{\tilde{T}^*}(\partial_x,n(x))\,\underset{(q)}{W}}\right\}^-\cdot\{\underset{(q)}{w}\}^- - \{\underset{(q)}{\tilde{T}^*}(\partial_x,n(x))\,\underset{(q)}{W}\}^-\cdot\{\underset{(q)}{\overline{w}}\}^-\right]dS,$$

$$I_2 = B_o i\omega T_o\int_{S_q}\left[\frac{1}{\overline{\lambda^r_{\theta o}}}\{\overline{\underset{(o)}{w}_4}\}^+\left\{\frac{\partial\underset{(o)}{w}_4}{\partial n}\right\}^+ + \frac{1}{\lambda^r_{\theta o}}\{\underset{(o)}{w}_4\}^+\left\{\frac{\partial\overline{\underset{(o)}{w}_4}}{\partial n}\right\}^+\right]dS$$

$$- B_q i\omega T_o\int_{S_q}\left[\frac{1}{\overline{\lambda^r_{\theta q}}}\{\overline{\underset{(q)}{w}_4}\}^-\left\{\frac{\partial\underset{(q)}{w}_4}{\partial n}\right\}^- + \frac{1}{\lambda^r_{\theta q}}\{\underset{(q)}{w}_4\}^-\left\{\frac{\partial\overline{\underset{(q)}{w}_4}}{\partial n}\right\}^-\right]dS.$$

Nun ist aber wegen (7.43), (7.44), (7.45), (7.47), (7.41) $I_1 = 0$ und wegen (7.46), (7.48), (7.15), (7.16) $I_2 = 0$. Damit schließt man in bekannter Weise aus (7.49) und (7.46)

$$\underset{(q)}{W}(x) = 0 \text{ für alle } x\notin\overline{D}_q,\quad \underset{(o)}{w}_4(x) = 0 \text{ für alle } x\in D_q. \tag{7.50}$$

Hieraus sowie aus (7.43), (7.45), (7.47) folgt

$$\{\underset{(o)}{w}(x)\}^+ = 0,\quad \{\underset{(o)}{T}(\partial_x,n(x))\,\underset{(o)}{w}(x)\cdot n(x)\}^+ = 0. \tag{7.51}$$

Auf $\bigcup_{q=1}^{N} D_q$ stimmt also $\underset{(o)}{W}(x)$ mit einer Lösung des Problems R_H überein. Vergleicht man mit Hilfssatz 7.1, so folgt $L(\Psi)\subset L\{\Phi_1,\dots,\Phi_{M_H}\}$.

Sei nun $\Psi\subset N(K^*_*)$, dann folgen aus (7.30*) Beziehungen, die man aus (7.43)-(7.48) durch die Ersetzungen $\underset{(p)}{W}(x)|\,\underset{(p)}{W^*}(x)$, $C_p|C^*_p$, $D_p|D^*_p$, $K_p|K^*_p$ erhält. Der Integralsatz (4.6) ergibt

$$B_o \frac{2\lambda_{\theta o}}{i\omega T_o} \frac{1}{1+\omega^2 t_{ro}^2} \int_{D_q} |\operatorname{grad} \underset{(o)}{w}{}^*_4|^2 dx + B_q \frac{2\lambda_{\theta q}}{i\omega T_o} \frac{1}{1+\omega^2 t_{rq}^2} \int_{D_{qR}} |\operatorname{grad} \underset{(q)}{w}{}^*_4|^2 dx$$

$$- B_q 2i\omega \sqrt{\varrho_q \mu_q} \int_{\partial K_R} |\underset{(q)}{\overset{3}{w}}{}^*|^2 dS = o(1).$$

Die Integrale über S_q fallen wegen der Wahl der Konstanten C_p^*, D_p^*, K_p^* wieder weg. Nun schließt man wie oben weiter. Damit ist der Hilfssatz bewiesen.

Hilfssatz 7.4. $\Psi_1,\dots,\Psi_{M_G}$ bilden eine Basis von $N(L)$ und $N(L_*)$.

Beweis. a) Da bei der Bildung von $\underset{(o)}{w}(x)$ und $\underset{(o)}{w}{}^*(x)$ die 4. - 6. Komponente von Ψ nicht eingeht und bei Ψ_j alle Komponenten außer der 4.-6. null sind, gilt offenbar $L(\Psi_j) = 0$, $L_*(\Psi_j) = 0$, $j = 1,\dots,M_G$.

b) Sei nun $K^*(\Psi) = 0$, $L(\Psi) = 0$. Wie beim Beweis des Hilfssatzes 7.3 folgt (7.50), (7.51). Wegen der Voraussetzung $L(\Psi) = 0$ und $\{\underset{(o)}{w}(x)\}^+ = 0$ ist $\underset{(o)}{w}(x) = 0$ für alle $x \in D_q$. Also gilt

$$\underset{(q)}{W}(x) = 0 \text{ für alle } x \notin \bar{D}_q, \quad \underset{(o)}{W}(x) = 0 \text{ für alle } x \in \bigcup_{q=1}^{N} D_q. \tag{7.52}$$

Wir betrachten

$$W(x) = \begin{cases} \underset{(o)}{W}(x) & \text{für } x \in D_o, \\ \underset{(q)}{W}(x) & \text{für } x \in D_q,\ q = 1,\dots,N. \end{cases}$$

Dann ist wegen (6.5), (6.6)

$$\{E^t(n(x))w(x)\}^+ = \{E^t(n(x)) \underset{(q)}{w}(x)\}^+ - \{E^t(n(x)) \underset{(q)}{w}(x)\}^- = -2\overline{\psi^+(x)}, \tag{7.53}$$

$$\{E^t(n(x))w(x)\}^- = -\left[\{E^t(n(x)) \underset{(o)}{w}(x)\}^+ - \{E^t(n(x)) \underset{(o)}{w}(x)\}^-\right] = 2\overline{\psi^-(x)}, \tag{7.54}$$

$$\{E^n(n(x))w(x)\}^+ = \{E^n(n(x)) \underset{(q)}{w}(x)\}^+ - \{E^n(n(x)) \underset{(q)}{w}(x)\}^- = -2n(x)\overline{d^*(x)}, \tag{7.55}$$

$$\{E^n(n(x))w(x)\}^- = -\left[\{E^n(n(x)) \underset{(o)}{w}(x)\}^+ - \{E^n(n(x)) \underset{(o)}{w}(x)\}^-\right] = -2n(x)\overline{d^*(x)}; \tag{7.56}$$

weiter ist wegen (6.19), (6.20), (6.14)

$$\{\underset{(q)}{T}(\partial_x, n(x))w(x)\}^+ = \{\underset{(q)}{T}(\partial_x, n(x)) \underset{(q)}{w}(x)\}^+ - \{\underset{(q)}{T}(\partial_x, n(x)) \underset{(q)}{w}(x)\}^-$$

$$= 2\overline{f^*(x)}n(x) - 2i\omega \eta_q^r \lambda_{\theta q}^r \overline{d_4^*(x)}n(x), \quad x \in S_q, \tag{7.57}$$

$$\{\underset{(o)}{T}(\partial_x,n(x))w(x)\}^- = -\left[\{\underset{(o)}{T}(\partial_x,n(x))\underset{(o)}{w}(x)\}^+ - \{\underset{(o)}{T}(\partial_x,n(x))\underset{(o)}{w}(x)\}^-\right]$$

$$= 2\overline{f^*(x)}n(x) - 2i\omega\eta_o^r\lambda_{\theta o}^r\overline{d_4^*(x)}n(x). \qquad (7.58)$$

Wegen (6.9) ist

$$\{w_4(x)\}^+ = \{\underset{(q)}{w}_4(x)\}^+ - \{\underset{(q)}{w}_4(x)\}^- = -2\lambda_{\theta q}^r\overline{d_4^*(x)},\ x\in S_q, \qquad (7.59)$$

$$\{w_4(x)\}^- = -\left[\{\underset{(o)}{w}_4(x)\}^+ - \{\underset{(o)}{w}_4(x)\}^-\right] = -2\lambda_{\theta o}^r\overline{d_4^*(x)}, \qquad (7.60)$$

und wegen (6.15), (6.13), (6.21), (6.8) ist

$$\left\{\frac{\partial w_4(x)}{\partial n(x)}\right\}^+ = \left\{\frac{\partial \underset{(q)}{w}_4(x)}{\partial n(x)}\right\}^+ - \left\{\frac{\partial \underset{(q)}{w}_4(x)}{\partial n(x)}\right\}^- = 2\overline{f_4^*(x)}, \qquad (7.61)$$

$$\left\{\frac{\partial w_4(x)}{\partial n(x)}\right\}^- = -\left[\left\{\frac{\partial \underset{(o)}{w}_4(x)}{\partial n(x)}\right\}^+ - \left\{\frac{\partial \underset{(o)}{w}_4(x)}{\partial n(x)}\right\}^-\right] = 2\overline{f_4^*(x)}. \qquad (7.62)$$

Wenden wir nun wieder den Integralsatz (4.7) an auf $D_o\cap K_R$ mit $V = \underset{(o)}{W}$ und auf D_q mit $V = \underset{(q)}{W}$, dann folgt

$$\sum_{q=1}^{N}\frac{2i\omega T_o}{\lambda_{\theta q}}\int_{D_q}|\operatorname{grad} w_4|^2dx + \frac{2i\omega T_o}{\lambda_{\theta o}}\int_{D_o\cap K_R}|\operatorname{grad} w_4|^2dx$$

$$= -I_3 + \overline{I}_3 + I_4 - \overline{I}_4 - 2i\omega\sqrt{\varrho_o\mu_o}\int_{\partial K_R}|\overset{3}{w}|^2dS + o(1)$$

mit

$$I_3 = \sum_{q=1}^{N}\int_{S_q}\{\underset{(q)}{\tilde{T}^*}(\partial_x,n(x))W(x)\}^+\cdot\{\overline{w}\}^+dS - \int_{S_o}\{\underset{(o)}{\tilde{T}^*}(\partial_x,n(x))W(x)\}^-\cdot\{\overline{w}\}^-dS,$$

$$I_4 = i\omega T_o\sum_{q=1}^{N}\int_{S_q}\frac{1}{\lambda_{\theta q}^r}\{w_4\}^+\left\{\frac{\partial\overline{w}_4}{\partial n(x)}\right\}^+dS - i\omega T_o\int_{S_o}\frac{1}{\lambda_{\theta o}^r}\{w_4\}^-\left\{\frac{\partial\overline{w}_4}{\partial n(x)}\right\}^-dS.$$

Wegen (5.55)-(5.60) ist $I_3 = 0$, und wegen (7.59)-(7.62) ist $I_4 = 0$. In bekannter Weise folgt nun

$$W(x) = 0 \text{ für } x\in D_o,\ w_4(x) = \text{const auf } D_q. \qquad (7.63)$$

Also ist wegen (7.60) $d_4^*(x) = 0$ für alle $x\in S_o$ und wegen (7.59) und (7.63) $w_4(x) = 0$ für alle $x\in E_3$.
Aus (7.63), (7.54), (7.56), (7.58), (7.62) folgt weiter

$$\psi^-(x) = 0,\ d^*(x) = 0,\ f^*(x) = 0,\ f_4^*(x) = 0 \text{ für alle } x\in S_o.$$

Also ist wegen (7.55) und (7.57)

$$\{E^n(n(x))w(x)\}^+ = 0,\ \{\underset{(q)}{T}(\partial_x,n(x))w(x)\}^+ = 0 \text{ für alle } x\in S_q,$$

d.h., $W(x)$ stimmt auf $\bigcup_{q=1}^{N} D_q$ mit einer Lösung des Problems R_G überein.

Also ist wegen (7.53) $\Psi\subset L\{\Psi_1,\dots,\Psi_{M_G}\}$.

Sei nun $K_*^*(\Psi) = 0$, $L(\Psi) = 0$. Dann bilden wir analog

$$W^*(x) = \begin{cases} \underset{(o)}{W^*}(x) & \text{für } x\in D_o, \\ \underset{(q)}{W^*}(x) & \text{für } x\in D_q, \end{cases}$$

und man zeigt

$$\{E^t(n(x))w^*(x)\}^+ = -2\overline{\psi^+(x)},\quad \{E^t(n(x))w^*(x)\}^- = 2\overline{\psi^-(x)},$$

$$\{E^n(n(x))w^*(x)\}^+ = \{E^n(n(x))w^*(x)\}^- = -2n(x)\overline{d^*(x)},$$

$$\{\underset{(q)}{T}(\partial_x,n(x))w^*(x)\}^+ = 2\overline{f^*(x)}n(x) - 2\gamma_q\overline{d_4^*(x)}n(x),\ x\in S_q,$$

$$\{\underset{(o)}{T}(\partial_x,n(x))w^*(x)\}^- = 2\overline{f^*(x)}n(x) - 2\gamma_o\overline{d_4^*(x)}n(x),$$

$$\{w_4^*(x)\}^+ = \{w_4^*(x)\}^- = 2\overline{d_4^*(x)},$$

$$\left\{\frac{\partial w_4^*(x)}{\partial n(x)}\right\}^+ = 2\,\frac{1}{\lambda_{\theta q}^r}\,\overline{f_4^*(x)},\ x\in S_q,\quad \left\{\frac{\partial w_4^*(x)}{\partial n(x)}\right\}^- = 2\,\frac{1}{\lambda_{\theta o}^r}\,\overline{f_4^*(x)}.$$

Wegen dieser Beziehungen fallen bei Anwendung des Integralsatzes (4.6) wieder die Integrale über S_q weg, und man erhält

$$\sum_{q=1}^{N}\frac{2\lambda_{\theta q}}{i\omega T_o}\,\frac{1}{1+\omega^2t_{rq}^2}\int_{D_q}|\mathrm{grad}\ w_4^*|^2dx + \frac{2\lambda_{\theta o}}{i\omega T_o}\,\frac{1}{1+\omega^2t_{ro}^2}\int_{D_o\cap K_R}|\mathrm{grad}\ w_4^*|^2dx$$

$$= 2i\omega\sqrt{\varrho_o\mu_o}\int_{\partial K_R}|\overset{J}{w}{}^*|^2dS + o(1).$$

Wie oben folgt nun $\Psi\subset L\{\Psi_1,\dots,\Psi_{M_G}\}$.

Damit ist der Hilfssatz bewiesen.

<u>Hilfssatz 7.5</u>. Ist ω kein Eigenwert des Problems R_H, dann sind $\Psi_1,\dots,\Psi_{M_G}$ eine Basis von $N(K^*)$ und $N(K_*^*)$.

Beweis. Sei $\Psi \subset N(K^*)$. Wegen Hilfssatz 7.3 und der Voraussetzung dim $K_H = 0$ ist $L(\Psi) = 0$, also $\Psi \subset N(L)$. Nach Hilfssatz 7.4 ist $\Psi \subset L\{\Psi_1,\dots,\Psi_{M_G}\}$. Mit Hilfssatz 7.2 folgt die Behauptung.

Analog zeigt man, daß auch $\Psi_1,\dots,\Psi_{M_G}$ eine Basis von $N(K_*^*)$ bilden.

<u>Satz 7.2</u>. Sei $S_o \subset \Lambda_3$, $h^-,h^+,k,h_4 \subset C^{o,\beta}(S_o)$, $g,g_4 \subset C^{1,\beta}(S_o)$ und ω kein Eigenwert des Problems R_H. Dann haben die Probleme $\overset{\omega r}{G_\theta}$, $\overset{\omega r*}{G_\theta}$ genau dann eine Lösung, wenn (7.2) gilt. Die Lösung ist darstellbar in der Form (7.4) bzw. (7.4*), wobei ϕ eine Lösung von $K(\phi) = H$, bzw. $K_*(\phi) = H$ ist (vgl. (7.9), (7.10)). Ist $\Psi_1,\dots,\Psi_{M_G}$ die Basis von $N(K^*)$, dann sind $W(x,\Psi_j)$ mit $W(x,\Psi_j) = \underset{(q)}{W}(x,\Psi_j)$ für $x \in D_q \cup D_o$ (vgl. (7.40)), $j=1,\dots,M_G$, eine Basis von K_G.

Beweis. a) Nach Satz 7.1 und Hilfssatz 7.5 besitzt $K(\phi) = H$ unter der Voraussetzung (7.2) eine Lösung ϕ, und für diese gilt $\varphi^-,\varphi^+ \subset C^{o,\alpha}(S_o)$, $d,d_4 \subset C^{o,\alpha}(S_o)$, $f,f_4 \subset C^{1,\alpha}(S_o)$. Mit dieser ist $U(x,\phi)$ (vgl. (7.4)) eine Lösung des Problems $\overset{\omega r}{G_\theta}$. Analog hat $K_*(\phi) = H$ unter der Voraussetzung (7.2) eine Lösung ϕ, mit der $U^*(x,\phi)$ Lösung des Problems $\overset{\omega r*}{G_\theta}$ ist.

b) Daß $W(x,\Psi_j)$ Lösung des Problems R_G ist, folgt aus Hilfssatz 7.4 und seinem Beweis.

c) Die $W(x,\Psi_j)$ bilden eine Basis von K_G, wenn man zeigen kann, daß aus $W(x,\Psi) = 0$ für alle $x \in E_3$, $\Psi \subset N(K^*)$ folgt $\Psi = 0$. Sei also $W(x,\Psi) = 0$ für alle $x \in E_3$, $\Psi \subset N(K^*)$, dann folgt wie beim Beweis des Hilfssatzes 7.4 $\psi^- = 0$, $d^* = 0$, $f^* = 0$, $d_4^* = 0$, $f_4^* = 0$ und da $W(x,\Psi) = 0$ ist, ergibt sich aus (7.53) noch $\psi^+ = 0$, insgesamt also $\Psi(x) = 0$ für alle $x \in S_o$.

<u>Bemerkung 7.2</u>. Für jedes $\phi_o \subset N(K)$ erfüllt $U(x,\phi_o)$ homogene Kontaktbedingungen, also ist nach dem Eindeutigkeitssatz $U(x,\phi_o)$ Lösung des Problems R_G. Ebenso ist für jedes $\phi_o \subset N(K_*)$ auch $U^*(x,\phi_o)$ Lösung des Problems R_G. Daß für eine Basis $X_1,\dots,X_{M_G}$ von $N(K)$ auch $U(x,X_1),\dots, U(x,X_{M_G})$ eine Basis von K_G ist, konnte nicht gezeigt werden.

<u>Bemerkung 7.3</u>. Ist ω kein Eigenwert der Probleme R_H und R_G, dann hat man eindeutige Lösbarkeit von $K(\phi) = H$, $K_*(\phi) = H$ sowie der Probleme $\overset{\omega r}{G_\theta}$, $\overset{\omega r*}{G_\theta}$ für beliebiges H.

Wir kommen nun zur Diskussion des Falles, daß ω Eigenwert des Problems R_H ist.

Aus Hilfssatz 7.1 und 7.2 folgt

$$\operatorname{Max}(M_G,M_H) \leqq \dim N(K) = \dim N(K^*), \tag{7.64}$$

und aus Hilfssatz 7.3 und 7.4 folgt

$$\dim N(K) = \dim N(K^*) \leqq M_G + M_H. \tag{7.65}$$

Ist $M_G = 0$, dann ist $\dim N(K) = \dim N(K^*) = M_H$, und es gibt nach Hilfssatz 7.3 und 7.4 in $N(K^*)$ eine Basis $Z_1,\dots,Z_{M_H}$, so daß

$$\Phi_j = L(Z_j),\ j = 1,\dots,M_H.$$

Ist $M_G > 0$, dann besteht die Basis von $N(K^*)$ aus

$$\Psi_1,\dots,\Psi_{M_G},Z_1,\dots,Z_{M_H'}\ ,\ M_H' \leqq M_H\ ,$$

und die Basis von $N(K)$ aus

$$X_1,\dots,X_{M_G},\Phi_1',\dots,\Phi_{M_H'}'\ ,$$

$\Psi_1,\dots,\Psi_{M_G}$ werden durch L auf 0 abgebildet und $L\{Z_1,\dots,Z_{M_H'}\}$ wird durch L umkehrbar eindeutig auf $L\{\Phi_1',\dots,\Phi_{M_H'}'\} \subset L\{\Phi_1,\dots,\Phi_{M_H}\}$ abgebildet. Es sei

$$\Phi_j' = L(Z_j),\ j = 1,\dots,M_H'. \tag{7.66}$$

Wir setzen

$$\Phi_j' = (\varphi_j'\cdot e_1,\varphi_j'\cdot e_2,\varphi_j'\cdot e_3,0,0,0,0,0,0,0)^T,$$

$$Z_j = (z_j^-\cdot e_1,z_j^-\cdot e_2,z_j^-\cdot e_3,z_j^+\cdot e_1,z_j^+\cdot e_2,z_j^+\cdot e_3,d_j,d_{4j},f_j,f_{4j})^T.$$

Zur Lösung des Problems $\overset{\omega r}{G_\theta}$ machen wir den gegenüber (7.4) abgeänderten Ansatz

$$U(x) = \begin{cases} U(x,\Phi) \text{ für } x\in D_q,\ q = 1,\dots,N, \\ U(x,\Phi) + \sum_{k=1}^{M_H'} \delta_k U_k(x) \text{ für } x\in D_o \end{cases} \tag{7.67}$$

mit

$$u_k(x) = \frac{1}{2\pi}\int_{S_o} (\underset{(o)}{T}(\partial_y,n(y))\underset{(o)}{\gamma}^{rT})^T\overline{\varphi_k'(y)}dS_y$$

$$u_{k4}(x) = \frac{1}{2\pi}\int_{S_o} (\underset{(o)}{T}(\partial_y,n(y))\underset{(o)}{\gamma}^{r}{}_{(4)}^{T})^T\overline{\varphi_k'(y)}dS_y.$$

Dann erhält man das Integralgleichungssystem

$$K(\Phi) = H + \sum_{k=1}^{M_H'} \delta_k L_k \tag{7.68}$$

mit

$$l_{jk} = - e_j \cdot \{ \underset{(o)}{T}^t(\partial_x, n(x))u_k(x)\}^-, \ j = 1,2,3,$$

$$l_{4k} = l_{5k} = l_{6k} = 0, \ l_{7k} = \{n(x) \cdot \underset{(o)}{\tilde{T}}(\partial_x, n(x))U_k(x)\}^-,$$

$$l_{8k} = \lambda^r_{\theta o}\{\frac{\partial}{\partial n(x)} u_{k4}(x)\}^-, \ l_{9k} = \{n(x) \cdot u_k(x)\}^-, \ l_{10,k} = \{u_{k4}(x)\}^-.$$

Das System (7.68) ist lösbar, wenn

$$(H + \sum_{k=1}^{M_H'} \delta_k L_k, \Psi_j) = \int_{S_o} h^+ \cdot \{v_j\}^+ dS = 0, \ j = 1,\dots,M_G, \tag{7.69}$$

und

$$(H + \sum_{k=1}^{M_H'} \delta_k L_k, Z_j) = 0, \ j = 1,\dots,M_H'. \tag{7.70}$$

Es ist (7.69) erfüllt, wenn wir (7.2) voraussetzen.
Wir zeigen jetzt, daß man $\delta_1,\dots,\delta_{M_H'}$ so eindeutig bestimmen kann, daß (7.70) gilt.
Wir betrachten $\underset{(o)}{W}(x) = \underset{(o)}{W}(x, Z_j)$ (vgl. (7.40)), dann gilt (7.51). Aus (7.51) folgt wie beim Beweis des Hilfssatzes 7.4 (es wird nicht $L(Z_j) = 0$ benötigt!)

$$\{E^t(n(x)) \underset{(o)}{w}(x)\}^- = 2\overline{z_j^-(x)}, \ \{E^n(n(x)) \underset{(o)}{w}(x)\}^- = -2n(x)\overline{d_j^*(x)}, \tag{7.71}$$

$$\{\underset{(o)}{w}_4(x)\}^- = -2\lambda^r_{\theta o}\overline{d^*_{4j}(x)}, \tag{7.72}$$

$$\begin{aligned}\{\underset{(o)}{T}(\partial_x, n(x)) \underset{(o)}{w}(x) \cdot n(x)\}^- &= 2\overline{f_j^*(x)} - 2i\omega \eta^r_o \lambda^r_{\theta o}\overline{d^*_{4j}(x)} \\ &= 2\overline{f_j^*(x)} + i\omega \eta^r_o \{\underset{(o)}{w}_4(x)\}^-,\end{aligned} \tag{7.73}$$

$$\left\{\frac{\partial \underset{(o)}{w}_4(x)}{\partial n(x)}\right\}^- = 2\overline{f^*_{4j}(x)}. \tag{7.74}$$

Mit (7.71) - (7.74) wird

$$(L_k, Z_j) = - \frac{1}{2} \int_{S_o} \{ \underset{(o)}{T}^t(\partial_x, n(x))u_k(x)\}^- \cdot \{E^t(n(x)) \underset{(o)}{w}(x)\}^- dS_x$$

$$- \frac{1}{2} \int_{S_o} \left[\{n(x) \cdot \underset{(o)}{T}(\partial_x, n(x))u_k(x)\}^- - \gamma_o \{u_{k4}(x)\}^- \right] \{ \underset{(o)}{w}(x) \cdot n(x)\}^- dS_x$$

$$- \frac{1}{2} \int_{S_o} \{\frac{\partial}{\partial n(x)} u_{k4}(x)\}^- \{\underset{(o)}{w}_4(x)\}^- dS_x$$

$$+\frac{1}{2}\int_{S_o}\{n(x)\cdot u_k(x)\}^-\Big[\{\underset{(o)}{T}(\partial_x,n(x))\underset{(o)}{w}(x)\cdot n(x)\}^- - i\omega\eta_o^r\{\underset{(o)}{w}_4(x)\}^-\Big]dS_x$$

$$+\frac{1}{2}\int_{S_o}\{u_{k4}(x)\}^-\left\{\frac{\partial \underset{(o)}{w}_4(x)}{\partial n(x)}\right\}^- dS_x$$

$$= -\frac{1}{2}\int_{S_o}\{\underset{(o)}{T}(\partial_x,n(x))u_k(x)\}^-\cdot\{\underset{(o)}{w}(x)\}^- dS_x$$

$$+\frac{1}{2}\gamma_o\int_{S_o}\{u_{k4}(x)\}^-\{\underset{(o)}{w}(x)\cdot n(x)\}^- dS_x$$

$$-\frac{1}{2}\int_{S_o}\{\frac{\partial}{\partial n(x)}u_{k4}(x)\}^-\{\underset{(o)}{w}_4(x)\}^- dS_x$$

$$+\frac{1}{2}\int_{S_o}\{n(x)\cdot u_k(x)\}^-\{\underset{(o)}{T}(\partial_x,n(x))\underset{(o)}{w}(x)\cdot n(x)\}^- dS_x$$

$$-\frac{1}{2}i\omega\eta_o^r\int_{S_o}\{n(x)\cdot u_k(x)\}^-\{\underset{(o)}{w}_4(x)\}^- dS_x$$

$$+\frac{1}{2}\int_{S_o}\{u_{k4}(x)\}^-\left\{\frac{\partial \underset{(o)}{w}_4(x)}{\partial n(x)}\right\}^- dS_x.$$

Es gilt $\underset{(o)}{B^r}U_k = 0$, $\underset{(o)(o)}{B^{r*}W} = 0$. Da U_k, $\underset{(o)}{W}$ die Ausstrahlungsbedingung erfüllen, können wir (7.3) auf D_o anwenden (vgl. [4], S.183) und erhalten

$$0 = \int_{S_o}\{u_k(x)\}^-\cdot(\{\underset{(o)}{T}(\partial_x,n(x))\underset{(o)}{w}(x)\}^- - i\omega\eta_o^r\{\underset{(o)}{w}_4(x)\}^- n(x))dS_x$$

$$-\int_{S_o}\{\underset{(o)}{w}(x)\}^-\cdot(\{\underset{(o)}{T}(\partial_x,n(x))u_k(x)\}^- - \gamma_o\{u_{k4}(x)\}^- n(x))dS_x$$

$$+\int_{S_o}\{u_{k4}(x)\}^-\left\{\frac{\partial \underset{(o)}{w}_4(x)}{\partial n(x)}\right\}^- dS_x - \int_{S_o}\{\underset{(o)}{w}_4(x)\}^-\left\{\frac{\partial u_{k4}(x)}{\partial n(x)}\right\}^- dS_x.$$

Also wird

$$(L_k,Z_j) = \frac{1}{2}\int_{S_o}\{n(x)\cdot u_k(x)\}^-\{\underset{(o)}{T}(\partial_x,n(x))\underset{(o)}{w}(x)\cdot n(x)\}^- dS_x$$

$$-\frac{1}{2}\int_{S_o}\{u_k(x)\}^-\cdot\{\underset{(o)}{T}(\partial_x,n(x))\underset{(o)}{w}(x)\}^- dS_x$$

$$= -\frac{1}{2}\int_{S_o}\{E^t(n(x))u_k(x)\}^-\cdot\{\underset{(o)}{T^t}(\partial_x,n(x))\underset{(o)}{w}(x)\}^- dS_x.$$

Multiplizieren wir (6.19), (6.20) mit $E^t(n(x))$ und beachten (6.3), (6.10), (7.51), (7.42), (7.66), dann folgt

$$\{\underset{(o)}{T^t}(\partial_x,n(x))\underset{(o)}{w}(x)\}^- = \{\underset{(o)}{T^t}(\partial_x,n(x))\underset{(o)}{w}(x)\}^+$$

$$= \{\underset{(o)}{T}(\partial_x,n(x))\underset{(o)}{w}(x)\}^+ = \varphi_j'(x) = E^t(n(x))\varphi_j'(x).$$

Also erhält man

$$(L_k,Z_j) = -\frac{1}{2}\int_{S_o}\{E^t(n(x))u_k(x)\}^-\cdot\varphi_j'(x)dS_x$$

$$= -\frac{1}{2}\int_{S_o}\{u_k(x)\}^-\cdot\varphi_j'(x)dS_x. \qquad (7.75)$$

Wenden wir jetzt (7.3) auf $\bigcup_{q=1}^{N} D_q$ an mit $U = U_k$, $V = \underset{(o)}{W}$, dann folgt wegen (7.50), (7.51)

$$\int_{S_o}\{u_k(x)\}^+\cdot\{\underset{(o)}{T}(\partial_x,n(x))\underset{(o)}{w}(x)\}^+dS_x = 0,$$

also ist

$$\frac{1}{2}\int_{S_o}\{u_k(x)\}^+\cdot\varphi_j'(x)dS_x = 0. \qquad (7.76)$$

Durch Addition von (7.75) und (7.76) folgt

$$(L_k,Z_j) = \frac{1}{2}\int_{S_o}(\{u_k(x)\}^+ - \{u_k(x)\}^-)\cdot\varphi_j'(x)dS_x.$$

Auf Grund der Sprungrelation (6.5) ist

$$\{u_k(x)\}^+ - \{u_k(x)\}^- = -2\overline{\varphi_k'(x)},$$

also erhalten wir schließlich

$$(L_k,Z_j) = -\int_{S_o}\varphi_j'(x)\cdot\overline{\varphi_k'(x)}dS_x.$$

Damit nimmt die Bedingung (7.70) die Gestalt

$$\sum_{k=1}^{M_H'}\delta_k\int_{S_o}\varphi_j'(x)\cdot\overline{\varphi_k'(x)}dS_x = (H,Z_j),\ j = 1,\dots,M_H', \qquad (7.77)$$

an. Die Koeffizientendeterminante von (7.77) ist als Gramsche Determinante linear unabhängiger Vektoren nicht null, also lassen sich die δ_k aus (7.77) eindeutig berechnen.
Bei der Betrachtung des Problems $\overset{\omega}{G}{}_\theta^{r*}$ gilt ebenfalls

$$\mathrm{Max}(M_G,M_H) \leq \dim N(K_*) = \dim N(K_*^*) \leq M_G + M_H.$$

Sei

$$\Psi_1,\dots,\Psi_{M_G},\ Z_1^*,\dots,Z^*_{M_H'^*},\ M_H'^*\leq M_H$$

die Basis von $N(K_*^*)$ und

$$X_1^*,\dots,X^*_{M_G},\phi_1'^*,\dots,\phi'^*_{M_H'^*}$$

die Basis von $N(K_*)$ und

$$\phi_j'^* = L_*(Z_j^*),\ j = 1,\dots,M_H'^*.$$

Zur Lösung des Problems $\overset{\omega}{G}{}_\theta^{r*}$ wird der gegenüber (7.4*) abgeänderte Ansatz

$$U^*(x) = \begin{cases} U^*(x,\phi) \text{ für } x\in D_q,\ q = 1,\dots,N, \\ U^*(x,\phi) + \sum\limits_{k=1}^{M_H'} \delta_k^* U_k^*(x) \text{ für } x\in D_o \end{cases} \tag{7.78}$$

mit

$$u_k^*(x) = \frac{1}{2\pi}\int\limits_{S_o}\big(\underset{(o)}{T}(\partial_y,n(y))\underset{(o)}{\gamma}^{r*T}\big)^T\overline{\varphi_k'^*(y)}dS_y,$$

$$u_{k4}^*(x) = \frac{1}{2\pi}\int\limits_{S_o}\big(\underset{(o)}{T}(\partial_y,n(y))\underset{(o)}{\gamma}^{r*}{}^T_{(4)}\big)^T\overline{\varphi_k'^*(y)}dS_y$$

gemacht. Man erhält das Integralgleichungssystem

$$K_*(\phi) = H + \sum_{k=1}^{M_H'^*}\delta_k^* L_k^* \tag{7.79}$$

mit

$$l_{jk}^* = -e_j\cdot\{\underset{(o)}{T^t}(\partial_x,n(x))u_k^*(x)\}^-,\ j = 1,2,3,$$

$$l_{4k}^* = l_{5k}^* = l_{6k}^* = 0,\ l_{7k}^* = \{n(x)\cdot\underset{(o)}{\tilde{T}^*}(\partial_x,n(x))U_k^*(x)\}^-,$$

$$l_{8k}^* = \frac{\partial}{\partial n(x)}\{u_{k4}^*(x)\}^-,\ l_{9k}^* = \{n(x)\cdot u_k^*(x)\}^-,\ l_{10,k} = \{\frac{1}{\lambda_{\theta o}^r}u_{k4}^*(x)\}^-.$$

Die Orthogonalität der rechten Seite von (7.79) auf $\Psi_1,\dots,\Psi_{M_G}$ ergibt (7.2), und die Orthogonalität auf $Z_1^*,\dots,Z^*_{M_H'^*}$ ergibt durch analoge Rechnungen wie oben

$$\sum_{k=1}^{M_H'^*}\delta_k^*\int\limits_{S_o}\varphi_j'^*(x)\cdot\overline{\varphi_k'^*(x)}dS_x = (H,Z_j^*),\ j = 1,\dots,M_H'^*. \tag{7.80}$$

Zusammenfassend erhalten wir den

Satz 7.3. Sei $S_o\subset\Lambda_3$, $h^-,h^+,k,h_4\subset C^{o,\beta}(S_o)$, $g,g_4\ C^{1,\beta}(S_o)$ und ω Eigenwert des Problems R_H. Dann haben die Probleme $\overset{\omega}{G}{}_\theta^r$, $\overset{\omega}{G}{}_\theta^{r*}$ genau dann eine Lösung, wenn (7.2) gilt. Die Lösung ist darstellbar in der Form (7.67) bzw. (7.78), wobei ϕ eine Lösung von (7.68) bzw. (7.79) ist.

8. Die Randkontaktaufgaben

Wir betrachten ein beschränktes Gebiet D mit r Löchern $D_1^o,\dots,D_r^o$ und dem Rand $S = \bigcup_{j=o}^{r} S_j^o$ (S_l^o = Rand von D_l^o, l=1,...,r) bzw. ein unbeschränktes Gebiet D mit r Löchern $D_1^o,\dots,D_r^o$ und dem Rand $S = \bigcup_{l=1}^{r} S_l^o$. Ein elastischer Körper fülle D aus und seine thermoelastischen Eigenschaften auf $D \cap D_p$, p=0,...,N, seien wie in 3. durch die Materialkonstanten λ_p, μ_p, ϱ_p, α_p, $\lambda_{\theta p}$, $c_{\varepsilon p}$, t_{rp} charakterisiert ($\bar{D}_q \subset D$, q=1,...,N).

U heißt regulär, wenn auf $D \cap D_p$ die Eigenschaft von Definition 3.1 gilt.

Ist β die Wärmeübergangszahl und

$$T_A(x,t) = \theta_A'(x)\cos\omega t + \theta_A''(x)\sin\omega t + T_o \tag{8.1}$$

die Außentemperatur, dann erhält die Newtonsche Abkühlungsbedingung

$$n\cdot q = \beta(T - T_A) \tag{8.2}$$

wegen (2.10) die komplexe Gestalt

$$\frac{\beta}{\lambda_\theta^r} u_4 + \frac{\partial u_4}{\partial n} = \frac{\beta}{\lambda_\theta^r} \theta_A. \tag{8.3}$$

Problem 1-1, 1-2, 1-3, 2-1, 2-2, 2-3.

Gesucht ist ein reguläres U mit folgenden Eigenschaften:

1. $\underset{(p)}{B^r} U = F$ auf $D \cap D_p$, p = 0,...,N, (8.4)
   bei einem unbeschränkten Gebiet D sei F = 0 außerhalb einer Kugel und U erfülle die Ausstrahlungsbedingung,
2. U erfüllt die Kontaktbedingungen (3.10),
3. U erfüllt je nach Problem die Randbedingungen ($x \in S$, n äußere Normale von D)

   Problem 1-1. $U(x) = W(x)$, (8.5)

   Problem 1-3. $u(x) = w(x)$, (8.6a)

   $$\frac{\partial u_4(x)}{\partial n} + \frac{\beta}{\lambda_{\theta o}^r} u_4(x) = w_4(x), \tag{8.6b}$$

   Problem 2-1. $\underset{(o)}{\tilde{T}}(\partial_x, n)U(x) = p(x)$, (8.7a)

   $$u_4(x) = p_4(x), \tag{8.7b}$$

   Problem 2-3. (8.7a),

   $$\frac{\partial u_4(x)}{\partial n} + \frac{\beta}{\lambda_{\theta o}^r} u_4(x) = p_4(x), \tag{8.8}$$

   Problem 1-2. Problem 1-3 mit $\beta = 0$,

Problem 2-2. Problem 2-3 mit $\beta = 0$.

Problem 1-1*, 1-2*, 1-3*, 2-1*, 2-2*, 2-3*.

Gesucht ist ein reguläres V mit folgenden Eigenschaften:

1. $\underset{(p)}{B}^{r*}V = F$ auf $D \cap D_p$, $p = 0,\dots,N$, (8.9)
   bei einem unbeschränkten Gebiet D sei F = 0 außerhalb einer Kugel und V erfülle die Ausstrahlungsbedingung,
2. V erfüllt die adjungierten Kontaktbedingungen (3.12),
3. V erfüllt je nach Problem die adjungierten Randbedingungen

Problem 1-1*. $V(x) = W(x)$, (8.10)

Problem 1-3*. $v(x) = w(x)$, (8.11a)

$$\frac{\partial v_4(x)}{\partial n} + \frac{\beta}{\lambda_{\theta o}^r} v_4(x) = w_4(x), \tag{8.11b}$$

Problem 2-1*. $\underset{(o)}{\tilde{T}}{}^*(\partial_x, n)V(x) = p(x)$, (8.12a)

$$v_4(x) = p_4(x), \tag{8.12b}$$

Problem 2-3*. (8.12a),

$$\frac{\partial v_4(x)}{\partial n} + \frac{\beta}{\lambda_{\theta o}^r} v_4(x) = p_4(x), \tag{8.13}$$

Problem 1-2*. Problem 1-3* mit $\beta = 0$,

Problem 2-2*. Problem 2-3* mit $\beta = 0$.

9. Eindeutigkeitssätze für die Randkontaktaufgaben

Die homogenen Randkontaktaufgaben ($F = 0$, rechte Seiten in den Kontakt- und Randbedingungen gleich null) kennzeichnen wir durch eine angefügte o.

Satz 9.1. Sei $S_o < \Lambda_2$, $S < \Lambda_2$, D unbeschränkt. Dann haben die Probleme 1-1o, 1-2o, 1-3o, 2-1o, 2-2o, 2-3o, 1-1*o, 1-2*o, 1-3*o, 2-1*o, 2-2*o, 2-3*o genau K_G als Lösung.

Beweis. Der Satz wird genau wie der Eindeutigkeitssatz in Kapitel 4 bewiesen. Integrale über S treten wegen der homogenen Randbedingungen nicht auf. Nur bei den Problemen 1-3, 2-3 ist (4.8) auf der linken Seite durch den Summanden

$$\frac{2\beta}{\omega T_o} \int_S |u_4|^2 dS$$

und bei den Problemen 1-3*, 2-3* ist (4.9) links durch den Summanden

$$\frac{T_o \beta}{|\lambda^r_{\theta o}|^2} \int_S |v_4|^2 dS$$

zu ergänzen. Dies beeinflußt nicht die Schlußweise.

Um den Eindeutigkeitssatz für beschränkte Gebiete formulieren zu können, müssen die folgenden Probleme R_1^G, R_2^G betrachtet werden.

Problem R_1^G bzw. R_2^G. Sei D ein beschränktes Gebiet. U ist Lösung des Problems R_1^G bzw. R_2^G, wenn U regulär ist,

$$u_4(x) = 0 \text{ für alle } x \in D, \tag{9.1}$$

$$\mu_p \Delta u + \varrho_p \omega^2 u = 0, \ \operatorname{div} u = 0 \text{ auf } D \cap D_p, \ p = 0,\dots,N, \tag{9.2}$$

$$\{\underset{(o)}{T^t}(\partial_x, n)u(x)\}^- = 0 \text{ für alle } x \in S_o, \tag{9.3}$$

$$\{\underset{(q)}{T^t}(\partial_x, n)u(x)\}^+ = 0 \text{ für alle } x \in S_q, \ q = 1,\dots,N, \tag{9.4}$$

$$\{\underset{(q)}{T}(\partial_x, n)u(x)\cdot n\}^+ = \{\underset{(o)}{T}(\partial_x, n)u(x)\cdot n\}^- \text{ für alle } x \in S_q, \tag{9.5}$$

$$\{u(x)\cdot n\}^+ = \{u(x)\cdot n\}^- \text{ für alle } x \in S_o, \tag{9.6}$$

$$u = 0 \quad \text{bzw.} \quad \underset{(o)}{T}(\partial_x, n)u = 0 \text{ auf } S. \qquad (9.7a),(9.7b)$$

Bezeichnen wir die linearen Lösungsräume der Probleme R_1^G, R_2^G mit K_1^G, K_2^G und die Einschränkung von K_G auf D auch mit K_G, dann gilt offenbar

$$K_G \subset K_1^G, \ K_G \subset K_2^G. \tag{9.8}$$

Wir zeigen jetzt, daß die Dimension der Räume K_1^G, K_2^G endlich ist.

Dazu leiten wir Darstellungsformeln für die 1. und 2. Randkontaktaufgabe der Thermoelastostatik mit gleitenden Einschlüssen her, d.h. für das Problem $I(D;F,\theta;w;h^-,h^+,k,g)$ und das Problem $II(D;F,\theta;P;h^-,h^+,k,g)$ (s. [3]). Wie in [3] (s. [3], (3.1)) bezeichne $b_1(x),\dots,b_{n_r+3n_k}(x)$ eine orthonormierte Basis im linearen Raum der starren infinitesimalen Verschiebungen, die von Rotationsflächen berandete Einschlüsse ausführen können. Weiter sei $\Gamma^G(x,y)$ die in [3], Def. 3.1 konstruierte gekoppelte Grundlösungsmatrix.

Definition 9.1. Unter der Greenschen Matrix $G_I(x,y)$ für das Problem $I(D;F,\theta;w;h^-,h^+,k,g)$ verstehen wir eine dreireihige Matrix mit folgenden Eigenschaften:

1. $G_I(x,y) = \Gamma^G(x,y) + W(x,y)$,
2. für festes $y \notin S_o \cup S$ gilt
   $\underset{(p)}{A}(\partial_x)W(x,y) = 0$ für $x \in D \cap D_p$, $p = 0,\dots,N$,
3. die Spalten von $W(x,y)$ (und damit von $G_I(x,y)$, s. [3], (3.4)) erfüllen bezüglich x die homogenen Kontaktbedingungen der Gleitung (9.3)-(9.6),
4. $G_I(x,y) = 0$ für $x \in S$,
5. $W(x,y)$ (und damit $G_I(x,y)$, s. [3], (3.5)) erfüllt die Bedingungen
   $\int_D W(x,y)^T b_j(x)dx = 0$, $j = 1,\dots,n_r+3n_k$.

Aus Satz 4.1 in [3] folgt der

Hilfssatz 9.1. Sei $S \subset \Lambda_2(\alpha)$, $S_o \subset \Lambda_3$. Dann existiert $G_I(x,y)$ und ist eindeutig bestimmt.

Mit Hilfe der Bettischen Formel zeigt man in bekannter Weise die Symmetrie

$$G_{Ikj}(x,y) = G_{Ijk}(y,x), \tag{9.9}$$

sowie die folgende Darstellungformel.

Hilfssatz 9.2. Jede Lösung $u(x)$ des Problems $I(D;F,\theta;w;h^-,h^+,k,g)$ gestattet die Darstellung

$$4\pi u(x) = 4\pi \sum_{j=1}^{n_r+3n_k} \int_D b_j(x)b_j(y)^T u(y)dy$$

$$+ \int_D G_I(x,y)F(y)dy - \sum_{p=o}^{N} \int_{D\cap D_p} G_I(x,y)(2\mu_p+3\lambda_p)\alpha_p \operatorname{grad}\theta\, dy$$

$$- \int_{S} \left(\underset{(o)}{T}(\partial_y, n(y)) G_I(x,y)^T \right)^T w(y) dS_y$$

$$+ \int_{S_o} \{G_I(x,y)\}^- h^-(y) dS_y + \int_{S_o} \{G_I(x,y)\}^+ h^+(y) dS_y \qquad (9.10)$$

$$+ \sum_{q=1}^{N} \int_{S_q} G_I(x,y) n(y) (k(y) + (2\mu_q + 3\lambda_q)\varkappa_q \{\theta\}^+ - (2\mu_o + 3\lambda_o)\varkappa_o \{\theta\}^-) dS_y$$

$$- \int_{S_o} \left(\underset{(o)}{T}(\partial_y, n(y)) G_I(x,y)^T \right)^T n(y) g(y) dS_y .$$

<u>Hilfssatz 9.3</u>. Sei $S \subset \Lambda_2(\alpha)$, $S_o \subset \Lambda_3$, dann ist $\dim K_1^G < \infty$.

Beweis. Sei U Lösung des Problems R_1^G, dann ist u Lösung des Problems $I(D; \varrho\omega^2 u, 0; 0; 0, 0, 0, 0)$, also gilt nach Hilfssatz 9.2

$$4\pi u(x) = 4\pi \sum_{j=1}^{n_r+3n_k} \int_D b_j(x) b_j(y)^T u(y) dy + \int_D G_I(x,y) \varrho(y) \omega^2 u(y) dy.$$

Wegen $G_I(x,y) = O(|x-y|^{-1})$ (s. [13], [3] (4.2), [12]) folgt aus der Theorie Fredholmscher Integralgleichungen die Behauptung.

<u>Satz 9.2</u>. Sei $S_o \subset \Lambda_2$, $S \subset \Lambda_2$, D beschränkt. Dann haben die Probleme 1-1o, 1-2o, 1-3o, 1-1*o, 1-2*o, 1-3*o genau K_1^G als Lösung.

Beweis. Der Integralsatz (4.6) liefert für eine reguläre Lösung U des Problems 1-3o

$$\sum_{p=o}^{N} \frac{2\lambda_{\theta p}}{i\omega T_o} \frac{1}{1+\omega^2 t_{rp}^2} \int_{D \cap D_p} |\mathrm{grad}\ u_4|^2 dx + \frac{2\beta}{i\omega T_o} \int_S |u_4|^2 dS = 0. \qquad (9.11)$$

Also ist $u_4 \equiv 0$. Beim Problem 1-1o und 1-2o entfällt in (9.11) das Randintegral, und es folgt u_4 = const. Beim Problem 1-1o folgt $u_4 \equiv 0$ auf Grund der Randbedingung, beim Problem 1-2o folgt $u_4 \equiv 0$ aus Satz 2.1 in [4]. Die Differentialgleichung und die Kontaktbedingungen ergeben nun $U \subset K_1^G$. Bei den Problemen 1-1*o, 1-2*o, 1-3*o hat man vom Integralsatz (4.7) auszugehen. Umgekehrt ist jedes $U \subset K_1^G$ Lösung der Probleme 1-1o,..., 1-3*o.

Es bezeichne $b_1(x), \ldots, b_{n_r+3n_k}(x)$, $b_{n_r+3n_k+1}(x) = d_1(x), \ldots, b_{n_r+3n_k+6}(x) = d_6(x)$ eine orthonormierte Basis im (n_r+3n_k+6)-dimensionalen linearen Raum, der von den starren infinitesimalen Verschiebungen der von Rotationsflächen berandeten Einschlüsse und des gesamten Gebietes D aufgespannt wird.

<u>Definition 9.2</u>. Unter der Greenschen Matrix $G_{II}(x,y)$ für das Problem $II(D; F, \theta; P; h^-, h^+, k, g)$ verstehen wir eine dreireihige Matrix mit folgenden Eigenschaften:

1. $G_{II}(x,y) = \Gamma^G(x,y) - \sum_{j=1}^{6} d_j(x)\int_D d_j(r)^T\Gamma^G(r,y)dr$

$$- \sum_{j=1}^{6}\int_D \Gamma^G(x,r)d_j(r)dr\; d_j(y)^T$$

$$+ \sum_{i,j=1}^{6} d_i(x)d_j(y)^T\iint_{DD} d_i(r)^T\Gamma^G(r,t)d_j(t)drdt + V(x,y),$$

2. für festes $y\notin S_o \cup S$ gilt

$$\underset{(p)}{A}(\partial_x)V(x,y) = 0 \text{ für } x\in D\cap D_p,\ p = 0,\dots,N,$$

3. die Spalten von $V(x,y)$ (und damit von $G_{II}(x,y)$) erfüllen bezüglich x die homogenen Kontaktbedingungen der Gleitung (9.3)-(9.6),
4. $\underset{(o)}{T}(\partial_x,n(x))G_{II}(x,y) = 0$ für $x\in S$,
5. $V(x,y)$ (und damit $G_{II}(x,y)$) erfüllt die Bedingungen

$$\int_D V(x,y)^T b_j(x)dx = 0,\ j = 1,\dots,n_r+3n_k+6.$$

Aus Satz 4.3 in [3] folgt der

Hilfssatz 9.4. Sei $S\subset\Lambda_1(\alpha)$, $S_o\subset\Lambda_3$. Dann existiert $G_{II}(x,y)$ und ist eindeutig bestimmt.

Es gilt die Symmetrie

$$G_{IIkj}(x,y) = G_{IIjk}(y,x) \tag{9.12}$$

sowie die Darstellungsformel des folgenden Hilfssatzes.

Hilfssatz 9.5. Jede Lösung $u(x)$ des Problems $II(D;F,\theta;P;h^-,h^+,k,g)$ gestattet die Darstellung

$$\begin{aligned}4\pi u(x) = {} & 4\pi\sum_{j=1}^{n_r+3n_k+6}\int_D b_j(x)b_j(y)^T u(y)dy \\ & + \int_D G_{II}(x,y)F(y)dy - \sum_{p=o}^{N}\int_{D\cap D_p} G_{II}(x,y)(2\mu_p+3\lambda_p)\alpha_p \operatorname{grad}\theta\, dy \\ & + \int_S G_{II}(x,y)(P(y)+(2\mu_o+3\lambda_o)\alpha_o\theta(y)n(y))dS_y \\ & + \int_{S_o}\{G_{II}(x,y)\}^- h^-(y)dS_y + \int_{S_o}\{G_{II}(x,y)\}^+ h^+(y)dS_y \\ & + \sum_{q=1}^{N}\int_{S_q} G_{II}(x,y)n(y)(k(y)+(2\mu_q+3\lambda_q)\alpha_q\{\theta\}^+-(2\mu_o+3\lambda_o)\alpha_o\{\theta\}^-)dS_y\end{aligned} \tag{9.13}$$

$$- \int_{S_o} \left(\underset{(o)}{T}(\partial_y, n(y)) G_{II}(x,y)^T \right)^T n(y) g(y) dS_y .$$

Wie oben folgt hieraus der

<u>Hilfssatz 9.6.</u> Sei $S \subset \Lambda_1(\alpha)$, $S_o \subset \Lambda_3$, dann ist dim $K_2^G < \infty$.

<u>Satz 9.3</u>. Sei $S_o \subset \Lambda_2$, $S \subset \Lambda_2$. Dann haben die Probleme 2-1o, 2-2o, 2-3o, 2-1*o, 2-2*o, 2-3*o genau K_2^G als Lösung.

Dieser Satz wird genau wie Satz 9.2 bewiesen.

10. Die gekoppelte Grundlösungsmatrix

Die Lösung der Randkontaktaufgaben für die homogene Differentialgleichung bei homogenen Kontaktbedingungen suchen wir in Form von Flächenpotentialen über den Rand des Gebietes mit der gekoppelten Grundlösungsmatrix im Kern.

Es bezeichne

$$V_j = \begin{pmatrix} v_j \\ 0 \end{pmatrix}, \; j = 1,\dots,M_G,$$

eine solche reellwertige orthonormierte Basis von K_G, daß v_j auf genau einem D_q nicht Null ist. Es gilt also

$$\int_{E_3} v_i(x)\cdot v_j(x)dx = \int_{E_3} V_i(x)\cdot V_j(x)dx = \delta_{ij}, \; i,j = 1,\dots,M_G. \qquad (10.1)$$

<u>Definition 10.1</u>. Unter der gekoppelten Grundlösungsmatrix $\Gamma_G^r(x,y;\omega,\gamma)$ für die Randkontaktaufgaben 1-1,...,2-3 verstehen wir eine vierreihige Matrix mit folgenden Eigenschaften:

1. $\Gamma_G^r(x,y;\omega,\gamma) = \dot{\Gamma}^r(x,y;\omega,\gamma) + R^r(x,y)$ für $x,y \in E_3 \setminus S_0$

   mit

   $$\dot{\Gamma}^r(x,y;\omega,\gamma) = 0 \text{ für } x \in D_m, \; y \in D_p, \; m \neq p, \; m,p = 0,\dots,N,$$

   $$\dot{\Gamma}^r(x,y;\omega,\gamma) = \underset{(p)}{\Gamma^r}(x,y;\omega,\gamma) - \sum_{j=1}^{M_G} V_j(x) \int_{D_p} V_j(r)^T \underset{(p)}{\Gamma^r}(r,y;\omega,\gamma)dr$$
   $$- \sum_{j=1}^{M_G} \int_{D_p} \underset{(p)}{\Gamma^r}(x,r;\omega,\gamma)V_j(r)dr \; V_j(y)^T$$
   $$+ \sum_{i,j=1}^{M_G} V_i(x)V_j(y)^T \int_{D_p}\int_{D_p} V_i(r)^T \underset{(p)}{\Gamma^r}(r,t;\omega,\gamma)V_j(t)drdt \text{ für } x,y \in D_p,$$

2. $R^r(x,y)$ ist regulär, erfüllt die Ausstrahlungsbedingungen und bezüglich x gilt

   $$\underset{(p)}{B^r} R^r(x,y) = 0 \text{ für } x \in D_p.$$

3. Die Spalten von $\Gamma_G^r(x,y;\omega,\gamma)$ erfüllen die zu (3.10) gehörigen homogenen Kontaktbedingungen,

4. $\int_{E_3} \Gamma_G^r(x,y;\omega,\gamma)^T V_j(x)dx = 0, \; j = 1,\dots,M_G.$

<u>Definition 10.2</u>. Unter der gekoppelten Grundlösungsmatrix $\Gamma_G^{r*}(x,y;\omega,\gamma)$ für die Randkontaktaufgaben 1-1*,...,2-3* verstehen wir eine vier-

reihige Matrix mit folgenden Eigenschaften:

1. $\Gamma^{r*}_G(x,y;\omega,\gamma) = \dot{\Gamma}^{r*}(x,y;\omega,\gamma) + R^{r*}(x,y)$ für $x,y \in E_3 \setminus S_0$

mit

$\dot{\Gamma}^{r*}(x,y;\omega,\gamma) = 0$ für $x \in D_m$, $y \in D_p$, $m \neq p$, $m,p = 0,\ldots,N$,

$$\dot{\Gamma}^{r*}(x,y;\omega,\gamma) = \underset{(p)}{\Gamma^{r*}}(x,y;\omega,\gamma) - \sum_{j=1}^{M_G} V_j(x) \int_{D_p} V_j(r)^T \underset{(p)}{\Gamma^{r*}}(r,y;\omega,\gamma)dr$$

$$- \sum_{j=1}^{M_G} \int_{D_p} \underset{(p)}{\Gamma^{r*}}(x,y;\omega,\gamma)V_j(r)dr\; V_j(y)^T$$

$$+ \sum_{i,j=1}^{M_G} V_i(x)V_j(y)^T \int_{D_p}\int_{D_p} V_i(r)^T \underset{(p)}{\Gamma^{r*}}(r,t;\omega,\gamma)V_j(t)drdt \text{ für } x,y \in D_p,$$

2. $R^{r*}(x,y)$ ist regulär, erfüllt die Ausstrahlungsbedingungen und bezüglich x gilt

$$\underset{(p)}{B^{r*}} R^{r*}(x,y) = 0 \text{ für } x \in D_p.$$

3. Die Spalten von $\Gamma^{r*}_G(x,y;\omega,\gamma)$ erfüllen die zu (3.12) gehörigen homogenen adjungierten Kontaktbedingungen,

4. $\int_{E_3} \Gamma^{r*}_G(x,y;\omega,\gamma)V_j(x)dx = 0$, $j = 1,\ldots,M_G$.

Unter Beachtung von (2.20) und (10.1) zeigt man leicht:

1. $$\dot{\Gamma}^{r}_{kj}(x,y;\omega,\gamma) = \dot{\Gamma}^{r*}_{jk}(y,x;\omega,\gamma), \tag{10.2}$$

2. $$\underset{(p)}{B^{r}}(\partial_x)\dot{\Gamma}^{r}(x,y;\omega,\gamma) = 4\pi \sum_{j=1}^{M_G} V_j(x)V_j(y)^T \text{ für } x \in D_p, \tag{10.3}$$

$$\underset{(p)}{B^{r*}}(\partial_x)\dot{\Gamma}^{r*}(x,y;\omega,\gamma) = 4\pi \sum_{j=1}^{M_G} V_j(x)V_j(y)^T \text{ für } x \in D_p, \tag{10.4}$$

3. $$\int_{E_3} \dot{\Gamma}^{r}(x,y;\omega,\gamma)^T V_j(x)dx = 0, \tag{10.5}$$

$$\int_{E_3} \dot{\Gamma}^{r*}(x,y;\omega,\gamma)^T V_j(x)dx = 0. \tag{10.6}$$

Mit Hilfe des Integralsatzes (7.3) folgert man unter Beachtung von (10.3) - (10.6) in bekannter Weise (vgl. [4], S. 192)

$$\Gamma^{r}_{Gkj}(x,y;\omega,\gamma) = \Gamma^{r*}_{Gjk}(y,x;\omega,\gamma). \tag{10.7}$$

<u>Satz 10.1</u>. Unter der Voraussetzung $S_0 \subset \Lambda_3$ existieren $\Gamma_G^r(x,y;\omega,\gamma)$ und $\Gamma_G^{r*}(x,y;\omega,\gamma)$ und sind eindeutig bestimmt.

Der Beweis ergibt sich aus Satz 7.2, Satz 7.3 und dem Eindeutigkeitssatz von Kapitel 4. Die Lösbarkeitsbedingungen lassen sich leicht verifizieren. So existiert $\Gamma_G^r(x,y;\omega,\gamma)$, wenn

$$\sum_{q=1}^{N} \int_{S_q} \{ T^t_{(q)}(\partial_x, n(x)) \dot{\gamma}^{r(k)}(x,y;\omega,\gamma) \}^+ \cdot v_i(x) dS_x = 0, \quad i=1,\ldots,M_G, \qquad (10.8)$$

gilt. Man erhält (10.8), wenn man im Integralsatz (7.3) $U = \dot{\Gamma}^{r(k)}(x,y;\omega,\gamma)$, $V = V_i(x)$ setzt und (10.3), (10.1) beachtet.

11. Existenzsätze für die Randkontaktaufgaben

Man hat notwendige Lösbarkeitsbedingungen zu beachten.
Es sei $V_1,\ldots,V_{M_G}$ die Basis (10.1) von K_G,

$$\overset{(k)}{U}_j = \begin{pmatrix} \overset{(k)}{u}_j \\ 0 \end{pmatrix}, \quad j = 1,\ldots,M_k, \tag{11.1}$$

eine reellwertige orthonormierte Basis von K_k^G, k = 1, 2, mit

$$\overset{(k)}{U}_j = V_j, \quad j = 1,\ldots,M_G, \quad k = 1, 2. \tag{11.2}$$

In einem Randstreifen D_ε von S gilt $\overset{(1)}{u}_j \subset C^{n,\beta}(D_\varepsilon)$, $\overset{(2)}{u}_j \subset C^{n+1,\beta}(D_\varepsilon)$, falls $S \subset \Lambda_{n+1}(\alpha)$, $0 < \beta < \alpha \leq 1$ (vgl. [4], S. 185).

Es ergeben sich aus dem Integralsatz (7.3) leicht die folgenden notwendigen Lösbarkeitsbedingungen.

<u>Notwendige Lösbarkeitsbedingung</u> für die Probleme 1-1, 1-2, 1-3, 2-1, 2-2, 2-3, 1-1*, 1-2*, 1-3*, 2-1*, 2-2*, 2-3* bei einem unbeschränkten Gebiet D.

$$\sum_{q=1}^{N} \int_{D_q} f(x)\cdot v_j(x)dx + \int_{S_o} h^+\cdot\{v_j\}^+ dS = 0, \quad j = 1,\ldots,M_G. \tag{11.3}$$

<u>Notwendige Lösbarkeitsbedingung</u> für die Probleme 1-1, 1-2, 1-3, 1-1*, 1-2*, 1-3* bei beschränktem Gebiet D.

$$\int_D f(x)\cdot\overset{(1)}{u}_j(x)dx + \int_{S_o} h^+\cdot\{\overset{(1)}{u}_j\}^+ dS - \int_{S_o} h^-\cdot\{\overset{(1)}{u}_j\}^- dS + \int_{S_o} kn\cdot\overset{(1)}{u}_j dS =$$

$$= \int_{S_o} g\{\underset{(o)}{T}(n)\overset{(1)}{u}_j\cdot n\}^- dS + \int_S w\cdot\underset{(o)}{T}(n)\overset{(1)}{u}_j dS, \quad j = 1,\ldots,M_1. \tag{11.4}$$

<u>Notwendige Lösbarkeitsbedingung</u> für die Probleme 2-1, 2-2, 2-3, 2-1*, 2-2*, 2-3* bei beschränktem Gebiet D.

$$\int_D f(x)\cdot\overset{(2)}{u}_j(x)dx + \int_{S_o} h^+\cdot\{\overset{(2)}{u}_j\}^+ dS - \int_{S_o} h^-\cdot\{\overset{(2)}{u}_j\}^- dS + \int_{S_o} kn\cdot\overset{(2)}{u}_j dS$$

$$+ \int_S p\cdot\overset{(2)}{u}_j dS = \int_{S_o} g\{\underset{(o)}{T}(n)\overset{(2)}{u}_j\cdot n\}^- dS, \quad j = 1,\ldots,M_2. \tag{11.5}$$

Wir beweisen zunächst Existenzsätze für die Randkontaktaufgaben 1-1, 1-3, 2-1, 2-3, wenn die Differentialgleichung und die Kontaktbedingungen homogen sind. Die Probleme 1-2, 2-2 behandeln wir nicht gesondert, da sie sich aus 1-3, 2-3 für $\beta = 0$ ergeben. Wir haben immer den allgemeinen Resonanzfall im Auge. Liegt keine Resonanz vor,

läßt sich bei den Problemen 2-1, 2-2, 2-3 die Voraussetzung an S abschwächen (s. [4], Bemerkung S. 219).
Hat das Gebiet D Löcher, können bei den Integralgleichungen zusätzliche Eigenlösungen auftreten.

<u>Problem</u> H_1. U ist Lösung des Problems H_1, wenn gilt:

$$\mu_o \Delta u + \varsigma_o \omega^2 u = 0,\ \operatorname{div} u = 0,\ u_4 = 0 \text{ in } D_i^o, \tag{11.6}$$

$$U = 0 \text{ außerhalb } D_i^o, \tag{11.7}$$

$$u = 0 \text{ auf } S_i^o,\ i = 1,\dots,r.$$

<u>Problem</u> H_2. U ist Lösung des Problems H_2, wenn gilt: (11.6), (11.7),

$$\underset{(o)}{T}(n)u = 0 \text{ auf } S_i^o,\ i = 1,\dots,r.$$

In einem Randstreifen D_ε^o von D_i^o gilt für eine Lösung U des Problems H_1 bzw. H_2 $u \subset C^{n,\beta}(D_\varepsilon^o)$ bzw. $u \subset C^{n+1,\beta}(D_\varepsilon^o)$ falls $\bigcup_{i=1}^r S_i^o \subset \Lambda_{n+1}(\alpha)$, $0<\beta<\alpha\leq 1$.

Es bezeichne $\overset{(2)}{V}_1(x),\dots,\overset{(2)}{V}_{N_2}(x)$ eine Basis des linearen Lösungsraumes des Problems H_2 und

$$\overset{(2)}{\phi}_i(x) = \begin{cases} \overset{(2)}{V}_i(x) & \text{für } x \in \bigcup_{i=1}^r S_i^o, \\ 0 & \text{für } x \in S \setminus (\bigcup_{i=1}^r S_i^o). \end{cases} \tag{11.8}$$

Es ist $\overset{(2)}{\phi}_i(x) \subset C^{2,\beta}(S)$, falls $S \subset \Lambda_2(\alpha)$, $0<\beta<\alpha\leq 1$.

Es bezeichne $\overset{(1)}{V}_1(x),\dots,\overset{(1)}{V}_{N_1}(x)$ eine Basis des linearen Lösungsraumes des Problems H_1 und

$$\overset{(1)}{\phi}_i(x) = \begin{cases} \underset{(o)}{R}(\partial_x, n(x))\overset{(1)}{V}_i(x) & \text{für } x \in \bigcup_{i=1}^r S_i^o, \\ 0 & \text{für } x \in S \setminus (\bigcup_{i=1}^r S_i^o) \end{cases} \tag{11.9}$$

mit (n(x) äußere Normale von S_i^o)

$$\underset{(o)}{R}(\partial_x, n(x)) = \left(\begin{array}{ccc|c} & & & -\gamma_o n_1(x) \\ & \underset{(o)}{T}(\partial_x, n(x)) & & -\gamma_o n_2(x) \\ & & & -\gamma_o n_3(x) \\ \hline 0 & 0 & 0 & n(x)\cdot \operatorname{grad}_x \end{array} \right). \tag{11.10}$$

Es ist $\overset{(1)}{\phi}_i(x) \subset C^{0,\beta}(S)$, falls $S \subset \Lambda_2(\alpha)$, $0<\beta<\alpha\leq 1$.

Es ist dim $L\{\overset{(1)}{\phi}_1,\dots,\overset{(1)}{\phi}_{N_1}\} = N_1$, dim $L\{\overset{(2)}{\phi}_1,\dots,\overset{(2)}{\phi}_{N_2}\} = N_2$.

<u>Problem G_{11}^{∞}</u> = <u>Problem 1-1, D unbeschränkt, $F=0$, $h^-=h^+=0$, $k=g=h_4=g_4=0$</u>

Voraussetzung V_{11}. $S\subset\Lambda_2(\alpha)$, $S_o\subset\Lambda_3$, $W\subset C^{1,\beta}(S)$, $0<\beta<\alpha\leq 1$.

Man hat keine notwendige Lösbarkeitsbedingung.
Man geht aus vom Potential

$$W(x,\phi) := \frac{1}{2\pi}\int_S \left(\underset{(o)}{R^*}(\partial_y,n(y))\Gamma_G^r(x,y;\omega,\gamma)^T\right)^T\phi(y)\,dS_y \tag{11.11}$$

mit

$$\underset{(o)}{R^*}(\partial_y,n(y)) = \left(\begin{array}{ccc|c} & & & -i\omega\eta_o^r n_1(x) \\ & \underset{(o)}{T}(\partial_y,n(y)) & & -i\omega\eta_o^r n_2(x) \\ & & & -i\omega\eta_o^r n_3(x) \\ \hline 0 & 0 & 0 & n(y)\cdot \mathrm{grad}_y \end{array}\right), \quad \eta_o^r = \frac{\gamma_o T_o}{\lambda_{\theta o}^r}.$$

Es gilt

$$\underset{(p)}{B^r}W(x,\phi) = 0 \text{ in } D\cap D_p,\ p = 0,\dots,N, \tag{11.12}$$

$$\int_D W(x,\phi)\cdot V_j(x)\,dx = 0,\ j = 1,\dots,M_G, \tag{11.13}$$

und $W(x,\phi)$ erfüllt die homogenen Kontaktbedingungen der Gleitung. Die Randbedingung $\{W(x,\phi)\}^- = W(x)$ führt auf Grund der Sprungrelation (4.10a) in [4] auf den Integraloperator

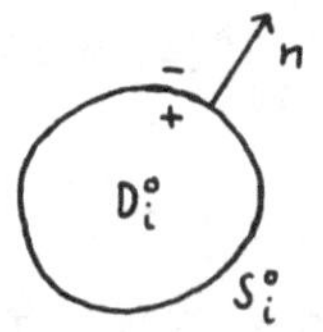

Abb. 1

$$A_{11}^-(\phi) := \phi(x) + \frac{1}{2\pi}\int_S \left(\underset{(o)}{R^*}(\partial_y,n(y))\Gamma_G^r(x,y;\omega,\gamma)^T\right)^T\phi(y)\,dS_y,\ x\in S. \tag{11.14}$$

Es ist $A_{11}^-\subset[L_2^{(4)}(S)\to L_2^{(4)}(S)]$, A_{11}^- ist ϕ-Operator mit Index 0, für jedes $\phi\subset N(A_{11}^-)$ gilt $\phi\subset C^{1,\beta}(S)$. Der zu A_{11}^- adjungierte Operator ist

$$A_{11}^{-*}(\Psi) = \Psi(x) + \frac{1}{2\pi}\int_S \overline{\underset{(o)}{R^*}(\partial_x,n(x))\Gamma_G^{r*}(x,y;\omega,\gamma)}\Psi(y)\,dS_y, \tag{11.15}$$

für jedes $\Psi\subset N(A_{11}^{-*})$ gilt $\Psi\subset C^{1,\beta}(S)$.

<u>Hilfssatz 11.1</u>. Es ist $\overset{(2)}{\phi}_i(x)\subset N(A_{11}^-)$, $i=1,\dots,N_2$, also dim $N(A_{11}^-)\geq N_2$.

Beweis. Es gilt (vgl. [4], (2.14))

$$\overset{(2)}{V}_i(x) = -\frac{1}{4\pi}\int_S \left(\underset{(o)}{R^*}(\partial,n(y))\Gamma_G^r(x,y;\omega,\gamma)^T\right)^T\overset{(2)}{V}_i(y)\,dS_y \text{ für } x\in\bigcup_{j=1}^r D_j^o,$$

woraus durch Grenzübergang $x\to x_o\in S_j^o$ unter Beachtung der Sprungrelation

(4.10a) in [4] die Behauptung folgt.

<u>Hilfssatz 11.2.</u> $L_{11}^{-}(\Psi) = \frac{1}{2\pi}\int_S \Gamma_G^{r*}(x,y;\omega,\gamma)\overline{\Psi(y)}dS_y$, $x\in S$, ist eine antilineare umkehrbar eindeutige Abbildung von $N(A_{11}^{-*})$ in $L\{\overset{(2)}{\phi}_1,\ldots,\overset{(2)}{\phi}_{N_2}\}\subset N(A_{11}^{-})$, also $\dim N(A_{11}^{-*})\leq N_2$.

Beweis. Sei $\Psi\subset N(A_{11}^{-*})$, d.h.

$$\overline{\Psi(x)} + \frac{1}{2\pi}\int_S \underset{(o)}{R^*}(\partial_x,n(x))\Gamma_G^{r*}(x,y;\omega,\gamma)\overline{\Psi(y)}dS_y = 0. \tag{11.16}$$

Dann gilt wegen (11.16) und der Sprungrelation (4.11b) in [4] für das Potential

$$V^*(x,\overline{\Psi}) = \frac{1}{2\pi}\int_S \Gamma_G^{r*}(x,y;\omega,\gamma)\overline{\Psi(y)}dS_y$$

die Beziehung

$$\{\underset{(o)}{R^*}(\partial_x,n(x))V^*(x,\overline{\Psi})\}^+ = 0.$$

Aus dem Eindeutigkeitssatz und der Stetigkeit von $V^*(x,\overline{\Psi})$ folgt $L_{11}^{-}(\Psi)\subset L\{\overset{(2)}{\phi}_1,\ldots,\overset{(2)}{\phi}_{N_2}\}$. Sei jetzt $\Psi\subset N(A_{11}^{-*})$ und $L_{11}^{-}(\Psi) = 0$, dann folgt aus dem Eindeutigkeitssatz $V^*(x,\overline{\Psi}) = 0$ für $x\in D\cap D_o$. Also ist

$$0 = \{\underset{(o)}{R^*}(\partial_x,n(x))V^*(x,\overline{\Psi})\}^- =$$

$$= -\overline{\Psi(x)} + \frac{1}{2\pi}\int_S \underset{(o)}{R^*}(\partial_x,n(x))\Gamma_G^{r*}(x,y;\omega,\gamma)\overline{\Psi(y)}dS_y,$$

woraus mit (11.16) $\Psi(x) = 0$ folgt.

Es gilt also $\dim N(A_{11}^{-}) = \dim N(A_{11}^{-*}) = N_2$, und in $N(A_{11}^{-*})$ existiert eine Basis $\Psi_1,\ldots,\Psi_{N_2}$ mit

$$L_{11}^{-}(\Psi_j) = \overset{(2)}{\phi}_j,\quad j = 1,\ldots,N_2. \tag{11.17}$$

Lösungsansatz.

$$U(x) = W(x,\phi) + \sum_{j=1}^{N_2}\delta_j V(x,\overline{\overset{(2)}{\phi}_j}) \tag{11.18}$$

mit

$$V(x,\overline{\overset{(2)}{\phi}_j}) = \frac{1}{2\pi}\int_S \Gamma_G^{r}(x,y;\omega,\gamma)\overline{\overset{(2)}{\phi}_j(y)}dS_y.$$

Integralgleichung.

$$A_{11}^{-}(\phi) = W(x) - \sum_{j=1}^{N_2}\delta_j V(x,\overline{\overset{(2)}{\phi}_j}). \tag{11.19}$$

Die Lösbarkeitsbedingung

$$\int_S \Big(W(x) - \sum_{j=1}^{N_2} \delta_j V(x, \overset{(2)}{\phi}_j)\Big) \cdot \overline{\Psi_k(x)}\, dS_x = 0$$

erhält durch Vertauschung der Integrationsreihenfolge und Beachtung von (11.17) die Gestalt

$$\sum_{j=1}^{N_2} \delta_j (\overset{(2)}{\phi}_k, \overset{(2)}{\phi}_j) = (W, \Psi_k). \tag{11.20}$$

Dieses lineare Gleichungssystem ist eindeutig nach den δ_j auflösbar, da die Koeffizientendeterminante als Gramsche Determinante linear unabhängiger Vektoren ungleich null ist. Unter V_{11} gilt für jede Lösung ϕ von (11.19) $\phi \in C^{1,\beta}(S)$, so daß (11.18) eine reguläre Lösung des Problems G_{11}^{∞} darstellt.

Satz 11.1. Unter der Voraussetzung V_{11} hat das Problem G_{11}^{∞} eine eindeutige reguläre Lösung $U(x)$, die die Ausstrahlungsbedingung und

$$\int_D U(x) \cdot V_j(x) dx = 0, \quad j = 1, \ldots, M_G,$$

erfüllt. $U(x)$ läßt sich in der Form (11.18) darstellen, wobei ϕ eine Lösung von (11.19) ist und die δ_j sich aus (11.20) ergeben.

Problem G_{11} = Problem 1-1, D beschränkt, $F=0$, $h^-, h^+=0$, $k=g=h_4=g_4=0$

Wir machen die Voraussetzung V_{11}.
Notwendige Lösbarkeitsbedingung.

$$\int_S w \cdot \underset{(o)}{T}(n) \overset{(1)}{u}_j dS = 0, \quad j = M_G+1, \ldots, M_1. \tag{11.21}$$

Der Potentialansatz (11.11) führt auf den Integraloperator

$$A_{11}^{+}(\phi) := -\phi(x) + \frac{1}{2\pi} \int_S \Big(\underset{(o)}{R^*}(\partial_y, n(y)) \Gamma_G^r(x, y; \omega, \gamma)^T \Big)^T \phi(y) dS_y,$$

der dieselben Eigenschaften wie $A_{11}^{-}(\phi)$ hat. Wegen der anderen Orientierung von n auf S_i^o, $i = 1, \ldots, r$, gilt der

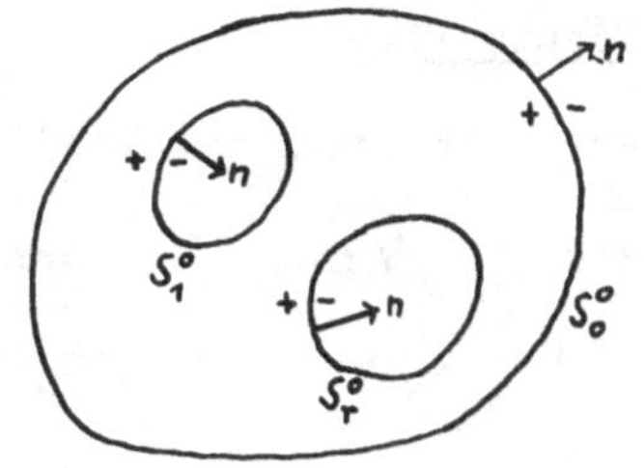

Abb. 2

Hilfssatz 11.3. Es ist $\overset{(2)}{\phi}_i(x) \in N(A_{11}^{+})$, $i = 1, \ldots, N_2$, also $\dim N(A_{11}^{+}) \geq N_2$.

Hilfssatz 11.4. Die Vektoren

$$\Omega_j(x) := \underset{(o)}{R^*}(\partial_x, n(x)) \overset{(1)}{U}_j(x), \quad x \in S, \; j = M_G+1, \ldots, M_1 \tag{11.22}$$

sind linear unabhängig, und es gilt $\Omega_j \in N(A_{11}^{+*})$, also $\dim N(A_{11}^{+*}) \geq M_1 - M_G$.

Beweis. Für jede reguläre Lösung V von

$$\underset{(p)}{B}^{r*}V = 0 \text{ auf } D\cap D_p,\ p = 0,\dots,N, \tag{11.23}$$

die die zu (3.12) gehörigen homogenen adjungierten Kontaktbedingungen erfüllt, gilt die Darstellungsformel

$$V(x) = \sum_{j=1}^{M_G} V_j(x)\int_D V_j(y)\cdot V(y)dy$$

$$+ \frac{1}{4\pi}\int_S \Gamma_G^{r*}(x,y;\omega,\gamma)R^*(\partial_y,n(y))V(y)dS_y \tag{11.24}$$

$$- \frac{1}{4\pi}\int_S (\underset{(o)}{R}(\partial_y,n(y))\Gamma_G^{r*}(x,y;\omega,\gamma)^T)^T V(y)dS_y,\ x\in D\setminus S_o.$$

Da $\overset{(1)}{U}_j$ diese Voraussetzungen erfüllt, folgt aus (11.24)

$$\overset{(1)}{U}_j(x) = \frac{1}{4\pi}\int_S \Gamma_G^{r*}(x,y;\omega,\gamma)\Omega_j(y)dS_y,\ x\in D\setminus S_o,\ j=M_G+1,\dots,M_1, \tag{11.25}$$

und aus (11.25) und der Sprungrelation (4.11b) in [4]

$$\Omega_j(x) = \frac{1}{2}\Omega_j(x) + \frac{1}{4\pi}\int_S \underset{(o)}{R}^*(\partial_x,n(x))\Gamma_G^{r*}(x,y;\omega,\gamma)\Omega_j(y)dS_y,\ x\in S,$$

also ist $\Omega_j\subset N(A_{11}^{+*})$. Sei nun $\sum_{j=M_G+1}^{M_1}\lambda_j\Omega_j(x) = 0$ auf S, dann folgt aus (11.24) $\sum_{j=M_G+1}^{M_1}\lambda_j\overset{(1)}{U}_j(x) = 0$ auf $D\setminus S_o$, also $\lambda_{M_G+1} =\dots=\lambda_{M_1} = 0$. Damit ist die lineare Unabhängigkeit von $\Omega_{M_G+1},\dots,\Omega_{M_1}$ gezeigt.

<u>Hilfssatz 11.5</u>. $L_{11}^+(\Psi) = \frac{1}{2\pi}\int_S \Gamma_G^{r*}(x,y;\omega,\gamma)\overline{\Psi(y)}dS_y,\ x\in S$, ist eine antilineare Abbildung von $N(A_{11}^{+*})$ in $L\{\overset{(2)}{\phi}_1,\dots,\overset{(2)}{\phi}_{N_2}\}\subset N(A_{11}^+)$.

Beweis. Sei $\Psi\subset N(A_{11}^{+*})$, dann gilt für $V^*(x,\overline{\Psi})$

$$\{\underset{(o)}{R}^*(\partial_x,n(x))V^*(x,\overline{\Psi})\}^- = 0.$$

Aus dem Eindeutigkeitssatz für das beschränkte und unbeschränkte Gebiet folgt die Behauptung.

<u>Hilfssatz 11.6</u>. Es ist $N(L_{11}^+) = L\{\Omega_{M_G+1},\dots,\Omega_{M_1}\}$.

Beweis. Wegen (11.25) ist $L_{11}^+(\Omega_j) = 0$. Sei nun $\Psi\subset N(A_{11}^{+*})$ und $L_{11}^+(\Psi)=0$. Dann ist $\{V^*(x,\overline{\Psi})\}^+ = 0$, also ist nach dem Eindeutigkeitssatz und der Eigenschaft 4 von Γ_G^{r*}

$$V^*(x,\overline{\Psi}) = \sum_{j=M_G+1}^{M_1} \lambda_j \overset{(1)}{U}_j(x) \text{ auf } D.$$

Aus der Sprungrelation (4.11b) in [4] folgt

$$\overline{\Psi(x)} + \frac{1}{2\pi} \int_{S\ (o)} R^*(\partial_x, n(x)) \Gamma_G^{r*}(x,y;\omega,\gamma) \overline{\Psi(y)} dS_y = \sum_{j=M_G+1}^{M_1} \lambda_j \Omega_j(x).$$

Hieraus und aus $\Psi \subset N(A_{11}^{+*})$ ergibt sich $\Psi(x) = \frac{1}{2} \sum_{j=M_G+1}^{M_1} \overline{\lambda}_j \Omega_j(x)$.

Aus den Hilfssätzen 11.3 - 11.6 folgt:

1. $\text{Max}(M_1 - M_G, N_2) \leqq \dim N(A_{11}^{+}) = \dim N(A_{11}^{+*}) \leqq M_1 - M_G + N_2$.

2. Die Basis von $N(A_{11}^{+*})$ besteht neben $\Omega_{M_G+1}, \dots, \Omega_{M_1}$ aus $N_2' \leqq N_2$ Vektoren $\Psi_1, \dots, \Psi_{N_2'}$ [1]) mit

$$L_{11}^{+}(\Psi_j) = \overset{(2)}{\phi_j'}, \quad j = 1, \dots, N_2', \quad \overset{(2)}{\phi_j'} \subset L\{\overset{(2)}{\phi_1}, \dots, \overset{(2)}{\phi}_{N_2}\}. \tag{11.26}$$

Lösungsansatz.

$$U(x) = W(x,\phi) + \sum_{j=1}^{N_2'} \delta_j V(x, \overline{\overset{(2)}{\phi_j'}}). \tag{11.27}$$

Integralgleichung.

$$A_{11}^{+}(\phi) = W(x) - \sum_{j=1}^{N_2'} \delta_j V(x, \overline{\overset{(2)}{\phi_j'}}). \tag{11.28}$$

Die Lösbarkeitsbedingung

$$(W - \sum_{j=1}^{N_2'} \delta_j V(x, \overline{\overset{(2)}{\phi_j'}}), \Psi_k) = 0$$

ist äquivalent zu

$$\sum_{j=1}^{N_2'} \delta_j (\overset{(2)}{\phi_k'}, \overset{(2)}{\phi_j'}) = (W, \Psi_k), \quad k = 1, \dots, N_2'. \tag{11.29}$$

Die Lösbarkeitsbedingung

$$(W - \sum_{j=1}^{N_2'} \delta_j V(x, \overline{\overset{(2)}{\phi_j'}}), \Omega_k) = 0$$

ist wegen $(V(x, \overline{\overset{(2)}{\phi_j'}}), \Omega_k) = (V^*(x,\Omega_k), \overset{(2)}{\phi_j'}) = (0, \overset{(2)}{\phi_j'}) = 0$ äquivalent zu (11.21).

---

1) Die Lösungen Ψ_j der adjungierten Integralgleichungen werden bei den einzelnen Problemen nicht unterschiedlich gekennzeichnet.

Satz 11.2. Unter den Voraussetzungen V_{11} und (11.21) hat das Problem G_{11} eine reguläre Lösung $U(x)$, die die Bedingungen

$$\int_D U(x)\cdot V_j(x)dx = 0, \quad j = 1,\dots,M_G,$$

erfüllt. Diese läßt sich in der Form (11.27) darstellen, wobei $\phi \in C^{1,\beta}(S)$ eine Lösung von (11.28) ist und die δ_j sich aus (11.29) ergeben.

Problem G_{13}^{∞} = Problem 1-3, D unbeschränkt, $F=0$, $h^-=h^+=0$, $k=g=h_4=g_4=0$

Die Randbedingung (8.6) läßt sich schreiben

$$\{Q(\partial_x,n'(x))U(x)-\frac{\beta}{\lambda^r_{\theta o}}\underline{S}U(x)\}^- = \begin{pmatrix} w(x) \\ -w_4(x)\end{pmatrix} =: W'(x),\quad x\in S, \tag{11.30}$$

mit

$$Q(\partial_x,n'(x)) = \begin{pmatrix} 1 & 0 & 0 & 0 \\ 0 & 1 & 0 & 0 \\ 0 & 0 & 1 & 0 \\ 0 & 0 & 0 & n'(x)\cdot \mathrm{grad}_x \end{pmatrix},\quad \underline{S} = \begin{pmatrix} 0 & 0 & 0 & 0 \\ 0 & 0 & 0 & 0 \\ 0 & 0 & 0 & 0 \\ 0 & 0 & 0 & 1 \end{pmatrix}.$$

Voraussetzung V_{13}. $S \in \Lambda_2(\alpha)$, $S_o \in \Lambda_3$, $w \in C^{1,\beta}(S)$, $w_4 \in C^{0,\beta}(S)$, $0<\beta<\alpha\le 1$.

Man hat keine notwendige Lösbarkeitsbedingung.

Der Potentialansatz

$$Z(x,\phi) := \frac{1}{2\pi}\int_S \big(\underset{(o)}{P^*}(\partial_y,n'(y))\Gamma^r_G(x,y;\omega,\gamma)^T\big)^T\phi(y)dS_y \tag{11.31}$$

mit

$$\underset{(o)}{P^*}(\partial_y,n'(y)) = \left(\begin{array}{c|c} & -i\omega\,\eta^r_o n_1'(y) \\ \underset{(o)}{T}(\partial_y,n'(y)) & -i\omega\,\eta^r_o n_2'(y) \\ & -i\omega\,\eta^r_o n_3'(y) \\ \hline 0 \quad 0 \quad 0 & -1 \end{array}\right)$$

führt auf Grund der Randbedingung (11.30), der Sprungrelation (4.12a) in [4] und dem stetigen Durchgang von $\underline{S}Z(x,\phi)$ auf den Integraloperator

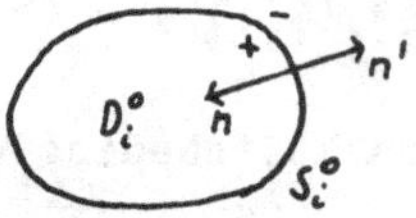

Abb. 3

$$A^-_{13}(\phi) := \phi(x) + \frac{1}{2\pi}\int_S Q(\partial_x,n'(x))\big(\underset{(o)}{P^*}(\partial_y,n'(y))\Gamma^r_G(x,y;\omega,\gamma)^T\big)^T\phi(y)dS_y$$
$$-\frac{\beta}{\lambda^r_{\theta o}}\underline{S}Z(x,\phi),\quad x\in S.$$

Es ist $A^-_{13} \in [L_2^{(4)}(S) \to L_2^{(4)}(S)]$, A^-_{13} ist ϕ-Operator mit Index 0, für jedes $\phi \subset N(A_{13}^{-})$ gilt $\phi \subset C^{1,\beta}(S)$. Der zu A_{13}^{-} adjungierte Operator ist

$$A_{13}^{-*}(\Psi)=\Psi(x)+\frac{1}{2\pi}\int_{S\,(o)}\overline{P^*(\partial_x,n'(x))(Q(\partial_y,n'(y))\Gamma_G^{r*}(x,y;\omega,\gamma)^T)^T\Psi(y)dS_y}$$

$$-\frac{\beta}{\lambda_{\theta o}^r}\frac{1}{2\pi}\int_{S\,(o)}P^*(\partial_x,n'(x))\Gamma_G^{r*}(x,y;\omega,\gamma)\underline{S}\Psi(y)dS_y,$$

für jedes $\Psi \subset N(A_{13}^{-*})$ gilt $\Psi \subset C^{1,\beta}(S)$.

Analog wie in [11] beweist man den folgenden

Hilfssatz 11.7. Es ist $\overset{(2)}{\phi}_i(x) \subset N(A_{13}^{-})$, $i=1,\dots,N_2$, also $\dim N(A_{13}^{-}) \geq N_2$.

Weiter ist $L_{13}^{-}(\Psi) = \left\{\frac{1}{2\pi}\int_S (Q(\partial_y,n'(y))\Gamma_G^{r*}(x,y;\omega,\gamma)^T)^T\overline{\Psi(y)}dS_y - \right.$
$\left. - \frac{\beta}{\lambda_{\theta o}^r}\frac{1}{2\pi}\int_S \Gamma_G^{r*}(x,y;\omega,\gamma)\underline{S}\overline{\Psi(y)}dS_y\right\}^+$, $x\in S$, eine antilineare umkehrbar eindeutige Abbildung von $N(A_{13}^{-*})$ in $L\{\overset{(2)}{\phi}_1,\dots,\overset{(2)}{\phi}_{N_2}\} \subset N(A_{13}^{-})$, also $\dim N(A_{13}^{-}) \leq N_2$.

Aus dem Hilfssatz 11.7 folgt:

1. $\dim N(A_{13}^{-}) = \dim N(A_{13}^{-*}) = N_2$.
2. In $N(A_{13}^{-*})$ existiert eine Basis $\Psi_1,\dots,\Psi_{N_2}$ mit

$$L_{13}^{-}(\Psi_j) = \overset{(2)}{\phi}_j,\ j = 1,\dots,N_2. \tag{11.32}$$

Lösungsansatz.

$$U(x) = Z(x,\phi) + \sum_{j=1}^{N_2}\delta_j V(x,\overline{\overset{(2)}{\phi}_j}). \tag{11.33}$$

Integralgleichung.

$$A_{13}^{-}(\phi) = W'(x) - \left\{\sum_{j=1}^{N_2}\delta_j(Q(\partial_x,n'(x))-\frac{\beta}{\lambda_{\theta o}^r}\underline{S})V(x,\overline{\overset{(2)}{\phi}_j})\right\}^- \tag{11.34}$$

$$= W'(x) - \sum_{j=1}^{N_2}\delta_j\frac{1}{2\pi}\int_S(Q(\partial_x,n'(x))-\frac{\beta}{\lambda_{\theta o}^r}\underline{S})\Gamma_G^r(x,y;\omega,\gamma)\overline{\overset{(2)}{\phi}_j(y)}dS_y.$$

Wie in [11], S. 26 erhält wegen (11.32) die Lösbarkeitsbedingung

$$(W'-\sum_{j=1}^{N_2}\delta_j\frac{1}{2\pi}\int_S(Q(\partial_x,n'(x))-\frac{\beta}{\lambda_{\theta o}^r}\underline{S})\Gamma_G^r(x,y;\omega,\gamma)\overline{\overset{(2)}{\phi}_j(y)dS_y},\Psi_k) = 0$$

die Gestalt

$$\sum_{j=1}^{N_2}\delta_j(\overset{(2)}{\phi}_k,\overset{(2)}{\phi}_j) = (W',\Psi_k). \tag{11.35}$$

Unter der Voraussetzung V_{13} gilt für jede Lösung ϕ von (11.34): $\varphi \subset C^{1,\beta}(S)$, $\varphi_4 \subset C^{0,\beta}(S)$.

<u>Satz 11.3</u>. Unter der Voraussetzung V_{13} hat das Problem G_{13}^{∞} eine eindeutige reguläre Lösung $U(x)$, die die Ausstrahlungsbedingung und

$$\int_D U(x)\cdot V_j(x)dx = 0, \; j = 1,\dots,M_G,$$

erfüllt. $U(x)$ läßt sich in der Form (11.33) darstellen, wobei ϕ eine Lösung von (11.34) ist und die δ_j sich aus (11.35) ergeben.

<u>Problem</u> G_{13} = <u>Problem 1-3, D beschränkt, F=0, $h^-=h^+=0$, $k=g=h_4=g_4=0$</u>

Wir machen die Voraussetzung V_{13}, Orientierung der Normalen wie in Abb. 2, notwendige Lösbarkeitsbedingung (11.21).
Die Randbedingung (8.6) läßt sich schreiben

$$\left\{Q(\partial_x,n(x))U(x) + \frac{\beta}{\lambda_{\theta o}^r}\,\underline{S}U(x)\right\}^+ = W(x),\; x\in S.$$

Der Potentialansatz $Z(x,\phi) = \frac{1}{2\pi}\int_S (\underset{(o)}{P^*}(\partial_y,n(y))\Gamma_G^r(x,y;\omega,\gamma)^T)^T\phi(y)dS_y$

führt auf den Operator

$$A_{13}^+(\phi) := -\phi(x) + \frac{1}{2\pi}\int_S Q(\partial_x,n(x))(\underset{(o)}{P^*}(\partial_y,n(y))\Gamma_G^r(x,y;\omega,\gamma)^T)^T\phi(y)dS_y$$

$$+ \frac{\beta}{\lambda_{\theta o}^r}\,\underline{S}Z(x,\phi),\; x\in S,$$

der dieselben Eigenschaften wie A_{13}^- hat. Analog wie in [11], S. 24-26 beweist man den

<u>Hilfssatz 11.8</u>. Es ist $\overset{(2)}{\phi}_i(x)\subset N(A_{13}^+)$, $i = 1,\dots,N_2$, also $\dim N(A_{13}^+)\geq N_2$. Weiter ist $\Omega_j(x)\subset N(A_{13}^{+*})$, $j = M_G+1,\dots,M_1$, also $\dim N(A_{13}^{+*})\geq M_1-M_G$.

$$L_{13}^+(\Psi) := \left\{\frac{1}{2\pi}\int_S (Q(\partial_y,n(y))\Gamma_G^{r*}(x,y;\omega,\gamma)^T)^T\overline{\Psi(y)}dS_y\right.$$

$$\left. + \frac{\beta}{\lambda_{\theta o}^r}\frac{1}{2\pi}\int_S \Gamma_G^{r*}(x,y;\omega,\gamma)\underline{S}\overline{\Psi(y)}dS_y\right\}^-,$$ $x\in S$, ist eine antilineare Abbildung von $N(A_{13}^{+*})$ in $L\{\overset{(2)}{\phi}_1,\dots,\overset{(2)}{\phi}_{N_2}\}\subset N(A_{13}^+)$. Es ist $N(L_{13}^+) = L\{\Omega_{M_G+1},\dots,\Omega_{M_1}\}$.

Aus dem Hilfssatz 11.8 ergibt sich:

1. $\operatorname{Max}(M_1-M_G,N_2)\leq \dim N(A_{13}^+) = \dim N(A_{13}^{+*})\leq M_1 - M_G + N_2$.
2. Die Basis von $N(A_{13}^{+*})$ besteht neben $\Omega_{M_G+1},\dots,\Omega_{M_1}$ aus $N_2'\leq N_2$ Vektoren $\Psi_1,\dots,\Psi_{N_2'}$ mit

$$L_{13}^+(\Psi_j) = \overset{(2)}{\phi'_j},\; j = 1,\dots,N_2',\; \overset{(2)}{\phi_j}\subset L\{\overset{(2)}{\phi}_1,\dots,\overset{(2)}{\phi}_{N_2}\}. \tag{11.36}$$

Lösungsansatz.

$$U(x) = Z(x,\phi) + \sum_{j=1}^{N_2'} \delta_j V(x,\overline{\overset{(2)}{\phi_j'}}). \tag{11.37}$$

Integralgleichung.

$$A_{13}^{+}(\phi) = W(x) - \left\{ \sum_{j=1}^{N_2'} \delta_j (Q(\partial_x,n(x)) + \frac{\beta}{\lambda_{\theta o}^{r}} \underline{S}) V(x,\overline{\overset{(2)}{\phi_j'}}) \right\}^{+} \tag{11.38}$$

$$= W(x) - \sum_{j=1}^{N_2'} \delta_j \frac{1}{2\pi} \int_S (Q(\partial_x,n(x)) + \frac{\beta}{\lambda_{\theta o}^{r}} \underline{S}) \Gamma_G^{r}(x,y;\omega,\gamma) \overline{\overset{(2)}{\phi_j'}(y)} dS_y.$$

Die Orthogonalität der rechten Seite von (11.38) auf $\Psi_1,\ldots,\Psi_{N_2'}$ erhält wegen (11.36) die Form

$$\sum_{j=1}^{N_2'} \delta_j (\overset{(2)}{\phi_k'},\overset{(2)}{\phi_j'}) = (W,\Psi_k),\ k = 1,\ldots,N_2'. \tag{11.39}$$

Nun ist wegen $\underline{S}\Omega_k = 0$, $\underline{S}\overset{(2)}{\phi_j'} = 0$ und der Sprungrelation (4.14) in [11]

$$(\frac{1}{2\pi} \int_S (Q(\partial_x,n(x)) + \frac{\beta}{\lambda_{\theta o}^{r}} \underline{S}) \Gamma_G^{r}(x,y;\omega,\gamma) \overline{\overset{(2)}{\phi_j'}(y)} dS_y, \Omega_k(x))$$

$$= (\frac{1}{2\pi} \int_S (Q(\partial_y,n(y)) \Gamma_G^{r*}(x,y;\omega,\gamma)^T)^T \Omega_k(y) dS_y$$

$$+ \frac{1}{2\pi} \frac{\beta}{\lambda_{\theta o}^{r}} \underline{S} \int_S \Gamma_G^{r*}(x,y;\omega,\gamma) \Omega_k(y) dS_y,\ \overset{(2)}{\phi_j'}(x))$$

$$= (\frac{1}{2\pi} \int_S (Q(\partial_y,n(y)) \Gamma_G^{r*}(x,y;\omega,\gamma)^T)^T \Omega_k(y) dS_y,\ \overset{(2)}{\phi_j'}(x))$$

$$= (L_{13}^{+}(\Omega_k),\overset{(2)}{\phi_j'}) = (0,\overset{(2)}{\phi_j'}) = 0.$$

Damit erhält die Orthogonalität der rechten Seite von (11.38) auf $\Omega_{M_G+1},\ldots,\Omega_{M_1}$ die Form

$$0 = (W,\Omega_k) = \int_S W\cdot\Omega_k dS = \int_S w\cdot \underset{(o)}{T}(n)\overset{(1)}{u_j} dS.$$

<u>Satz 11.4</u>. Unter den Voraussetzungen V_{13} und (11.21) hat das Problem G_{13} eine reguläre Lösung $U(x)$, die die Bedingungen

$$\int_D U(x)\cdot V_j(x)dx = 0,\ j = 1,\ldots,M_G,$$

erfüllt. Diese ist in der Form (11.37) darstellbar, wobei ϕ ($\varphi\subset C^{1,\beta}(S)$, $\varphi_4\subset C^{0,\beta}(S)$) eine Lösung von (11.38) ist und die δ_j sich aus (11.39) ergeben.

Problem G_{21}^{∞} = Problem 2-1, D unbeschränkt, F=0, $h^-=h^+=0$, $k=g=h_4=g_4=0$

Die Bezeichnung der Normalen sei wie in Abb. 3. Dann läßt sich die Randbedingung (8.7) schreiben

$$\underset{(o)}{P}(\partial_x,n'(x))U = \begin{pmatrix} -p(x) \\ -p_4(x) \end{pmatrix} = P'(x) \tag{11.40}$$

mit

$$\underset{(o)}{P}(\partial_x,n'(x)) = \left(\begin{array}{ccc|c} & & & -\gamma_o n_1'(x) \\ & \underset{(o)}{T}(\partial_x,n'(x)) & & -\gamma_o n_2'(x) \\ & & & -\gamma_o n_3'(x) \\ \hline 0 & 0 & 0 & -1 \end{array}\right).$$

Voraussetzung V_{21}. $S\subset\Lambda_2(\alpha)$, $S_o\subset\Lambda_3$, $p\in C^{o,\beta}(S)$, $p_4\in C^{1,\beta}(S)$, $0<\beta<\alpha\leq 1$.

Man hat keine notwendige Lösbarkeitsbedingung.

Der Potentialansatz

$$\Omega(x,\phi) := \frac{1}{2\pi}\int_S (Q(\partial_y,n'(y))\Gamma_G^r(x,y;\omega,\gamma)^T)^T\phi(y)dS_y \tag{11.41}$$

führt auf Grund der Randbedingung (11.40) und der Sprungrelation (4.14a) in [4] auf den Integraloperator

$$A_{21}^-(\phi) := -\phi(x) + \frac{1}{2\pi}\int_S \underset{(o)}{P}(\partial_x,n'(x))(Q(\partial_y,n'(y))\Gamma_G^r(x,y;\omega,\gamma)^T)^T\phi(y)dS_y.$$

Es ist $A_{21}^-\subset[L_2^{(4)}(S)\rightarrow L_2^{(4)}(S)]$, A_{21}^- ist ϕ-Operator mit Index 0, für jedes $\phi\subset N(A_{21}^-)$ gilt $\phi\subset C^{1,\beta}(S)$. Der zu A_{21}^- adjungierte Operator ist

$$A_{21}^{-*}(\Psi) = -\Psi(x) + \frac{1}{2\pi}\int_S \overline{Q(\partial_x,n'(x))(\underset{(o)}{P}(\partial_y,n'(y))\Gamma_G^{r*}(x,y;\omega,\gamma)^T)^T}\Psi(y)dS_y,$$

für jedes $\Psi\subset N(A_{21}^{-*})$ gilt $\Psi\subset C^{1,\beta}(S)$.

Hilfssatz 11.9. Es ist $\overset{(1)}{\phi}_i(x)\subset N(A_{21}^-)$, $i = 1,\dots,N_1$, also $\dim N(A_{21}^-)\geq N_1$.

Beweis. Es gilt (vgl. [4], (2.14))

$$\overset{(1)}{V}_i(x) = \frac{1}{4\pi}\int_S \Gamma_G^r(x,y;\omega,\gamma)\overset{(1)}{\phi}_i(y)dS_y \text{ für } x\in\bigcup_{j=1}^r D_j^o,$$

und da die 4. Komponente von $\overset{(1)}{\phi}_i$ gleich null ist, gilt auch

$$\overset{(1)}{V}_i(x) = \frac{1}{4\pi}\int_S (Q(\partial_y,n'(y))\Gamma_G^r(x,y;\omega,\gamma)^T)^T\overset{(1)}{\phi}_i(y)dS_y.$$

Wegen $\underset{(o)}{P}(\partial_x,n(x))\overset{(1)}{V}_i(x) = \underset{(o)}{R}(\partial_x,n(x))\overset{(1)}{V}_i(x)$ und der Sprungrelation (4.14a) in [4] folgt hieraus

$$\overset{(1)}{\phi}_i(x)=\frac{1}{2}\overset{(1)}{\phi}_i(x)+\frac{1}{4\pi}\int_{S(o)} P(\partial_x,n'(x))(Q(\partial_y,n'(y))\Gamma_G^r(x,y;\omega,\gamma)^T)^T\overset{(1)}{\phi}_i(y)dS_y,$$

also gilt $\overset{(1)}{\phi}_i(x)\subset N(A_{21}^-)$.

<u>Hilfssatz 11.10.</u> $L_{21}^-(\Psi) =$

$$=\left\{\frac{1}{2\pi}\int_S \underset{(o)}{P^*}(\partial_x,n'(x))(\underset{(o)}{P}(\partial_y,n'(y))\Gamma_G^{r*}(x,y;\omega,\gamma)^T)^T\overline{\Psi(y)}dS_y\right\}^+$$

$$=\left\{\frac{1}{2\pi}\int_S \underset{(o)}{P^*}(\partial_x,n'(x))(\underset{(o)}{P}(\partial_y,n'(y))\Gamma_G^{r*}(x,y;\omega,\gamma)^T)^T\overline{\Psi(y)}dS_y\right\}^-$$

(s. (4.17b) in [4]) ist eine antilineare umkehrbar eindeutige Abbildung von $N(A_{21}^{-*})$ in $L\{\overset{(1)}{\phi}_1,\dots,\overset{(1)}{\phi}_{N_1}\}\subset N(A_{21}^-)$, also $\dim N(A_{21}^{-*})\leq N_1$.

Beweis. Sei $\Psi\subset N(A_{21}^{-*})$, dann gilt für das Potential

$$Z^*(x,\overline{\Psi}) = \frac{1}{2\pi}\int_S(\underset{(o)}{P}(\partial_y,n'(y))\Gamma_G^{r*}(x,y;\omega,\gamma)^T)^T\overline{\Psi(y)}dS_y,\quad x\in S,$$

$$\{Q(\partial_x,n'(x))Z^*(x,\overline{\Psi})\}^+ = 0.$$

Nach dem Eindeutigkeitssatz ist für $x\in\bigcup_{i=1}^r D_i^o$

$$Z^*(x,\overline{\Psi})\subset L\{\overset{(1)}{V}_1,\dots,\overset{(1)}{V}_{N_1}\},$$

also $\{\underset{(o)}{R}(\partial_x,n'(x))Z^*(x,\overline{\Psi})\}^+=\{\underset{(o)}{P^*}(\partial_x,n'(x))Z^*(x,\overline{\Psi})\}^+=L_{21}^-(\Psi)$ $\subset L\{\overset{(1)}{\phi}_1,\dots,\overset{(1)}{\phi}_{N_1}\}$. Sei jetzt $\Psi\subset N(A_{21}^{-*})$, $L_{21}^-(\Psi) = 0$, dann ist

$$\{\underset{(o)}{P^*}(\partial_x,n'(x))Z^*(x,\overline{\Psi})\}^- = 0.$$

Also ist $Z^*(x,\overline{\Psi})$ Lösung des Problems 2-1*o. Nach dem Satz 9.1 ist $Z^*(x,\overline{\Psi}) = 0$ auf $D\cap D_o$, also ist (s.[4],(4.12b))

$$0 = \{Q(\partial_x,n'(x))Z^*(x,\overline{\Psi})\}^- =$$

$$=\overline{\Psi(x)}+\frac{1}{2\pi}\int_S Q(\partial_x,n'(x))(\underset{(o)}{P}(\partial_y,n'(y))\Gamma_G^{r*}(x,y;\omega,\gamma)^T)^T\overline{\Psi(y)}dS_y,$$

woraus mit $A_{21}^{-*}(\Psi) = 0$ folgt $\Psi(x) = 0$.

Aus Hilfssatz 11.9 und 11.10 folgt:

1. $\dim N(A_{21}^-) = \dim N(A_{21}^{-*}) = N_1$,
2. in $N(A_{21}^{-*})$ existiert eine Basis $\Psi_1,\dots,\Psi_{N_1}$ mit

$$L_{21}^-(\Psi_j) = \overset{(1)}{\phi}_j,\quad j = 1,\dots,N_1. \tag{11.42}$$

Lösungsansatz.

$$U(x) = \Omega(x,\phi) + \sum_{i=1}^{N_1}\delta_i Z(x,\overline{\overset{(1)}{\phi}_i}) \tag{11.43}$$

mit

$$Z(x,\overline{\overset{(1)}{\phi}}_i) = \frac{1}{2\pi}\int_S (\underset{(o)}{P^*}(\partial_y,n'(y))\Gamma_G^r(x,y;\omega,\gamma)^T)^T\phi(y)dS_y.$$

Integralgleichung.

$$A_{21}^-(\phi) = P'(x) - \sum_{i=1}^{N_1} \delta_i\{\underset{(o)}{P}(\partial_x,n'(x))Z(x,\overline{\overset{(1)}{\phi}}_i)\}^-. \tag{11.44}$$

Lösbarkeitsbedingung.

$$(P'(x)- \sum_{i=1}^{N_1} \delta_i\{\underset{(o)}{P}(\partial_x,n\ (x))Z(x,\overline{\overset{(1)}{\phi}}_i)\}^-,\Psi_k(x)) = 0. \tag{11.45}$$

Wendet man den Integralsatz (7.3) an auf D mit $U = Z(x,\overline{\overset{(1)}{\phi}}_1)$, $V = Z^*(x,\overline{\Psi}_k)$, dann folgt

$$\int_S\{Q(\partial_x,n'(x))Z(x,\overline{\overset{(1)}{\phi}}_i)\}^-\cdot\{\underset{(o)}{P^*}(\partial_x,n'(x))Z^*(x,\overline{\Psi}_k)\}^-dS_x$$

$$= \int_S\{Q(\partial_x,n'(x))Z^*(x,\overline{\Psi}_k)\}^-\cdot\{\underset{(o)}{P}(\partial_x,n'(x))Z(x,\overline{\overset{(1)}{\phi}}_i)\}^-dS_x.$$

Die Anwendung dieses Integralsatzes auf D_j^o ergibt

$$\int_{S_j^o}\{Q(\partial_x,n'(x))Z(x,\overline{\overset{(1)}{\phi}}_i)\}^+\cdot\{\underset{(o)}{P^*}(\partial_x,n'(x))Z^*(x,\overline{\Psi}_k)\}^+dS_x$$

$$= \int_{S_j^o}\{Q(\partial_x,n'(x))Z^*(x,\overline{\Psi}_k)\}^+\cdot\{\underset{(o)}{P}(\partial_x,n'(x))Z(x,\overline{\overset{(1)}{\phi}}_i)\}^+dS_x.$$

Beachtet man (11.42), den stetigen Durchgang von $\underset{(o)}{P}\,Z$ ([4], (4.17a)), die Sprungrelationen von $Q\ Z$ und $Q\ Z^*$ ([4], (4.12)), dann folgt

$$\int_S 2\overline{\overset{(1)}{\phi}_i(x)}\cdot\overset{(1)}{\phi}_k(x)dS_x = \int_S 2\overline{\Psi_k(x)}\cdot\{\underset{(o)}{P}(\partial_x,n'(x))Z(x,\overline{\overset{(1)}{\phi}}_i)\}^-dS_x.$$

Damit wird (11.45)

$$\sum_{i=1}^{N_1} \delta_i(\overset{(1)}{\phi}_k,\overset{(1)}{\phi}_i) = (P',\Psi_k) = -(P,\Psi_k). \tag{11.46}$$

Unter der Voraussetzung V_{21} gilt für jede Lösung ϕ von (11.44) $\varphi\in C^{0,\beta}(S)$, $\varphi_4\in C^{1,\beta}(S)$, so daß (11.43) eine reguläre Lösung des Problems G_{21}^∞ darstellt.

Satz 11.5. Unter der Voraussetzung V_{21} hat das Problem G_{21}^∞ eine eindeutige reguläre Lösung U(x), die die Ausstrahlungsbedingung und

$$\int_D U(x)\cdot V_j(x)dx = 0,\ j = 1,\dots,M_G,$$

erfüllt. U(x) läßt sich darstellen in der Form (11.43), wobei ϕ eine Lösung von (11.44) ist und die δ_i sich aus (11.46) ergeben.

<u>Problem</u> G_{21} = <u>Problem 2-1, D beschränkt, F=0, $h^-=h^+=0$, $k=g=h_4=g_4=0$</u>

Wir machen die Voraussetzung V_{21}, Orientierung der Normalen wie in Abb. 2.

Notwendige Lösbarkeitsbedingung.

$$\int_S p\cdot \overset{(2)}{u}_j dS = 0,\ j = M_G+1,\dots,M_2. \qquad (11.47)$$

Die Randbedingung (8.7) läßt sich schreiben

$$\underset{(o)}{P}(\partial_x, n(x))U(x) = \begin{pmatrix} p(x) \\ -p_4(x) \end{pmatrix} = P'(x). \qquad (11.48)$$

Der Potentialansatz

$$\Omega(x,\phi) = \frac{1}{2\pi}\int_S (Q(\partial_y, n(y))\Gamma_G^r(x,y;\omega,\gamma)^T)^T\phi(y)dS_y$$

führt auf den Operator

$$A_{21}^+(\phi) := \phi(x) + \frac{1}{2\pi}\int_S \underset{(c)}{P}(\partial_x, n(x))(Q(\partial_y, n(y))\Gamma_G^r(x,y;\omega,\gamma)^T)^T\phi(y)dS_y,$$

der dieselben Eigenschaften wie A_{21}^- hat.

<u>Hilfssatz 11.11</u>. Es ist $\overset{(1)}{\phi}_i(x) \subset N(A_{21}^+)$, also dim $N(A_{21}^+) \geq N_1$. Die Vektoren $\overset{(2)}{U}_j(x)$, $x\in S$, $j = M_G+1,\dots,M_2$, sind linear unabhängig, und es gilt $\overset{(2)}{U}_j(x) \subset N(A_{21}^{+*})$, also dim $N(A_{21}^{+*}) \geq M_2-M_G$.

Beweis. Die erste Behauptung wird wie Hilfssatz 11.9 bewiesen, wenn man beachtet, daß auf S_j^o die Normale anders orientiert ist und $\overset{(1)}{\phi}_i(x)=0$ ist für $x\in S_o^o$.

Die lineare Unabhängigkeit von $\overset{(2)}{U}_{M_G+1}(x),\dots,\overset{(2)}{U}_{M_2}(x)$ als Vektoren von S folgt wie beim Beweis von Hilfssatz 11.4 aus der Darstellungsformel (11.24). Aus (11.24) folgt weiter

$$\overset{(2)}{U}_j(x) = -\frac{1}{4\pi}\int_S (\underset{(o)}{R}(\partial_y, n(y))\Gamma_G^{r*}(x,y;\omega,\gamma)^T)^T\overset{(2)}{U}_j(y)dS_y,\ x\in D\setminus S_o.$$

Da die 4. Komponente von $\overset{(2)}{U}_j$ gleich null ist, gilt auch

$$\overset{(2)}{U}_j(x) = -\frac{1}{4\pi}\int_S (\underset{(o)}{P}(\partial_y, n(y))\Gamma_G^{r*}(x,y;\omega,\gamma)^T)^T\overset{(2)}{U}_j(y)dS_y. \qquad (11.49)$$

Aus der Sprungrelation (4.12b) in [4] folgt nun

$$\overset{(2)}{U}_j(x) = \frac{1}{2}\overset{(2)}{U}_j(x) - \frac{1}{4\pi}\int_S Q(\partial_x, n(x))(\underset{(o)}{P}(\partial_y, n(y))\Gamma_G^{r*}(x,y;\omega,\gamma)^T)^T\overset{(2)}{U}_j(y)dS_y,$$

$x\in S$, also $\overset{(2)}{U}_j(x) \subset N(A_{21}^{+*})$.

<u>Hilfssatz 11.12.</u> $L_{21}^{+}(\Psi) =$

$$=\left\{\frac{1}{2\pi}\int_{S(o)} P^*(\partial_x,n(x))(\underset{(o)}{P}(\partial_y,n(y))\Gamma_G^{r*}(x,y;\omega,\gamma)^T)^T\overline{\Psi(y)}dS_y\right\}^-$$

$$=\left\{\frac{1}{2\pi}\int_{S(o)} P^*(\partial_x,n(x))(\underset{(o)}{P}(\partial_y,n(y))\Gamma_G^{r*}(x,y;\omega,\gamma)^T)^T\overline{\Psi(y)}dS_y\right\}^+$$

ist eine antilineare Abbildung von $N(A_{21}^{+*})$ in $L\{\overset{(1)}{\Phi}_1,\dots,\overset{(1)}{\Phi}_{N_1}\}\subset N(A_{21}^{+})$.

Beweis. Mit $\Psi\subset N(A_{21}^{+*})$ gilt jetzt $\{Q(\partial_x,n(x))Z^*(x,\overline{\Psi})\}^- = 0$, woraus mit dem Eindeutigkeitssatz für das beschränkte und unbeschränkte Gebiet die Behauptung folgt.

<u>Hilfssatz 11.13.</u> Es ist $N(L_{21}^{+}) = L\{\overset{(2)}{U}_{M_G+1},\dots,\overset{(2)}{U}_{M_2}\}$.

Beweis. Aus (11.49) folgt $L_{21}^{+}(\overset{(2)}{U}_j) = 0$, $j = M_G+1,\dots,M_2$.

Sei nun $\Psi\subset N(A_{21}^{+*})$ und $L_{21}^{+}(\Psi) = 0$. Dann ist $\{\underset{(o)}{P^*}(\partial_x,n(x))Z^*(x,\overline{\Psi})\}^+ = 0$,

also ist $Z^*(x,\overline{\Psi})$ Lösung des Problems 2-1*o. Aus Satz 9.3 und Eigenschaft 4 von Γ_G^{r*} folgt

$$Z^*(x,\overline{\Psi}) = \sum_{j=M_G+1}^{M_2}\lambda_j\overset{(2)}{U}_j(x) \quad \text{auf } D.$$

Aus der Sprungrelation (4.12b) in [4] ergibt sich $\sum_{j=M_G+1}^{M_2}\lambda_j\overset{(2)}{U}_j(x) = -\overline{\Psi(x)}$ $+\frac{1}{2\pi}\int_S Q(\partial_x,n(x))(\underset{(o)}{P}(\partial_y,n(y))\Gamma_G^{r*}(x,y;\omega,\gamma)^T)^T\overline{\Psi(y)}dS_y$, also ist wegen

$\Psi\subset N(A_{21}^{+*})$ nun $\Psi(x) = -\frac{1}{2}\sum_{j=M_G+1}^{M_2}\overline{\lambda}_j\overset{(2)}{U}_j(x)$.

Auf Grund der Hilfssätze 11.11 - 11.13 gilt:

1. $\mathrm{Max}(M_2-M_G,N_1)\leq \dim N(A_{21}^{+}) = \dim N(A_{21}^{+*})\leq M_2-M_G+N_1$.
2. Die Basis von $N(A_{21}^{+*})$ besteht neben $\overset{(2)}{U}_{M_G+1},\dots,\overset{(2)}{U}_{M_1}$ aus $N_1'\leq N_1$ Vektoren $\Psi_1,\dots,\Psi_{N_1'}$ mit

$$L_{21}^{+}(\Psi_j) = \overset{(1)}{\Phi_j'},\ j = 1,\dots,N_1',\ \overset{(1)}{\Phi_j'}\subset L\{\overset{(1)}{\Phi}_1,\dots,\overset{(1)}{\Phi}_{N_1}\}. \qquad (11.50)$$

Lösungsansatz.

$$U(x) = \Omega(x,\Phi) + \sum_{i=1}^{N_1'}\delta_i Z(x,\overline{\overset{(1)}{\Phi_i'}}) \qquad (11.51)$$

mit

$$Z(x,\overline{\overset{(1)}{\Phi_i'}}) = \frac{1}{2\pi}\int_S(\underset{(o)}{P^*}(\partial_y,n(y))\Gamma_G^{r}(x,y;\omega,\gamma)^T)^T\,\overline{\overset{(1)}{\Phi_i'}(y)}dS_y.$$

Integralgleichung.

$$A_{21}^{+}(\phi) = P'(x) - \sum_{i=1}^{N_1'} \delta_i \{ \underset{(o)}{P}(\partial_x, n(x)) Z(x, \overline{\overset{(1)}{\phi_i'}}) \}^{+}. \qquad (11.52)$$

Die Orthogonalität der rechten Seite von (11.52) auf $\Psi_1, \ldots, \Psi_{N_1'}$ erhält wegen (11.50) ähnlich wie beim Problem G_{21}^{∞} die Gestalt

$$\sum_{i=1}^{N_1'} \delta_i' (\overset{(1)}{\phi_k'}, \overset{(1)}{\phi_i'}) = (P', \Psi_k), \; k = 1, \ldots, N_1'. \qquad (11.53)$$

Mit dem Integralsatz (7.3) erhält man leicht

$$\int_S \{ \underset{(o)}{P}(\partial_x, n(x)) Z(x, \overline{\overset{(1)}{\phi_i'}}) \}^{+} \cdot \overset{(1)}{U_k}(x) dS_x = 0, \qquad (11.54)$$

so daß die Orthogonalität der rechten Seite von (11.52) auf $\overset{(1)}{U}_{M_G+1}, \ldots, \overset{(1)}{U}_{M_1}$ die Gestalt

$$0 = (P, \overset{(2)}{U_k}) = \int_S p \cdot \overset{(1)}{u_k} dS, \; k = M_G+1, \ldots, M_2$$

annimmt.

<u>Satz 11.6</u>. Unter den Voraussetzungen V_{21} und (11.47) hat das Problem G_{21} eine reguläre Lösung $U(x)$, die die Bedingungen

$$\int_D U(x) \cdot V_j(x) dx = 0, \; j = 1, \ldots, M_G,$$

erfüllt. Diese ist in der Form (11.51) darstellbar, wobei ϕ ($\varphi \subset C^{0,\beta}(S)$, $\varphi_4 \subset C^{1,\beta}(S)$) eine Lösung von (11.52) ist und die δ_i sich aus (11.53) ergeben.

<u>Problem G_{23}^{∞} = Problem 2-3, D unbeschränkt, $F=0$, $h^-=h^+=0$, $k=g=h_4=g_4=0$</u>

Die Bezeichnung der Normalen sei wie in Abb. 3. Dann läßt sich die Randbedingung (8.8) schreiben

$$\underset{(o)}{R}(\partial_x, n'(x)) U(x) - \frac{\beta}{\lambda_{\theta o}^{r}} \underline{S} U(x) = \begin{pmatrix} -p(x) \\ -p_4(x) \end{pmatrix} = P'(x), \; x \in S. \qquad (11.55)$$

Voraussetzung V_{23}. $S \subset \Lambda_2(\alpha)$, $S_o \subset \Lambda_3$, $P \subset C^{0,\beta}(S)$, $0 < \beta < \alpha \leq 1$.

Man hat keine notwendige Lösbarkeitsbedingung.

Der Potentialansatz

$$V(x, \phi) = \frac{1}{2\pi} \int_S \Gamma_G^{r}(x, y; \omega, \gamma) \phi(y) dS_y \qquad (11.56)$$

führt auf den Integraloperator

$$A_{23}^{-}(\phi) := -\phi(x) + \frac{1}{2\pi} \int_{S} \underset{(o)}{R}(\partial_x, n'(x)) \Gamma_G^{r}(x, y; \omega, \gamma) \phi(y) dS_y - \frac{\beta}{\lambda_{\theta o}^{r}} \underline{S} V(x, \phi).$$

Es ist $A_{23}^{-}(\phi) \subset [L_2^{(4)}(S) \to L_2^{(4)}(S)]$, A_{23}^{-} ist ϕ-Operator mit Index 0, für jedes $\phi \subset N(A_{23}^{-})$ gilt $\phi \subset C^{1,\beta}(S)$. Der zu A_{23}^{-} adjungierte Operator ist

$$A_{23}^{-*}(\Psi) = -\Psi(x) + \frac{1}{2\pi}\int_S \overline{(\underset{(o)}{R}(\partial_y, n'(y))\Gamma_G^{r*}(x,y;\omega,\gamma)^T)^T \Psi(y)}dS_y$$

$$- \frac{\beta}{\overline{\lambda_{\theta o}^{r}}} \frac{1}{2\pi}\int_S \overline{\Gamma_G^{r*}(x,y;\omega,\gamma)}\underline{S}\Psi(y)dS_y,$$

für jedes $\Psi \subset N(A_{23}^{-*})$ gilt $\Psi \subset C^{1,\beta}(S)$.

Ähnlich wie in [11] beweist man den folgenden

<u>Hilfssatz 11.14</u>. Es ist $\overset{(1)}{\phi}_i(x) \subset N(A_{23}^{-})$, $i = 1,\ldots,N_1$, also $\dim N(A_{23}^{-}) \geq N_1$. Weiter ist $L_{23}^{-}(\Psi) = \Big\{\frac{1}{2\pi}\int_S \underset{(o)}{R^*}(\partial_x, n(x))(\underset{(o)}{R}(\partial_y, n(y))\Gamma_G^{r*}(x,y;\omega,\gamma)^T)^T\overline{\Psi(y)}dS_y$

$$- \frac{\beta}{\lambda_{\theta o}^{r}} \frac{1}{2\pi}\int_S \underset{(o)}{R^*}(\partial_x, n'(x))\Gamma_G^{r*}(x,y;\omega,\gamma)\underline{S}\overline{\Psi(y)}dS_y\Big\}^{+}$$

eine antilineare umkehrbar eindeutige Abbildung von $N(A_{23}^{-*})$ in $L\{\overset{(1)}{\phi}_1,\ldots,\overset{(1)}{\phi}_{N_1}\} \subset N(A_{23}^{-})$, also $\dim N(A_{23}^{-}) \leq N_1$.

Aus dem Hilfssatz 11.14 folgt:

1. $\dim N(A_{23}^{-}) = \dim N(A_{23}^{-*}) = N_1$.
2. In $N(A_{23}^{-*})$ existiert eine Basis $\Psi_1,\ldots,\Psi_{N_1}$ mit

$$L_{23}^{-}(\Psi_j) = \overset{(1)}{\phi}_j, \quad j = 1,\ldots,N_1. \tag{11.57}$$

Lösungsansatz.

$$U(x) = V(x,\phi) + \sum_{i=1}^{N_1} \delta_i W(x, \overline{\overset{(1)}{\phi}_i}) \tag{11.58}$$

mit

$$W(x,\overline{\overset{(1)}{\phi}_i}) = \frac{1}{2\pi}\int_S (\underset{(o)}{R^*}(\partial_y, n'(y))\Gamma_G^{r}(x,y;\omega,\gamma)^T)^T \overline{\overset{(1)}{\phi}_i(y)}dS_y.$$

Integralgleichung.

$$A_{23}^{-}(\phi) = P'(x) - \sum_{i=1}^{N_1}\delta_i\{(\underset{(o)}{R}(\partial_x, n'(x)) - \frac{\beta}{\lambda_{\theta o}^{r}}\underline{S})W(x,\overline{\overset{(1)}{\phi}_i})\}^{-}. \tag{11.59}$$

Durch Anwendung des Integralsatzes (7.3) mit $U = W(x,\overline{\overset{(1)}{\phi}_i})$,
$V = \frac{1}{2\pi}\int_S (\underset{(o)}{R}(\partial_y, n'(y))\Gamma_G^{r*}(x,y;\omega,\gamma)^T)^T\overline{\Psi_k(y)}dS_y$
$- \frac{\beta}{\lambda_{\theta o}^{r}} \frac{1}{2\pi}\int_S \Gamma_G^{r*}(x,y;\omega,\gamma)\,\underline{S}\overline{\Psi_k(y)}dS_y$ folgt ähnlich wie beim Problem G_{21}^{∞}

unter Beachtung von (11.57) und (4.16a), (4.16b), (4.10a), (4.10b), (4.11b) in [4]

$$\int_S 2\overline{\overset{(1)}{\phi}_i(x)}\cdot\overset{(1)}{\phi}_k(x)dS_x = 2\int_S \{(\underset{(o)}{R}(\partial_x, n'(x)) - \frac{\beta}{\lambda^r_{\theta o}}\underline{S})W(x,\overline{\overset{(1)}{\phi}_i})\}^-\cdot\overline{\Psi_k(x)}dS_x.$$

Damit erhält die Lösbarkeitsbedingung die Gestalt

$$\sum_{i=1}^{N_1}\delta_i(\overset{(1)}{\phi}_k,\overset{(1)}{\phi}_i) = (P',\Psi_k) = -(P,\Psi_k). \tag{11.60}$$

Unter der Voraussetzung V_{23} gilt für jede Lösung ϕ von (11.59) $\phi \in C^{o,\beta}(S)$, so daß (11.58) eine reguläre Lösung des Problems G^{∞}_{23} darstellt.

<u>Satz 11.7</u>. Unter der Voraussetzung V_{23} hat das Problem G^{∞}_{23} eine eindeutige reguläre Lösung U(x), die die Ausstrahlungsbedingung und

$$\int_D U(x)\cdot V_j(x)dx = 0,\ j = 1,\ldots,M_G,$$

erfüllt. U(x) läßt sich darstellen in der Form (11.58), wobei ϕ eine Lösung von (11.59) ist und die δ_i sich aus (11.60) ergeben.

<u>Problem</u> G_{23} = <u>Problem 2-3, D beschränkt, F=0, $h^-=h^+=0$, $k=g=h_4=g_4=0$</u>

Wir machen die Voraussetzung V_{23}, Orientierung der Normalen wie in Abb. 2, notwendige Lösbarkeitsbedingung (11.47).
Die Randbedingung (8.8) läßt sich schreiben

$$\underset{(o)}{R}(\partial_x, n(x))U(x) + \frac{\beta}{\lambda^r_{\theta o}}\underline{S}U(x) = P(x),\ x\in S.$$

Der Potentialansatz (11.56) führt auf den Integraloperator

$$A^+_{23}(\phi) = \phi(x) + \frac{1}{2\pi}\int_S \underset{(o)}{R}(\partial_x, n(x))\Gamma^r_G(x,y;\omega,\gamma)\phi(y)dS_y + \frac{\beta}{\lambda^r_{\theta o}}\underline{S}V(x,\phi),$$

der dieselben Eigenschaften wie A^-_{23} hat.

Ähnlich wie in [11], S. 30-33 beweist man den

<u>Hilfssatz 11.15</u>. Es ist $\overset{(1)}{\phi}_i(x)\in N(A^+_{23})$, $i = 1,\ldots,N_1$, also $\dim N(A^+_{23})\geq N_1$.
Weiter ist $\overset{(2)}{U}_j(x)\in N(A^{+*}_{23})$, $j = M_G+1,\ldots,M_2$, also $\dim N(A^{+*}_{23})\geq M_2-M_G$.

$$L^+_{23}(\Psi) = \Big\{\frac{1}{2\pi}\int_{S} \underset{(o)}{R^*}(\partial_x, n(x))(\underset{(o)}{R}(\partial_y, n(y))\Gamma^{r*}_G(x,y;\omega,\gamma)^T)^T\overline{\Psi(y)}dS_y$$
$$+ \frac{\beta}{\lambda^r_{\theta o}}\frac{1}{2\pi}\int_{S} \underset{(o)}{R^*}(\partial_x, n(x))\Gamma^{r*}_G(x,y;\omega,\gamma)\,\underline{S}\overline{\Psi(y)}dS_y\Big\}^+$$

ist eine antilineare Abbildung von $N(A^{+*}_{23})$ in $L\{\overset{(1)}{\phi}_1,\ldots,\overset{(1)}{\phi}_{N_1}\}\subset N(A^+_{23})$.
Es ist $N(L^+_{23}) = L\{\overset{(2)}{U}_{M_G+1},\ldots,\overset{(2)}{U}_{M_2}\}$.

Auf Grund von Hilfssatz 11.15 hat man folgende Situation:

1. $\mathrm{Max}(M_2-M_G,N_1) \leq \dim N(A_{23}^{+}) = \dim N(A_{23}^{+*}) \leq M_2-M_G+N_1$.

2. Die Basis von $N(A_{23}^{+*})$ besteht neben $\overset{(2)}{U}_{M_G+1},\dots,\overset{(2)}{U}_{M_2}$ aus $N_1' \leq N_1$ Vektoren $\Psi_1,\dots,\Psi_{N_1'}$ mit

$$L_{23}^{+}(\Psi_j) = \overset{(1)}{\phi_j'},\ j = 1,\dots,N_1',\ \overset{(1)}{\phi_j'} \subset L\{\overset{(1)}{\phi_1},\dots,\overset{(1)}{\phi_{N_1}}\}. \tag{11.61}$$

Lösungsansatz.

$$U(x) = V(x,\phi) + \sum_{i=1}^{N_1'} \delta_i W(x,\overline{\overset{(1)}{\phi_i'}}) \tag{11.62}$$

mit

$$W(x,\overline{\overset{(1)}{\phi_i'}}) = \frac{1}{2\pi}\int_S (\underset{(o)}{R^*}(\partial_y,n(y))\Gamma_G^r(x,y;\omega,\gamma)^T)^T\overline{\overset{(1)}{\phi_i'}}(y)dS_y.$$

Integralgleichung.

$$A_{23}^{+}(\phi) = P(x) - \sum_{i=1}^{N_1'}\delta_i\{(\underset{(o)}{R}(\partial_x,n(x)) + \frac{\beta}{\lambda_{\theta o}^r}\underline{S})W(x,\overline{\overset{(1)}{\phi_i'}})\}^{+}. \tag{11.63}$$

Lösbarkeitsbedingungen.

$$\sum_{i=1}^{N_1'}\delta_i(\{(\underset{(o)}{R}(\partial_x,n(x)) + \frac{\beta}{\lambda_{\theta o}^r}\underline{S})W(x,\overline{\overset{(1)}{\phi_i'}})\}^{+},\Psi_k) = (P,\Psi_k),\ k=1,\dots,N_1', \tag{11.64}$$

$$\sum_{i=1}^{N_1'}\delta_i(\{(\underset{(o)}{R}(\partial_x,n(x)) + \frac{\beta}{\lambda_{\theta o}^r}\underline{S})W(x,\overline{\overset{(1)}{\phi_i'}})\}^{+},\overset{(2)}{U}_k) = (P,\overset{(2)}{U}_k),\ k=M_G+1,\dots,M_2 \tag{11.65}$$

Durch ganz analoge Rechnungen wie in [11], S. 32+33 nimmt (11.64) die Gestalt an

$$\sum_{i=1}^{N_1'}\delta_i(\overset{(1)}{\phi_k'},\overset{(1)}{\phi_i'}) = (P,\Psi_k),\ k = 1,\dots,N_1'. \tag{11.66}$$

Da

$$(\{(\underset{(o)}{R}(\partial_x,n(x)) + \frac{\beta}{\lambda_{\theta o}^r}\underline{S})W(x,\overline{\overset{(1)}{\phi_i'}})\}^{+},\overset{(2)}{U}_k) = 0$$

ist (vgl. [11], S.34), hat (11.65) die Gestalt

$$0 = (P,\overset{(2)}{U}_k) = \int_S p\cdot\overset{(2)}{u}_k dS,\ k = M_G+1,\dots,M_2.$$

Satz 11.8. Unter den Voraussetzungen V_{23} und (11.47) hat das Problem G_{23} eine reguläre Lösung $U(x)$, die die Bedingungen

$$\int_D U(x)\cdot V_j(x)dx = 0,\ j = 1,\dots,M_G,$$

erfüllt. Diese ist darstellbar in der Form (11.62), wobei $\phi \in C^{0,\beta}(S)$ eine Lösung von (11.63) ist und die δ_i sich aus (11.66) ergeben.

Probleme 1-1, 1-2, 1-3, 2-1, 2-2, 2-3, D unbeschränkt

Es soll in diesem und den folgenden zwei Abschnitten nur skizziert werden, daß die notwendigen Lösbarkeitsbedingungen unter gewissen hinreichenden Regularitätsvoraussetzungen, die sich auf Grund bekannter Eigenschaften der Volumenpotentiale (s. [8], Kap. V, §10) und der Existenzsätze in Kapitel 7 und 11 leicht angeben lassen, für die Existenz einer regulären Lösung auch hinreichend sind.
Wir setzen (11.3) voraus und $F = 0$ außerhalb eines beschränkten Gebietes. Die Lösung der Probleme 1-1, 1-2, 1-3, 2-1, 2-2, 2-3 wird in der Form

$$U(x) = U_A(x) + U_B(x) + U_C(x) \tag{11.67}$$

aufgebaut. Dabei ist

$$U_A(x) = -\frac{1}{4\pi}\int_{D\cap D_p} \underset{(p)}{\Gamma^r}(x,y;\omega,\gamma)F(y)dy \text{ für } x\in D\cap D_p,\ p = 0,\dots,N.$$

Es gilt (s. [8], S. 242, (10.8))

$$\underset{(p)}{B^r}U_A(x) = F(x) \text{ für } x\in D\cap D_p.$$

$U_B(x)$ sei eine Lösung der reinen Kontaktaufgabe $\overset{\omega r}{G_\theta}$, so daß $U_A(x)+U_B(x)$ die inhomogenen Kontaktbedingungen (3.10) erfüllt. U_B existiert nach Kapitel 7 genau dann, wenn

$$\sum_{q=1}^{N}\int_{S_q}(h^+(x) - \{\underset{(q)}{T^t}(\partial_x,n(x))u_A(x)\}^+)\cdot\{v_j(x)\}^+dS_x = 0. \tag{11.68}$$

Nun folgt aus dem Integralsatz (7.3) mit $U = U_A$, $V = V_j$ angewandt auf D_q

$$\int_{D_q} v_j(x)\cdot f(x)dx = -\int_{S_q}\{v_j(x)\}^+\cdot\{\underset{(q)}{T^t}(\partial_x,n(x))u_A(x)\}^+dS_x.$$

Hieraus folgt zusammen mit (11.3), daß (11.68) gilt.
$U_C(x)$ ist Lösung eines der Probleme G_{11}^∞, G_{12}^∞, G_{13}^∞, G_{21}^∞, G_{22}^∞, G_{23}^∞, so daß $U_A + U_B + U_C$ die entsprechenden inhomogenen Randbedingungen erfüllt. U_C existiert nach obigen Sätzen.

Probleme 1-1, 1-2, 1-3, D beschränkt

Wir setzen die notwendigen Lösbarkeitsbedingungen (11.4) voraus. Diese lauten aufgeschlüsselt

$$\int_D f(x)\cdot v_j(x)dx + \int_{S_0} h^+\cdot\{v_j\}^+dS = 0,\ j = 1,\dots,M_G, \tag{11.69}$$

$$\int_D f(x)\cdot \overset{(1)}{u}_j(x)dx + \int_{S_o} h^+\cdot\{\overset{(1)}{u}_j\}^+dS - \int_{S_o} h^-\cdot\{\overset{(1)}{u}_j\}^-dS + \int_{S_o} kn\cdot\overset{(1)}{u}_j dS =$$

$$= \int_{S_o} g\{\underset{(o)}{T}(n)\overset{(1)}{u}_j\cdot n\}^-dS + \int_S w\cdot \underset{(o)}{T}(n)\overset{(1)}{u}_j dS,\quad j = M_G+1,\dots,M_1. \qquad (11.70)$$

Die Lösung der Probleme 1-1, 1-2, 1-3 wird in der Form (11.67) aufgebaut, wobei U_A und U_B genau wie oben konstruiert sind. U_B existiert wegen (11.69). U_C ist Lösung eines der Probleme G_{11}, G_{12}, G_{13}, so daß $U_A + U_B + U_C$ die entsprechenden inhomogenen Randbedingungen erfüllt. U_C existiert genau dann, wenn

$$\int_S (w-(u_A+u_B))\cdot \underset{(o)}{T}(n)\overset{(1)}{u}_j dS = 0,\quad j = M_G+1,\dots,M_1. \qquad (11.71)$$

Wendet man den Integralsatz (7.3) an auf D_q, $D\cap D_o$ mit $U = U_A + U_B$, $V = \overset{(1)}{U}_j$, dann erhält man

$$\int_D f(x)\cdot \overset{(1)}{u}_j(x)dx + \int_{S_o} h^+\cdot\{\overset{(1)}{u}_j\}^+dS - \int_{S_o} h^-\cdot\{\overset{(1)}{u}_j\}^-dS + \int_{S_o} kn\cdot\overset{(1)}{u}_j dS =$$

$$= \int_{S_o} g\{\underset{(o)}{T}(n)\overset{(1)}{u}_j\cdot n\}^-dS + \int_S (u_A+u_B)\cdot \underset{(o)}{T}(n)\overset{(1)}{u}_j dS.$$

Hieraus folgt zusammen mit (11.70), daß (11.71) gilt, also U_C existiert.

<u>Probleme 2-1, 2-2, 2-3, D beschränkt</u>

Wir setzen die notwendigen Lösbarkeitsbedingungen (11.5) voraus, die für $j = 1,\dots,M_G$ die Gestalt (11.69) haben. Die Lösung der Probleme 2-1, 2-2, 2-3 wird in der Form (11.67) aufgebaut, wobei U_A und U_B wie oben konstruiert sind. U_C ist Lösung eines der Probleme G_{21}, G_{22}, G_{23}, so daß $U_A + U_B + U_C$ die entsprechenden inhomogenen Randbedingungen erfüllt. U_C existiert genau dann, wenn

$$\int_S (p - \underset{(o)}{T}(n)(u_A+u_B))\cdot\overset{(2)}{u}_j dS = 0,\quad j = M_G+1,\dots,M_2. \qquad (11.72)$$

Nun folgt mit dem Integralsatz (7.3)

$$\int_D f(x)\cdot \overset{(2)}{u}_j(x)dx + \int_{S_o} h^+\cdot\{\overset{(2)}{u}_j\}^+dS - \int_{S_o} h^-\cdot\{\overset{(2)}{u}_j\}^-dS + \int_{S_o} kn\cdot\overset{(2)}{u}_j dS =$$

$$= \int_{S_o} g\{\underset{(o)}{T}(n)\overset{(2)}{u}_j\cdot n\}^-dS - \int_S \overset{(2)}{u}_j\cdot \underset{(o)}{T}(n)(u_A+u_B)dS,$$

also ist wegen (7.5) die Bedingung (11.72) erfüllt, so daß U_C existiert.

Literatur

[1] Подстригач, Я.С., Коляно, Ю.М.: Обобщенная термомеханика. Наукова думка, Киев 1976

[2] Jentsch, L.: Über Wärmespannungen in Körpern mit stückweise konstanten Laméschen Elastizitätsmoduln. Schriftenreihe des ZIMM bei der Deutschen Akademie der Wissenschaften zu Berlin, Heft 14, Akademie-Verlag, Berlin 1972

[3] Jentsch, L.: Thermoelastostatik stückweise homogener Körper mit gleitenden Einschlüssen. Demonstratio Mathematica No. 1, Vol. XII, 1979

[4] Jentsch, L.: Über stationäre thermoelastische Schwingungen in inhomogenen Körpern. Math. Nachr., Bd. 64 (1974), S. 171-231

[5] Рухадзе, Ж.А.: Основная трехмерная контактная задача теории термоупругих колебаний. Исследования некоторых уравнений математической физики, Тбилиси 1974, ст. 121-132

[6] Jentsch, L.: Zur Existenz von regulären Lösungen der Elastostatik stückweise homogener Körper mit neuen Kontaktbedingungen an den Trennflächen zwischen zwei homogenen Teilen. Abhandlungen der Sächsischen Akademie der Wissenschaften zu Leipzig, Math.-naturwissensch. Klasse, Bd. 53, Heft 2, Akademie-Verlag, Berlin 1977

[7] Купрадзе, В.Д., Бурчуладзе, Т.В.: Граничные задачи термоупругости. Дифференциальные уравнения 5, 3-43 (1969)

[8] Купрадзе, В.Д., Бурчуладзе, Т.В., Башелейшвили, М.О., Бурчуладзе, Т.В.: Трехмерные задачи математической теории упругости и термоупругости. Наука, Москва 1976

[9] Купрадзе, В.Д., Бурчуладзе, Т.В.: Динамические задачи теории упругости и термоупругости. Современные проблемы математики, Т. 7, Москва 1975

[10] Kamke, E.: Differentialgleichungen, Lösungsmethoden und Lösungen, Teil I. Akademische Verlagsgesellschaft Geest und Portig, Leipzig 1956

[11] Jentsch, L.: Stationäre thermoelastische Schwingungen in stückweise homogenen Körpern infolge zeitlich periodischer Außentemperatur. Math. Nachr., Bd. 69 (1975), S. 15-37

[12] Weyl, H.: Das asymptotische Verteilungsgesetz der Eigenschwingungen eines beliebig gestalteten elastischen Körpers. Rendiconti del Circolo Matematico di Palermo, T.XXXIX, 1915

[13] Jentsch, L.: Die Greensche Matrix für zwei aneinander reibungsfrei gleitende elastische Halbräume mit verschiedenen Laméschen Moduln.
ZAMM 58 (1978), S. 209-224

Existenzsätze und äquivalente Integralgleichungen für allgemeine gemischte Randwertprobleme und Randkontaktprobleme der ebenen mikropolaren Elastizitätstheorie und Thermoelastizitätstheorie

Johannes Maul

Im ebenen Fall kann bei der Untersuchung von Aufgaben der Elastizitätstheorie und Thermoelastizitätstheorie vorteilhaft die Methode des Einfachschichtpotentials verwendet werden, die am Beispiel der klassischen Elastostatik in [13] entwickelt wurde. In der vorliegenden Arbeit werden die Ergebnisse von [13] in verschiedener Hinsicht verallgemeinert. Einmal gelingt es durch Konstruktion äquivalenter Potentiale vom Typ der Einfachschicht (vgl. [15] - [17]), auch Probleme stationärer Schwingungen in die Betrachtung einzubeziehen. Außerdem wird nun auch für stationäre Schwingungen die Untersuchung von Aufgaben mit komplizierten Kontaktbedingungen wie der Gleitungsbedingung auf einheitliche Weise möglich, wie sie im räumlichen Fall für verwandte Probleme in den Arbeiten [8], [7] oder [1] sowie im Falle der ebenen Elastostatik bereits in [14], [13] betrachtet worden sind.
Darüber hinaus zeigen wir in dieser Arbeit, daß es auch immer möglich ist (insbesondere auch für stationäre Schwingungsprobleme und für Aufgaben in mehrfach zusammenhängenden Gebieten), äquivalente Integralgleichungen in dem Sinne aufzustellen, daß eine umkehrbar eindeutige Abbildung der regulären Lösungen der betrachteten Differentialgleichungsprobleme auf die Lösungen der Integralgleichungen gesichert ist.

In der Arbeit werden auch allgemeine gemischte Randwertaufgaben betrachtet (der Terminus "gemischt" bezieht sich auf das Auftreten unterschiedlicher Randbedingungen auf Teilstücken ein- und derselben geschlossenen Randkurve). Dieser Aufgabentyp war bisher Untersuchungen über Integralgleichungen nur in wenigen speziellen Fällen zugänglich (vgl. [32] - [35], [29]). Die breite Anwendbarkeit der Einfachschichtpotentialmethode auf allgemeine gemischte Randwertaufgaben sowie gemischte Randkontaktaufgaben wurde bereits in [15], [17] an unterschiedlichen Problemstellungen demonstriert.

Im einzelnen leiten wir in Kapitel 1 dieser Arbeit durch Überlegungen, die vom Wesen her der linearen Algebra zuzuordnen sind (topologische Gesichtspunkte treten erst bei der Identifizierung der Operatorgleichungen mit Integralgleichungen in entsprechenden Banachräumen hinzu und sind ganz in den von uns verwendeten bekannten Ergebnissen der Integralgleichungstheorie enthalten), einen allgemeinen Existenzsatz her. Alle in den folgenden Kapiteln erhaltenen Existenzsätze für verschie-

dene konkrete Problemstellungen erscheinen dann als Spezialfälle dieses allgemeinen Satzes.
Nach Zusammenstellung der verwendeten Gleichungen, Formeln und Hilfssätze für die ebene mikropolare Elastizitätstheorie in Kapitel 2 erhalten wir in Kapitel 3 neue Resultate über Randkontaktaufgaben in stückweise homogenen Medien bei festem bzw. gleitendem Kontakt. Im Falle des festen Kontaktes verschärfen wir bereits bekannte Resultate und betrachten dabei allgemeinere Randbedingungen, als das bisher getan wurde. Die Ergebnisse im Falle des gleitenden Übergangs sind neu.

Die allgemeine gemischte Randwertaufgabe der ebenen mikropolaren Elastizitätstheorie (8 verschiedene Randbedingungen in beliebiger Kombination) behandeln wir in Kapitel 4, wobei Aussagen über *-reguläre, ε-reguläre und ε^*-reguläre Lösbarkeit erzielt werden (vgl. die Definitionen von Kapitel 2).
In Kapitel 5 stellen wir die zur ebenen Thermoelastizitätstheorie benötigten Grundformeln zusammen.
Wir zeigen in Kapitel 6, wie man die von uns in [16] publizierten Ergebnisse über Randkontaktaufgaben der ebenen Thermoelastizitätstheorie mit festem Kontakt einfacher unter Verwendung äquivalenter Integralgleichungen herleiten kann.
Kapitel 7 enthält dann die Untersuchung der allgemeinen gemischten Randwertaufgabe der ebenen Thermoelastizitätstheorie mit 8 verschiedenen Randbedingungen in beliebiger Kombination.

In der Arbeit werden aus Platzgründen nur Probleme stationärer Schwingungen diskutiert. Wie man in den einfacheren statischen Fällen argumentiert, liegt zum Teil auf der Hand (vgl. auch [13], [17]).
Außerdem untersuchen wir aus Gründen der Einfachheit der Darlegung im Falle der Randkontaktaufgaben nicht den allgemeinsten Fall hinsichtlich der Gebietsanordnung (die inhomogenen Einschlüsse enthalten in der Arbeit keine weiteren Einschlüsse). Man kann aber auch den allgemeinsten Fall unter Verwendung der von JENTSCH eingeführten <u>gekoppelten Grundlösungsmatrix</u> ([31], [8]) bzw. der <u>Greenschen Kontakttensoren</u> behandeln, wie wir in [16] unter Ausnutzung einiger Ideen aus [8] gezeigt haben.

1. Ein allgemeiner Existenzsatz der linearen Algebra

B sei ein reeller linearer Raum, B' der Raum der linearen Funktionale über B. Wenn $v \in B$ und $\psi \in B'$, so wird der Wert von ψ auf v durch $\psi(v)$ bezeichnet. Es gilt das

Lemma 1.1. Die Vektoren $v_j \in B$ $(j=1,\dots,n)$ und $\psi_i \in B'$ $(i=1,\dots,k)$ $(n,k<\infty)$ mögen Basen der linearen Unterräume $B_1 \subset B$ bzw. $B_2' \subset B'$ bilden. Außerdem gelte

$$\operatorname{rank}\left[\psi_i(v_j)\right]_{\substack{i=1,\dots,k\\ j=1,\dots,n}} = q \ . \qquad (1.1)$$

Dann existiert eine geeignete Basis $\varphi_1,\dots,\varphi_k$ von B_2' und ein zugehöriges linear unabhängiges System $w_1,\dots,w_k \in B$ mit den folgenden Eigenschaften :

1. $\varphi_i(w_j) = \delta_{ij}$ $(i,j=1,\dots,k)$ (Biorthonormalität)
2. $w_1,\dots,w_q \in B_1$
3. Die Vektoren $v_1,\dots,v_n,w_{q+1},\dots,w_k$ sind linear unabhängig.

Wir skizzieren den einfachen Beweis dieses Lemmas. Wegen (1.1) hat das lineare Gleichungssystem

$$\sum_{j=1}^{n} C_j \psi_i(v_j) = 0 \quad (i=1,\dots,k)$$

genau n-q linear unabhängige Lösungen $(C_1^r,\dots,C_n^r)$ $(r=1,\dots,n-q)$. Die Vektoren $w_1,\dots,w_q$ des Lemmas werden nun nach dem Steinitzschen Auswahlsatz so gewählt, daß sie die n-q linear unabhängigen Vektoren

$$u_r = \sum_{j=1}^{n} C_j^r v_j \quad (r=1,\dots,n-q)$$

zu einer Basis von B_1 ergänzen. Da nun offenbar noch

$$\operatorname{rank}\left[\psi_i(w_l)\right]_{\substack{i=1,\dots,k\\ l=1,\dots,q}} = q$$

gilt, kann man zu einer neuen Basis $\varphi_1,\dots,\varphi_k$ von B_2' übergehen mit den Eigenschaften : $\varphi_l(w_j) = \delta_{lj}$ $(l,j=1,\dots,q)$ und $\varphi_i(w)=0$ für alle $w \in B_1$ und $i=q+1,\dots,k$.

Die Funktionale $\varphi_{q+1},\dots,\varphi_k$ können nun als (linear unabhängige) Funktionale über dem Faktorraum $\tilde{B} = B/B_1$ betrachtet werden. Man konstruiert nun nach einem bekannten Verfahren ein zu den $\varphi_{q+1},\dots,\varphi_k$ biorthonormales System $\tilde{w}_{q+1},\dots,\tilde{w}_k \in \tilde{B}$.

Es ist leicht einzusehen, daß jede Klasse $\tilde{w} \in \tilde{B}$ mindestens einen Repräsentanten $w \in B$ enthält, für den gilt

$$\varphi_l(w) = 0 \ (l=1,\dots,q) \ .$$

Wählen wir aus den Klassen $\tilde{w}_{q+1},\dots,\tilde{w}_k$ derartige Repräsentanten $w_{q+1},\dots,w_k$ aus, so genügen die $\varphi_1,\dots,\varphi_k$ und die $w_1,\dots,w_k$ offenbar den

Behauptungen des Lemmas.

Unter der Kodimension eines linearen Unterraumes B_1 von B (codim B_1) verstehen wir die maximal mögliche algebraische Dimension eines Unterraumes B_2 von B, für den $B_1 \cap B_2 = 0$ gilt.
Es seien nun B_1 und B_2 zwei feste lineare Unterräume, die den Bedingungen der soeben genannten Definition genügen. Dann überlegt man sich leicht die Existenz und Eindeutigkeit einer Darstellung $w = w_1 + w_2$ mit $w_1 \in B_1$ und $w_2 \in B_2$ für jedes Element $w \in B$.

Sei weiter B_2' ein linearer Unterraum von B'. Dann definieren wir

$$(B_2')^{\perp} = \{ w \in B : \varphi(w) = 0 \text{ für alle } \varphi \in B_2' \} . \qquad (1.2)$$

Es ist klar, daß $(B_2')^{\perp}$ ein linearer Unterraum von B ist.

Mit diesen Definitionen ergibt sich die

Folgerung 1. B_1 sei ein linearer Unterraum von B und $n < \infty$. Dann sind die folgenden Aussagen äquivalent :

a. codim B_1 = n

b. Es existiert ein linearer Unterraum B_2' von B' mit $B_1 = (B_2')^{\perp}$ und dim B_2' =n .

Sei nämlich a. erfüllt und B_2 ein Unterraum von B mit $B_1 \cap B_2 = 0$ und dim $B_2 = n$. Wenn $w_1, \ldots, w_n$ eine feste Basis von B_2 ist, so definieren wir unter Verwendung der oben erwähnten eindeutigen Zerlegung n linear unabhängige lineare Funktionale $\varphi_1, \ldots, \varphi_n \in B'$ durch die Beziehungen $\varphi_i(w_j) = \delta_{ij}$ $(i=1,\ldots,n; j=1,\ldots,n)$, $\varphi_i(w) = 0$ für alle $w \in B_1$. Ist B_2' der von den $\varphi_1, \ldots, \varphi_n$ aufgespannte lineare Unterraum, so gilt tatsächlich $B_1 = (B_2')^{\perp}$.

Umgekehrt schließt man durch einfache Überlegungen und Anwendung von Lemma 1.1 leicht von b. auf a.

Wir geben nun die für das Folgende wichtige

Definition 1.1. Es seien $\varphi_1, \ldots, \varphi_n$ Funktionale aus B' und B_1 ein linearer Unterraum von B. Dann heißen die $\varphi_1, \ldots, \varphi_n$ linear unabhängig bezüglich (über) B_1 , wenn aus

$$\sum_{i=1}^{n} C_i \varphi_i(w) = 0 \quad \text{für alle } w \in B_1$$

folgt $C_i = 0$ für alle $i=1,\ldots,n$.
Im anderen Falle heißen die $\varphi_1, \ldots, \varphi_n$ linear abhängig bezüglich (über) B_1 .
Die gleichen Bedeutungen soll es haben, wenn von der linearen Unabhängigkeit bzw. Abhängigkeit von n Bedingungen $\varphi_i(w) = 0$ gesprochen wird.

Aus der linearen Unabhängigkeit der φ_i $(i=1,\ldots,n)$ über B_1 folgt dieselbe auch über jedem umfassenderen linearen Unterraum $B_2 \supset B_1$. Umgekehrt folgt aus der linearen Abhängigkeit über B_2 diese auch bezüglich $B_1 \subset B_2$.

Wir beweisen nun das

<u>Lemma 1.2</u>. B_1, B_2, B_3 seien lineare Räume; n, p, q natürliche Zahlen und A, Ω lineare Operatoren mit $D(A)=B_1$, $R(A)\subset B_2$, $D(\Omega)=B_2$, $R(\Omega)\subset B_3$. Weiter gelte $\dim N(\Omega)=n$.
Für die Lösbarkeit der Gleichung $A\varphi=v$ $(v\in N(\Omega), \varphi\in B_1)$ seien p über $N(\Omega)$ linear unabhängige Relationen $\psi_i(v)=0$ $(i=1,\ldots,p;\ \psi_i\in B_2^*)$ und für die Gleichung $\Omega A\varphi=\Omega w$ $(w\in B_2)$ q bezüglich $R(\Omega)$ linear unabhängige Relationen $\chi_l(u)=0$, $u\in R(\Omega)$ $(l=1,\ldots,q;\ \chi_l\in B_3^*)$ notwendig und hinreichend.
Dann sind für die Lösbarkeit von $A\varphi=w$ $(w\in B_2)$ p+q linear unabhängige Bedingungen notwendig und hinreichend.

Die Voraussetzungen des Lemmas besagen nach Folgerung 1 die Existenz von genau p linear unabhängigen Elementen $w_1,\ldots,w_p\in N(\Omega)$ und von genau q linear unabhängigen Vektoren $w_{p+1},\ldots,w_{p+q}\in B_2$, so daß die Gleichungen $A\varphi=v$ für alle nichttrivialen v aus der linearen Hülle der $w_1, \ldots, w_p$ und $\Omega A\varphi=\Omega w$ für alle nichttrivialen w aus $L\{w_{p+1},\ldots,w_{p+q}\}$ unlösbar sind (insbesondere müssen die Ωw_l $(l=p+1,\ldots,p+q)$ auch linear unabhängig sein).
Um die Behauptung des Lemmas zu verifizieren, kann man zunächst zeigen, daß die Gleichungen

$$A\varphi = \sum_{i=1}^{p+q} C_i w_i\ ,\quad \sum_{i=1}^{p+q} C_i^2 \neq 0$$

unlösbar sind. Nach Anwendung des Operators Ω auf diese Gleichungen folgt nämlich zunächst $C_{p+1}=\ldots=C_{p+q}=0$. Nach den obigen Voraussetzungen ergibt sich nun unmittelbar $C_1=\ldots=C_p=0$.
Wir nehmen nun an, $A\varphi=w$ sei unlösbar für alle nichttrivialen w aus einem p+q+1-dimensionalen Unterraum Q von B_2. Wäre $\dim(Q\cap N(\Omega))>p$, so erhielten wir sofort einen Widerspruch zu den Voraussetzungen. Also gilt $\dim(Q\cap N(\Omega))=p$. Dann existieren aber q+1 Vektoren $w_l\in Q$ $(l=p+1,\ldots, p+q+1)$ mit linear unabhängigen Ωw_l, so daß die Gleichung $\Omega A\varphi=\Omega w$ unlösbar ist für alle nichttrivialen w aus $L\{w_{p+1},\ldots,w_{p+q+1}\}$, was ebenfalls den Voraussetzungen widerspricht.
Damit ist die Annahme falsch, und p+q linear unabhängige Lösbarkeitsbedingungen sind für die Gleichung $A\varphi=w$ nicht nur notwendig, sondern auch hinreichend.

Ohne Beweis formulieren wir noch das folgende einfache

Lemma 1.3. B_1, B_2 seien lineare Räume und A ein linearer Operator mit $D(A) \subset B_1$, $R(A) \subset B_2$. Es gelte $\dim N(A) = h < \infty$.
K sei ein linearer Unterraum von B_2 mit $\dim K = n < \infty$. Wir betrachten die lineare Mannigfaltigkeit $M = \{\varphi : A\varphi = w,\ w \in K\}$. Dann gilt
1. $\dim M \leq n+h$,
2. $\dim M = n+h$ genau dann, wenn $A\varphi = w$ lösbar ist für alle $w \in K$.

Wir gehen nun von der folgenden allgemeinen Situation aus. B_0, B_1, B_2, B_3 seien lineare Räume, L, V, Ω lineare Operatoren mit $D(L) \subset B_0$, $R(L) \subset B_2$, $D(V) = B_1$, $R(V) \subset B_0$, $D(\Omega) = B_2$, $R(\Omega) \subset B_3$. Außerdem betrachten wir die Operatoren $A = LV$ und $S = \Omega A$.
Wir machen die folgenden Voraussetzungen :

V1 $\dim N(L) = h$,

V2 $\operatorname{codim} R(L) \geq h$,

V3 $N(V) = 0$,

V4 $\dim N(\Omega) = n$,

V5 Es gilt $\operatorname{codim} R(S) < \infty$, und der Index $\varkappa$ von S, d.h. die Zahl $\varkappa = \varkappa(S) = \dim N(S) - \operatorname{codim} R(S)$, genügt der Ungleichung $0 \leq \varkappa \leq n$.

V6 $S\varphi = \Omega w$ $(w \in B_2)$ hat bezüglich $R(\Omega)$ höchstens $\dim N(S) - n$ linear unabhängige Lösbarkeitsbedingungen.

V6 besagt mit anderen Worten, daß unter den $\operatorname{codim} R(S) = \dim N(S) - \varkappa$ notwendigen und hinreichenden Lösbarkeitsbedingungen für $S\varphi = u$ $(u \in B_3)$ höchstens $\dim N(S) - n$ für die Gleichung $S\varphi = \Omega w$ $(w \in B_2)$ linear unabhängig sind. Das bedeutet wiederum, daß $n - \varkappa$ Lösbarkeitsbedingungen für $S\varphi = u$ von den Elementen der Gestalt Ωw $(w \in B_2)$ von vornherein erfüllt werden. Insbesondere folgt aus V6

$$\operatorname{codim} R(S) \geq n - \varkappa . \tag{1.3}$$

Unter den Voraussetzungen V1 bis V6 gilt der

Satz 1.1 (Allgemeiner Existenzsatz).
1. $R(L) = R(A)$, $\operatorname{codim} R(L) = h$.
2. Aus $A\varphi = w$ folgt $S\varphi = \Omega w$. Falls $n = 0$ ist, so folgt auch aus $S\varphi = \Omega w$ die Gleichung $A\varphi = w$.
3. Es gilt $\max(n,h) \leq \dim N(S) \leq n+h$.
4. $\dim N(A) = h$.
5. $S\varphi = \Omega w$ besitzt genau $\dim N(S) - n$ (über $R(\Omega)$) linear unabhängige Lösbarkeitsbedingungen.

Beweis. Nach V1 und V3 ergibt sich sofort $\dim N(A) \leq h$. Unter Verwendung

von V4 und von Lemma 1.3 folgt wegen der Äquivalenz von $A\varphi=v$ ($v\in N(\Omega)$) einerseits und $S\varphi=0$ andererseits sofort $\dim N(S)\leq n+h$. Damit ist die zweite Ungleichung von Behauptung 3 bewiesen.
Wir zeigen jetzt die erste Ungleichung von Behauptung 3. Zunächst folgt aus V5 und (1.3) die Ungleichung $\varkappa = \dim N(S) - \operatorname{codim} R(S) \leq \dim N(S) - n + \varkappa$, also $\dim N(S) \geq n$.
Um noch zu zeigen, daß auch stets $\dim N(S) \geq h$ gilt, setzen wir $h > n$ voraus und nehmen das Gegenteil an : $\dim N(S) = h-l$ ($l\geq 1$). Dann hätte die Gleichung $S\varphi = \Omega w$ nach V6 höchstens

$$(h-n-l) = \dim N(S)-n$$

notwendige und hinreichende Lösbarkeitsbedingungen. Nach Lemma 1.2 beständen dann aber für $A\varphi=w$ höchstens

$$(h-n-l) + n = h-l < h \qquad (*)$$

linear unabhängige Lösbarkeitsbedingungen.
Andererseits gilt nach der Definition des Operators A $R(A)\subset R(L)$, folglich ergibt sich nach V2 $\operatorname{codim} R(A)\geq h$. Das führt aber zu einem Widerspruch gegenüber (*), weshalb notwendig auch $\dim N(S)\geq h$ gelten muß. Damit ist die Behauptung 3 vollständig bewiesen.
Wir verifizieren nun Behauptung 4. Da bereits $\dim N(A)\leq h$ bekannt ist, zeigen wir $\dim N(A)\geq h$. Wir gehen von der offensichtlichen Tatsache aus, daß $\dim N(A) = \dim N(S)-k$ ist, wobei k die Maximalzahl linear unabhängiger Vektoren $v_i\in N(\Omega)$ ist, für die $A\varphi=v_i$ lösbar ist. Man erkennt leicht, daß dann die Gleichung $A\varphi=v$ ($v\in N(\Omega)$) n-k über $N(\Omega)$ linear unabhängige Lösbarkeitsbedingungen besitzt.
Andererseits hat $S\varphi = \Omega w$ ($w\in B_2$) nach V6 höchstens $\dim N(S)-n$ linear unabhängige Lösbarkeitsbedingungen. Demnach bestehen für $A\varphi=w$ ($w\in B_2$) nach Lemma 1.2 höchstens

$$(\dim N(S)-n) + (n-k) = \dim N(S) - k = \dim N(A) \qquad (**)$$

notwendige und hinreichende Lösbarkeitsbedingungen. Da andererseits $A\varphi=w$ ($w\in B_2$) wegen V2 mindestens h linear unabhängige Lösbarkeitsbedingungen besitzen muß, folgt $\dim N(A)\geq h$, womit auch die Behauptung 4 erwiesen ist.
(**) sagte aus, daß die Gleichung $A\varphi=w$ genau h linear unabhängige Lösbarkeitsbedingungen besitzt. Damit ergibt sich leicht die Richtigkeit von Behauptung 1 .
Um Behauptung 5 zu zeigen, rechnen wir die Anzahl l der über $R(\Omega)$ linear unabhängigen Lösbarkeitsbedingungen von $S\varphi = \Omega w$ aus. p sei die Anzahl der über $N(\Omega)$ linear unabhängigen Lösbarkeitsbedingungen von $A\varphi=v$, $v\in N(\Omega)$. Nach V4 und V6 gilt $l,p<\infty$. Andererseits haben wir nach Behauptung 1 $\operatorname{codim} R(A)=h$. Damit folgt nach Lemma 1.2 die Beziehung $l+p=h$, also $l=h-p$.
Wir haben nun zu zeigen : $\dim N(S) - n = h-p$. Wir gehen dazu von der

folgenden Charakterisierung von $N(S)$ aus :

$$N(S) = \{\varphi\in B_1 : A\varphi=v,\ v\in N(\Omega)\} .$$

Wegen $\dim N(A)=h$ und $\dim N(\Omega)=n$ erhalten wir unter Verwendung von Lemma 1.3 mit den oben definierten Bezeichnungen leicht die Beziehung

$$\dim N(S) = h+n-p .$$

Hieraus ergibt sich aber sofort

$$\dim N(S) - n = h-p = 1 ,$$

womit die Behauptung 5 erwiesen ist.
Damit ist auch Satz 1.1 vollständig bewiesen.

2. Grundgleichungen der mikropolaren Elastizitätstheorie

Wir stellen hier die Grundformeln für die in den Kapiteln 3 und 4 zu behandelnden ebenen Probleme der mikropolaren Elastizitätstheorie für einen zentralsymmetrischen isotropen Körper zusammen.
Die (dreidimensionalen) dynamischen Grundgleichungen haben die Gestalt ([22])

$$(\mu+\alpha)\,\Delta\tilde{u} + (\lambda+\mu-\alpha)\,\mathrm{grad}\,\mathrm{div}\,\tilde{u} + 2\alpha\,\mathrm{rot}\,\tilde{\omega} = -X + \varrho\,\frac{\partial^2\tilde{u}}{\partial t^2}\,,$$
$$(\nu+\varepsilon)\,\Delta\tilde{\omega} + (\beta+\nu-\varepsilon)\,\mathrm{grad}\,\mathrm{div}\,\tilde{\omega} - 4\alpha\tilde{\omega} + 2\alpha\,\mathrm{rot}\,\tilde{u} = -Y + I\,\frac{\partial^2\tilde{\omega}}{\partial t^2}\,. \qquad (2.1)$$

Hierbei sind $\tilde{u}=\tilde{u}(x_1,x_2,x_3;t)=(\tilde{u}_1,\tilde{u}_2,\tilde{u}_3)^T$ der Verschiebungsvektor, $\tilde{\omega}=\tilde{\omega}(x_1,x_2,x_3;t)=(\tilde{\omega}_1,\tilde{\omega}_2,\tilde{\omega}_3)^T$ der Drehvektor, $X=(X_1,X_2,X_3)^T$ der Vektor der Volumenkräfte, $Y=(Y_1,Y_2,Y_3)^T$ der Vektor der Volumenmomente, $x=(x_1,x_2,x_3)$ die Ortskoordinaten und t die Zeit. ϱ ist die Massendichte, I das Trägheitsmoment, $\alpha, \beta, \varepsilon, \lambda, \mu, \nu$ sind Materialkonstanten. Außerdem nehmen wir wie in [12] stets an $\mu, \alpha, \lambda+\mu, \nu+\varepsilon, \varrho, I > 0$. Alle diese Größen werden im folgenden entweder konstant oder stückweise konstant vorausgesetzt.
Wir beschränken uns auf die Untersuchung des ebenen Falls, in dem also $\tilde{u}$ und $\tilde{\omega}$ und entsprechend die Vektoren X und Y nur von zwei Ortskoordinaten x_1 und x_2 abhängen. Bei dieser Spezialisierung zerfällt das System (2.1) in zwei unabhängige Systeme, deren erstes die Gestalt

$$(\mu+\alpha)\,\Delta\tilde{u}_1 + (\lambda+\mu-\alpha)\frac{\partial}{\partial x_1}\left(\frac{\partial\tilde{u}_1}{\partial x_1}+\frac{\partial\tilde{u}_2}{\partial x_2}\right) + 2\alpha\,\frac{\partial\tilde{\omega}_3}{\partial x_2} = X_1 + \varrho\,\frac{\partial^2\tilde{u}_1}{\partial t^2}$$
$$(\mu+\alpha)\,\Delta\tilde{u}_2 + (\lambda+\mu-\alpha)\frac{\partial}{\partial x_2}\left(\frac{\partial\tilde{u}_1}{\partial x_1}+\frac{\partial\tilde{u}_2}{\partial x_2}\right) - 2\alpha\,\frac{\partial\tilde{\omega}_3}{\partial x_1} = X_2 + \varrho\,\frac{\partial^2\tilde{u}_2}{\partial t^2} \qquad (2.2)$$
$$(\nu+\varepsilon)\,\Delta\tilde{\omega}_3 - 4\alpha\tilde{\omega}_3 + 2\alpha\left(\frac{\partial\tilde{u}_2}{\partial x_1}-\frac{\partial\tilde{u}_1}{\partial x_2}\right) = Y_3 + I\,\frac{\partial^2\tilde{\omega}_3}{\partial t^2}$$

besitzt. Eine physikalische Deutung für das zweite entstehende System ist u.E. nicht bekannt, weshalb wir nur (2.2) betrachten.

Wir führen nun die Bezeichnungen $\tilde{u}=(\tilde{u}_1,\tilde{u}_2)^T$ und $\tilde{\omega}=\tilde{\omega}_3$ ein und setzen voraus, daß eine stationäre Schwingung der Kreisfrequenz $\sigma>0$ von der Gestalt $\tilde{u}=\mathrm{Re}\,(\exp(i\sigma t)u)$, $\tilde{\omega}=\mathrm{Re}\,(\exp(i\sigma t)\,\omega)$ ($u=u(x_1,x_2)=(u_1,u_2)^T$, $\omega=\omega(x_1,x_2)$) vorliegt. u und ω sind hierbei als komplex zu betrachten. Analoge Darstellungen werden für X_1, X_2 und Y_3 gefordert. Für den Vektor $V(x)=(u_1,u_2,\omega)^T$ erhalten wir in Matrixschreibweise ([12]) das Differentialgleichungssystem

$$M(\partial_x;\sigma)\,V(x) \equiv M(\partial_x)\,V(x) + \begin{bmatrix}\varrho & 0 & 0\\ 0 & \varrho & 0\\ 0 & 0 & I\end{bmatrix}\sigma^2\,V(x) = -\,\Psi(x)\,, \qquad (2.3)$$

mit

$$M(\partial_x) = \left[M_{ij}(\partial_x)\right]_{3,3} \quad ,$$

$$M_{ij}(\partial_x) = (1-\delta_{3j})(1-\delta_{i3})\left\{(\mu+\alpha)\Delta\,\delta_{ij} + (\lambda+\mu-\alpha)\frac{\partial^2}{\partial x_i \partial x_j}\right\}$$

$$-\,2\alpha\left(\varepsilon_{2ij}\frac{\partial}{\partial x_2}+\varepsilon_{1ij}\frac{\partial}{\partial x_1}\right) + \delta_{3i}\delta_{3j}\left\{(\gamma+\varepsilon)\Delta - 4\alpha\right\} .$$

δ_{ij} ist hier das Kroneckersymbol, ε_{kij} der Levi-Civita-Tensor. Der Vektor ψ stellt auf bekannte Weise die Amplituden von X_1, X_2 und Y_3 dar.

Bei der Untersuchung von System (2.3) sind die folgenden Randoperatoren von Interesse :

$$N_1(\partial_z,n) = \begin{bmatrix}1&0&0\\0&1&0\\0&0&1\end{bmatrix} \quad , \quad N_2(\partial_z,n) = P(\partial_z,n) \quad ,$$

$$N_3(\partial_z,n) = \begin{bmatrix}1&0&0\\0&1&0\\0&0&(\gamma+\varepsilon)\frac{\partial}{\partial n}\end{bmatrix} \quad , \quad N_4(\partial_z,n) = \begin{bmatrix}Q(\partial_z,n)\\0\;\;0\;\;-1\end{bmatrix} \quad , \tag{2.4}$$

$$N_5(\partial_z,n) = \begin{bmatrix}n_1\;\;n_2\;\;0\\ s^TQ(\partial_z,n)\\ 0\;\;0\;\;1\end{bmatrix} \quad , \quad N_6(\partial_z,n) = \begin{bmatrix}n^TQ(\partial_z,n)\\ n_2\;\;-n_1\;\;0\\ 0\;\;0\;\;(\gamma+\varepsilon)\frac{\partial}{\partial n}\end{bmatrix} \quad ,$$

$$N_7(\partial_z,n) = \begin{bmatrix}n_1\;\;n_2\;\;0\\ s^TQ(\partial_z,n)\\ 0\;\;0\;\;(\gamma+\varepsilon)\frac{\partial}{\partial n}\end{bmatrix} \quad , \quad N_8(\partial_z,n) = \begin{bmatrix}n^TQ(\partial_z,n)\\ n_2\;\;-n_1\;\;0\\ 0\;\;0\;\;-1\end{bmatrix} \quad .$$

$n=(n_1,n_2)^T$ und $s=(-n_2,n_1)^T$ bedeuten hier den Normalen- bzw. Tangenteneinheitsvektor am Rand des betrachteten Gebietes. Der Spannungsoperator $P(\partial_z,n)$ der mikropolaren Elastizitätstheorie im ebenen Fall ist gegeben durch

$$P(\partial_z,n) = \left[P_{ij}(\partial_z,n)\right]_{3,3} \quad ,$$

$$P_{ij}(\partial_z,n) = (1-\delta_{i3})(1-\delta_{j3})\left\{n_i\frac{\partial}{\partial z_j}+(\mu-\alpha)n_j\frac{\partial}{\partial z_i}+(\mu+\alpha)\,\delta_{ij}\frac{\partial}{\partial n}\right\}$$

$$-(1-\delta_{i3})2\alpha\left\{\varepsilon_{ij1}n_1+\varepsilon_{ij2}n_2\right\} + \delta_{i3}\delta_{j3}(\gamma+\varepsilon)\frac{\partial}{\partial n} \quad .$$

Der Operator $Q(\partial_z,n)$ ist der aus den ersten beiden Zeilen von $P(\partial_z,n)$ bestehende Operator und hat somit das Format (2,3). z bedeutet den entsprechenden Randpunkt, wobei n und s stets auf z zu beziehen sind.

Neben den Operatoren (2.4) betrachten wir noch die sogenannten konjugierten Operatoren, definiert durch

$$N_k'(\partial_z,n) = N_{k+1}(\partial_z,n) \qquad (k=1,3,5,7),$$
$$N_k'(\partial_z,n) = -N_{k-1}(\partial_z,n) \qquad (k=2,4,6,8) \tag{2.5}$$

Es gilt das

<u>Lemma 2.1</u> ([10] , [12]). Jede Lösung $V(x)$ des homogenen Systems $M(\partial_x,\sigma)V(x)=0$ läßt sich auf folgende Weise zerlegen :

$$V = \overset{1}{V} + \overset{2}{V} + \overset{3}{V} \quad \text{mit} \quad \overset{r}{V} = (\overset{r}{u}^T; \overset{r}{\omega})^T \ (r=1,2,3) \text{ und}$$

$$\overset{1}{u} = -A_{11}(\Delta+k_1^2) \operatorname{rot} \omega , \qquad \overset{1}{\omega} = -A_{12}(\Delta+k_1^2) \operatorname{rot} u ,$$

$$\overset{2}{u} = A_{21}(\Delta+k_2^2) \operatorname{rot} \omega , \qquad \overset{2}{\omega} = A_{22}(\Delta+k_2^2) \operatorname{rot} u ,$$

$$\overset{3}{u} = -(k_3)^{-2} \operatorname{grad} \operatorname{div} u , \qquad \overset{3}{\omega} = 0 .$$

Hierbei sind gesetzt worden

$$A_{i1} = \frac{(\nu+\varepsilon)(k_i^2-\sigma_1^2)}{2\alpha\, \sigma_1^2(k_1^2-k_2^2)} , \qquad A_{i2} = \frac{(\mu+\alpha)(k_i^2-\sigma_2^2)}{2\alpha\, \sigma_2^2(k_1^2-k_2^2)} \qquad (i=1,2) ,$$

$$\sigma_1^2 = \frac{\varrho\sigma^2}{\mu+\alpha} , \qquad \sigma_2^2 = \frac{I\sigma^2-4\alpha}{\nu+\varepsilon} , \qquad k_3^2 = \frac{\varrho\sigma^2}{\lambda+2\mu} ,$$

$$k_1^2 \cdot k_2^2 = \frac{\varrho\sigma^2(I\sigma^2-4\alpha)}{(\mu+\alpha)(\nu+\varepsilon)} , \qquad k_1^2 + k_2^2 = \frac{\varrho\sigma^2}{\mu+\alpha} + \frac{I\sigma^2-4\alpha}{\nu+\varepsilon} + \frac{4\alpha^2}{(\mu+\alpha)(\nu+\varepsilon)} ,$$

und die $\overset{r}{u}$, $\overset{r}{\omega}$ sind Lösungen der Schwingungsgleichungen

$$(\Delta+k_1^2)\overset{1}{u} = 0 , \ \operatorname{div} \overset{1}{u} = 0 ; \quad (\Delta+k_1^2)\overset{1}{\omega} = 0 ;$$

$$(\Delta+k_2^2)\overset{2}{u} = 0 , \ \operatorname{div} \overset{2}{u} = 0 ; \quad (\Delta+k_2^2)\overset{2}{\omega} = 0 ;$$

$$(\Delta+k_3^2)\overset{3}{u} = 0 , \ \operatorname{rot} \overset{3}{u} = 0 .$$

Von den gesuchten Lösungen des Differentialgleichungssystemes (2.3) werden bestimmte Regularitätseigenschaften gefordert. In einem endlichen Gebiet D heiße eine Lösung V regulär, wenn gilt

$$\omega , u_i \in C^2(D) \cap C^1(\bar{D}) \qquad (i=1,2) .$$

Für gemischte Randwertaufgaben ist die Einführung anderer Regularitätsbegriffe zweckmäßig. Hier sind auf dem Rand $\partial D=L$ endlich viele Ausnahmepunkte $a_1,\dots,a_n$ vorgegeben. Eine Lösung V in einem endlichen Gebiet D heiße hier *-regulär, wenn für alle $\varepsilon>0$ gilt :

1. $\omega, u_i \in C^2(D)\cap C^0(\bar{D})\cap C^1(\bar{D}_\varepsilon)$, $D_\varepsilon = D \setminus \bigcup_{\nu=1}^{n} K_\varepsilon(a_\nu)$ $(i=1,2)$,

$$K_\varepsilon(a_\nu) = \{ x : |x-a_\nu| \le \varepsilon \} .$$

2. $\left|\frac{\partial\omega}{\partial x_j}\right|, \left|\frac{\partial u_i}{\partial x_j}\right| \le \frac{C}{|x-a_\nu|^{\eta_\nu}}$ für alle $x \in K_\varepsilon(a_\nu)$ mit gewissen $\eta_\nu\ (0<\eta_\nu\le 1)$, $C=\mathrm{const}$.

Gilt neben der *-Regularität die Forderung 2 in allen (bzw. einigen) Ausnahmepunkten a_ν mit jedem $\eta_\nu>0$, so wird die Lösung V als ε- (bzw. ε^*-) regulär bezeichnet.

Bei der Untersuchung von Aufgaben in unendlichen Gebieten werden wir nur den Fall $I\sigma^2-4\alpha>0$ betrachten. Dieser Fall ist für die Anwendungen der sachgemäße. In den anderen möglichen Fällen müssen die in Verbindung mit den Ausstrahlungsbedingungen nötigen Überlegungen leicht modifiziert werden ([12]).

Im Falle eines unendlichen Gebietes D kommen als zusätzliche Forderungen für die genannten Regularitätsbegriffe die Ausstrahlungsbedingungen der mikropolaren Elastizitätstheorie ([12])

$$\overset{r}{V}(x) = O(1)\ ,\ \frac{\partial \overset{r}{V}(x)}{\partial|x|} - ik_r\overset{r}{V}(x) = O(|x|^{-1})\quad (r=1,2,3) \tag{2.6}$$

für große $|x|$ hinzu. Es wird dabei die Finitheit von $\Psi(x)$ vorausgesetzt, so daß man auf die Lösung V von (2.3) in einer Umgebung des Unendlichen das Lemma 2.1 anwenden kann.

Für reguläre Vektoren V, W in einem endlichen Gebiet mit glattem Rand gilt unter Voraussetzung der Summierbarkeit von $M(\partial_x,\sigma)V(x)$ und $M(\partial_x,\sigma)W(x)$ in D der Integralsatz ([12])

$$\int_D \{V^T(x)M(\partial_x,\sigma)W(x)-W^T(x)M(\partial_x,\sigma)V(x)\}\,dx$$

$$= \int_{\partial D}\{V^T(z)P(\partial_z,n)W(z)-(P(\partial_z,n)V(z))^TW(z)\}\,ds$$

Diese Formel kann auch in der allgemeineren Gestalt

$$\int_D \{V^T(x)M(\partial_x,\sigma)W(x)-W^T(x)M(\partial_x,\sigma)V(x)\}\,dx$$

$$= \int_{\partial D}\{(N_k(\partial_z,n)V(z))^TN'_k(\partial_z,n)W(z)-(N'_k(\partial_z,n)V(z))^TN_k(\partial_z,n)W(z)\}\,ds$$

$$(k=1,\dots,8) \tag{2.7}$$

geschrieben werden.

Schließlich folgt aus den Ausstrahlungsbedingungen für eine im unendlichen Gebiet D mit glattem Rand reguläre Lösung V des homogenen Systems (2.3) (d.h. $\Psi=0$) die Relation ([12])

$$2i\int_{S_R(0)}\Big\{\frac{\rho\sigma^2}{k_1}|\overset{1}{u}|^2+\frac{\rho\sigma^2}{k_2}|\overset{1}{u}|^2+k_3(\lambda+2\mu)|\overset{2}{u}|^2+(\nu+\varepsilon)(k_1|\overset{1}{\omega}|^2+k_2|\overset{2}{\omega}|^2)\,ds$$

$$+\int_{\partial D}\Big\{\overline{V(z)}^T P(\partial_z,n)V(z)-V(z)^T P(\partial_z,n)\overline{V(z)}\Big\}\,ds+K(R)=0\,, \qquad (2.8)$$

wobei $S_R(0)=\{z:|z|=R\}$ bei hinreichend großem R ist und K(R) eine Funktion von R bedeutet, die für $R\to\infty$ gegen den Grenzwert 0 konvergiert. Das Integral über ∂D in (2.8) kann wiederum in der Gestalt

$$\int_{\partial D}\Big\{(N_k(\partial_z,n)\overline{V(z)})^T N_k(\partial_z,n)V(z)-(N_k'(\partial_z,n)\overline{V(z)})^T N_k(\partial_z,n)V(z)\Big\}\,ds$$
$$(k=1,2,\ldots,8)$$

geschrieben werden.
Man überlegt sich nun sehr leicht, daß alle diese Formeln auch für *-reguläre Vektoren richtig bleiben.

Für die weiteren Betrachtungen wird eine Grundlösungsmatrix für das System (2.3) benötigt. Diese wurde von MAISAIA [12] angegeben. Sie besitzt die folgende Gestalt :

$$M(x-y;\sigma)=\Bigg[(1-\delta_{l3})(1-\delta_{n3})\frac{\pi i}{2\rho\sigma^2}\Bigg\{\Big\langle\frac{k_2^2-\sigma_2^2}{k_2^2-k_1^2}\,k_1^2H_0^{(1)}(k_1|z|)+\frac{k_1^2-\sigma_2^2}{k_1^2-k_2^2}\,k_2^2H_0^{(1)}(k_2|z|)\Big\rangle\cdot$$

$$\cdot\delta_{ln}+\frac{\partial^2}{\partial x_l\partial x_n}\Big\langle\frac{k_2^2-\sigma_2^2}{k_2^2-k_1^2}\,H_0^{(1)}(k_1|z|)+\frac{k_1^2-\sigma_2^2}{k_1^2-k_2^2}\,H_0^{(1)}(k_2|z|)-H_0^{(1)}(k_3|z|)\Big\rangle\Bigg\} \qquad (2.9)$$

$$-\Big\langle\delta_{l3}(1-\delta_{n3})+\delta_{n3}(1-\delta_{l3})\Big\rangle\,\frac{\pi\alpha i}{(\mu+\alpha)(\nu+\varepsilon)}\,\frac{1}{k_1^2-k_2^2}\sum_{j=1}^{2}\varepsilon_{lnj}\frac{\partial}{\partial x_j}\Big\langle H_0^{(1)}(k_1|z|)-$$

$$H_0^{(1)}(k_2|z|)\Big\rangle+\frac{\pi i}{2(\nu+\varepsilon)}\delta_{l3}\delta_{n3}\Big\langle\frac{k_1^2-\sigma_2^2}{k_1^2-k_2^2}\,H_0^{(1)}(k_1|z|)+\frac{k_2^2-\sigma_2^2}{k_2^2-k_1^2}\,H_0^{(1)}(k_2|z|)\Big\rangle\Bigg]_{l,n=1,2,3}$$

mit $z=x-y$.
Hierbei bedeutet $H_0^{(1)}$ die Hankelsche Funktion nullter Ordnung und erster Art.
Man kann zeigen, daß $M(x-y;\sigma)$ für festes y und große x den Ausstrahlungsbedingungen (2.6) genügt, und zwar spaltenweise. Außerdem sind die Spalten von $M(x-y;\sigma)$ bezüglich x Lösungen des homogenen Systems (2.3). $M(x-y;\sigma)$ hat weiterhin die folgenden Eigenschaften :

a. $M(x-y;\sigma)=M(y-x;\sigma)^T$
b. Die Zeilen von $M(x-y;\sigma)$ sind bezüglich y Lösungen des Differentialgleichungssystems.

Auf Grund der für kleine $|z|$ geltenden Formel

$$H_0^{(1)}(k|z|)=\frac{2i}{\pi}\Big\{\ln|z|-\frac{k^2}{4}|z|^2\ln|z|+\text{const}+O(|z|^2)\Big\}$$

folgt, daß $M(x-y;\sigma)$ eine Darstellung

$$M(x-y;\sigma)=\begin{bmatrix} A\ln\frac{1}{|x-y|}+B\frac{(x_1-y_1)^2}{|x-y|^2} & B\frac{(x_1-y_1)(x_2-y_2)}{|x-y|^2} & 0 \\ B\frac{(x_1-y_1)(x_2-y_2)}{|x-y|^2} & A\ln\frac{1}{|x-y|}+B\frac{(x_2-y_2)^2}{|x-y|^2} & 0 \\ 0 & 0 & C\ln\frac{1}{x-y} \end{bmatrix}+S(x-y) \qquad (*)$$

mit $A=\frac{\lambda+3\mu-\alpha}{2(\mu+\alpha)(\lambda+2\mu)}$, $B=\frac{\lambda+\mu-\alpha}{2(\mu+\alpha)(\lambda+2\mu)}$, $C=\frac{1}{\gamma+\varepsilon}$

gestattet, wobei $S(x-y)$ an der Stelle $x=y$ stetig ist und die ersten Ableitungen höchstens vom logarithmischen Typ singulär.
Wenn L eine Kurve der Klasse $C^{1,\gamma}$ ist ($\gamma>0$), so leitet man aus (*) für $x,y\in L$ die Beziehungen

$$\frac{d}{ds}M(x-y;\sigma)=\begin{bmatrix} A&0&0\\0&A&0\\0&0&C\end{bmatrix}\frac{d}{ds}\ln\frac{1}{|x-y|}+R_1(x-y) \qquad (2.10)$$

und

$$P(\partial_x,n)M(x-y;\sigma)=\begin{bmatrix} 0&D&0\\-D&0&0\\0&0&0\end{bmatrix}\frac{d}{ds}\ln\frac{1}{|x-y|}+R_2(x-y)\ , \qquad (2.11)$$

$$D=\frac{\alpha(\lambda+\mu)-\mu^2}{(\mu+\alpha)(\lambda+2\mu)}$$

her, wobei s die Bogenlänge von L bezogen auf x bedeutet, n die Normale an L im Punkte x , und R_1 , R_2 für $x,y\in L$ Darstellungen der Gestalt

$$R_i(x-y)=\frac{r_i(x-y)}{|x-y|^{1-\varepsilon}} \qquad (\varepsilon>0)$$

gestatten, wobei $r_i(x-y)$ auf $L\times L$ hölderstetig sind. Falls $L\in C^{2,\gamma}$ vorausgesetzt wird, sind die $R_i(x-y)$ auf $L\times L$ sogar selbst hölderstetig.

Auf bekannte Weise leitet man für endliche Gebiete und reguläre $V(x)$ aus (2.7) die Darstellungsformel ([12])

$$2V(x)=\frac{1}{\pi}\int_{\partial D}\{M(x-z;\sigma)\,P(\partial_z,n)V(z)-(P(\partial_z,n)M(z-x;\sigma))^T V(z)\}\,ds$$
$$-\frac{1}{\pi}\int_D M(x-y;\sigma)\,\Psi(y)dy\ ,\ x\in D\ , \qquad (2.12)$$

ab (ds bedeutet im Kurvenintegral das Bogenelement bezüglich z), die man allgemeiner in der Form

$$2V(x)=\frac{1}{\pi}\int_{\partial D}\{[N_k(\partial_z,n)M(z-x;\sigma)]^T N_k'(\partial_z,n)V(z)-(N_k'M)^T N_k(\partial_z,n)V(z)\}\,ds$$
$$-\frac{1}{\pi}\int_D M(x-y;\sigma)\,\Psi(y)dy\ ,\ x\in D\ ,\ (k=1,\dots,8) \qquad (2.12)$$

notieren kann.

Das Einfachschichtpotential der mikropolaren Elastizitätstheorie hat die Gestalt

$$V(x;\varphi) = \frac{1}{\pi} \int_{\partial D} M(x-z;\sigma)\, \varphi(z)ds\ , \qquad (2.13)$$

wobei φ ein dreikomponentiger Dichtevektor ist. Aus der Literatur ([12], [10]) sind die folgenden Eigenschaften von $V(x;\varphi)$ bekannt. Wenn $\varphi \in C^{0,\gamma}(L)$ und $L=\partial D \in C^{1,\gamma}$ ist ($\gamma>0$), so gelten die Aussagen

1. $V(x;\varphi)$ ist in D reguläre Lösung von $M(\partial_x,\sigma)V(x)=0$.
2. Für $z_0 \in L$ bestehen die Sprungrelationen

   $$\{P(\partial_{z_0},n_0)V(z_0;\varphi)\}^{\pm} = \pm\varphi(z_0) + \frac{1}{\pi}\int_L P(\partial_{z_0},n_0)M(z_0-z;\sigma)\,\varphi(z)ds\ .$$

   Die Normale n_0 an L soll hier in D^- hineinzeigen.
3. Für $z_0 \in L$ gilt

   $$\frac{d}{ds_0}V(z_0;\varphi) = \frac{1}{\pi}\int_L \frac{d}{ds_0}M(z_0-z;\sigma)\,\varphi(z)ds\ .$$

Die letzte Behauptung, die die Möglichkeit der Differentiation unter dem Integral ausdrückt, kann bewiesen werden, wie für das Einfachschichtpotential der klassischen Elastizitätstheorie ([13]). Wenn man davon ausgeht, daß die Dichte φ zur Klasse H^* ([19]) mit gegebenen Ausnahmepunkten $a_1,\dots,a_n$ gehört, so kann man beweisen, daß $V(x;\varphi)$ dann eine $*$-reguläre Lösung von $M(\partial_x,\sigma)V(x)=0$ darstellt. Gehört $\varphi \in H^*$ außerdem in der Umgebung einiger (aller) Knoten a_i der Klasse H_ε an, so ist $V(x;\varphi)$ ε^*-regulär (ε-regulär). Die Behauptungen 2. und 3. bleiben im Falls $\varphi \in H^*$ in den gewöhnlichen Punkten des Kurvensystems L richtig.
Die Beweise für die zuletzt erwähnten Sätze im Falle $\varphi \in H^*$ findet man in [17].

Es ist bekannt ([12]), daß das Potential (2.13) im betrachteten Gebiet D identisch Null sein kann, obwohl φ nicht identisch verschwindet. Um diesen unerwünschten Umstand auszuschließen, konstruieren wir ein modifiziertes Einfachschichtpotential. Das betrachtete Gebiet D, dessen Rand L mindestens zur Klasse C^1 gehören möge, sei zunächst unendlich. $\hat{D}$ sei ein geeignetes Gebiet, so daß folgendes gilt :

1. $\hat{D} \supset \bar{D}$.
2. mes $(\hat{D}\setminus\bar{D})$ ist so klein, daß die erste Randwertaufgabe

   $M(\partial_x,\sigma)V(x)=0$ für $x \in \hat{D}\setminus\bar{D}$, $V(z)=0$ für $z \in \partial(\hat{D}\setminus\bar{D})$ (✱)

   nur die triviale Lösung besitzt.

Die letzte Eigenschaft läßt sich nach bekannten Resultaten aus der Eigenwerttheorie selbstadjungierter elliptischer Differentialoperatoren stets erfüllen.
Es sei nun $\hat{G}(x,y;\sigma)$ der Greensche Tensor der Aufgabe

$M(\partial_x,\sigma)V(x)=0$ für $x\in\hat{D}$, $V(z)=F(z)$ für $z\in\partial\hat{D}$.

$\hat{G}(x,y;\sigma)$ ist bekanntlich durch die folgenden Eigenschaften definiert :

a. $\hat{G}(x,y;\sigma)= M(x-y;\sigma) + g(x,y;\sigma)$, wobei $g(x,y;\sigma)$ bei $y\in\hat{D}$ bezüglich x in $\hat{D}$ regulär ist.

b. $M(\partial_x,\sigma)\hat{G}(x,y;\sigma)=0$ für $x,y\in\hat{D}$, $x\neq y$.

c. $\hat{G}(z,y;\sigma)=0$ für $z\in\partial\hat{D}$, $y\in\hat{D}$.

Seine Existenz folgt unmittelbar aus den in [12] erhaltenen Ergebnissen über die erste Randwertaufgabe.

Wir bilden nun das modifizierte Einfachschichtpotential

$$\hat{V}(x;\varphi) = \frac{1}{\pi}\int_L \hat{G}(x,z;\sigma)\varphi(z)ds \text{ , } L=\partial D \text{ .} \tag{2.14}$$

Dieses Potential besitzt für $\varphi\in C^{0,\gamma}(L)$ bzw. $\varphi\in H^*$, H_ε die oben genannten Eigenschaften des Einfachschichtpotentials, da der Kern $\hat{G}(x,z;\sigma)$ sich auf $L\times L$ von der Grundlösungsmatrix nur um den regulären Term $g(x,y;\sigma)$ unterscheidet. Weiterhin gilt das

<u>Lemma 2.2</u>. Aus $\hat{V}(x;\varphi)=0$ für alle $x\in D$ folgt $\varphi(z)=0$ für alle $z\in L$.

Zum Beweis bemerken wir, daß aus $\hat{V}(x;\varphi)=0$ für alle $x\in D$ folgt $\hat{V}(z;\varphi)=0$ für $z\in L$. Nach Konstruktion des Gebietes D und nach der Eigenschaft c des Tensors $\hat{G}(x,y;\sigma)$ ergibt sich nun leicht $\hat{V}(x;\varphi)=0$ für alle $x\in\hat{D}$. Wendet man auf beiden Seiten von L nun den Operator $P(\partial_z,n)$ an und bildet die Grenzwerte, so folgt nach einem Standardschluß unter Verwendung der Eigenschaft 2 der Einfachschichtpotentiale sofort $\varphi(z)=0$ für alle $z\in L$. Damit ist das Lemma bewiesen.

Wenn D ein endliches Gebiet ist, so verfährt man wie folgt. Es sei S_0 die äußere Randkurve von ∂D und D_0^- das von S_0 berandete unendliche Gebiet. Weiter setzen wir $D^- = D\cup\overline{D_0^-}$. Wir konstruieren nun die Greensche Matrix $\hat{G}(x,y;\sigma)$ zur ersten Randwertaufgabe in einem bezüglich D^- wie oben gewählten Gebiet $\hat{D}^-$. Man kann leicht zeigen, daß dann für das modifizierte Einfachschichtpotential

$$\hat{V}(x;\varphi) = \frac{1}{\pi}\int_L \hat{G}(x,z;\sigma)\varphi(z)ds$$

wiederum Lemma 2.2 gültig ist.

Im folgenden werden wir oft mit Potentialen dieser Art arbeiten und bezeichnen deshalb Potentiale $\hat{V}(x;\varphi)$, die die Eigenschaft von Lemma 2.2 besitzen, als <u>äquivalente Potentiale</u>.

3. Randwertaufgaben in stückweise homogenen Körpern unter verschiedenen Kontaktbedingungen

D sei ein endliches oder unendliches Gebiet, das in m+1 ($m\geq 0$) disjunkte Teilgebiete $D_0,\dots,D_m$ zerlegt ist. D_0 möge das äußere Gebiet sein, das genau dann den unendlich fernen Punkt enthält, wenn D ein unendliches Gebiet ist. Die Durchschnitte $\bar{D}_i \cap \bar{D}_j$ ($i\neq j$) seien entweder leer oder mögen eine einfache geschlossene Kurve bilden. Wir betrachten im folgenden zwar nur den Spezialfall, daß jedes der Gebiete $D_1,\dots,D_m$ mit D_0 jeweils genau eine einfache geschlossene Randkurve $S_1,\dots,S_m$ gemeinsam hat, jedoch bereitet der allgemeine Fall ebenfalls keine Schwierigkeiten, wenn man die Überlegungen wie in [16] modifiziert. Alle Randkurven der Teilgebiete D_j ($j=0,1,\dots,m$), die nicht mit einer der Kurven S_i ($i=1,\dots,m$) zusammenfallen, werden mit L^j ($j=0,1,\dots,m$) bezeichnet. Die L^j ihrerseits mögen aus den einfachen, geschlossenen und disjunkten Kurven S_k^j ($k=1,\dots,n^j$; $n^j\geq 0$) bestehen. Die Normale n an den S_j möge stets in D_0 hineinzeigen, während n an den S_k^j aus D_j heraus gerichtet sein soll.

Die Gebiete D_j ($j=0,1,\dots,m$) seien nun von elastischen Medien ausgefüllt, die durch die Konstanten α_j, β_j, ε_j, λ_j, μ_j, ν_j, ϱ_j und I_j charakterisiert sind.

Wir betrachten nun das folgende Randkontaktproblem :

Gesucht sind reguläre Lösungen V^j ($j=0,1,\dots,m$) der Differentialgleichungssysteme

$$\underset{(j)}{M}(\partial_x;s)V^j(x)=-\Psi^j(x)\ ,\quad x\in D_j\ , \tag{3.1}$$

die auf den S_k^j den Randbedingungen

$$\underset{(j)}{N}{}_l(\partial_z,n)V^j(z)=F_k^j(z)\ \text{für}\ z\in S_k^j\ \text{mit}\ n_{l-1}^j+1\leq k\leq n_l^j \tag{3.2}$$
$$(l=1,\dots,8;\,j=0,1,\dots,m)$$

und auf den S_j entweder den Kontaktbedingungen

$$V^j(z)-V^0(z)=F^j(z)\ ,\quad \underset{(j)}{P}(\partial_z,n)V^j(z)-\underset{(0)}{P}(\partial_z,n)V^0(z)=G^j(z) \tag{3.3}$$
$$\text{für}\ z\in S_j\ (j=1,\dots,m)$$

oder den Kontaktbedingungen

$$s^T(z)\underset{(j)}{Q}(\partial_z,n)V^j(z)=g^j(z)\ ,\quad s^T(z)\underset{(0)}{Q}(\partial_z,n)V^0(z)=g^0(z)\ ,$$
$$n^T(z)(u^j(z)-u^0(z))=f^j(z)\ ,\quad \omega^j(z)-\omega^0(z)=l^j(z)\ , \tag{3.4}$$
$$n^T(z)(\underset{(j)}{Q}(\partial_z,n)V^j(z)-\underset{(0)}{Q}(\partial_z,n)V^0(z))=h^j(z)\ ,$$

$$\frac{1}{C_j}\frac{\partial}{\partial n}\omega^j(z) - \frac{1}{C_0}\frac{\partial}{\partial n}\omega^0(z) = p^j(z) \quad \text{für } z \in S_j \ (j=1,\dots,m) \qquad (3.4)$$

genügen. Hierbei soll der untere Index j bei den Operatoren $\underset{(j)}{M}(\partial_x,\sigma)$, $\underset{(j)}{N}{}_1(\partial_z,n)$ und $\underset{(j)}{Q}(\partial_z,n)$ andeuten, daß diese Operatoren mit den entsprechenden elastischen Konstanten α_j, β_j,... zu bilden sind. Das gleiche gilt für die Indizierung der Konstante C . Die Zahlen n_l^j $(l=0,1,\dots,8)$ genügen den Ungleichungen

$$0=n_0^j \leq n_1^j \leq \dots \leq n_8^j = n^j .$$

Die Bedingungen (3.3) bedeuten im wichtigen Spezialfall $F^j=G^j=0$ das stetige Hindurchgehen des Verschiebungs- und Drehvektors sowie der Kraft- und Momentenspannungen durch die S_j. Im analogen Spezialfall, wenn in den Bedingungen (3.4) alle vorgegebenen Funktionen verschwinden, drücken diese Bedingungen aus, daß bei stetigem Hindurchgehen der Normalkomponenten von u sowie der Kraftspannungen, des Drehvektors und der Momentenspannungen die tangentielle Komponente des Kraftspannungsvektors $Q(\partial_z,n)V$ auf beiden Ufern verschwindet. Auf Grund dieser Bedingungen ist folglich eine infinitesimale reibungsfreie Gleitung der Materialien entlang der S_j möglich. (3.4) stellt damit die naturgemäße Übertragung der in der klassischen ebenen ([13],[14]) und der dreidimensionalen ([1],[7]) Elastizitätstheorie bereits untersuchten Gleitungsbedingung dar.

Wir führen an dieser Stelle noch weitere Bezeichnungen ein. Es seien

$$L^j = \bigcup_{k=1}^{n^j} S_k^j \quad , \quad S = \bigcup_{j=1}^{m} S_j \quad , \quad L_l^j = \bigcup_{k=n_{l-1}^j+1}^{n_l^j} S_k^j \quad (l=1,\dots,8) .$$

Die Gesamtheit der Vektoren $F_k^j(z)$ mit der Ungleichung $n_{l-1}^j+1 \leq k \leq n_l^j$ genügenden Indizes k bezeichnen wir auch mit $\hat{F}_l^j(z)$.

Die Aufgabenstellung (3.1),(3.2),(3.3) wird kurz $M(\sigma)$ genannt und die Aufgabe (3.1),(3.2),(3.4) Aufgabe $G(\sigma)$. Die entsprechenden homogenen Randkontaktprobleme ("homogen" bedeutet hier, daß in (3.1) bis (3.4) alle rechten Seiten Null zu setzen sind) werden kurz mit $Mo(\sigma)$ bzw. $Go(\sigma)$ bezeichnet.

Bezüglich der Berandungskurven setzen wir voraus :

$S_j \in C^{1,\alpha}$ bei der Aufgabe $M(\sigma)$ und $S_j \in C^{2,\alpha}$ bei Aufgabe $G(\sigma)$;

$S_k^j \in C^{1,\alpha}$ für $1 \leq k \leq n_4^j$ und $S_k^j \in C^{2,\alpha}$ für $n_4^j+1 \leq k \leq n^j$ $(0<\alpha<1)$.

Die vorgegebenen Vektoren und Funktionen mögen den folgenden Regularitätsklassen angehören :

$\psi^j \in C^{0,\alpha}(\overline{D}_j)$; $F_k^j \in C^{0,\alpha}(S_k^j)$; wenn gesetzt ist $F_k^j(z) = (F_{k1}^j, F_{k2}^j, F_{k3}^j)^T$, so wird zusätzlich gefordert :

$F^j_{k1}\in C^{1,\alpha}(S^j_k)$ für $1\le k\le n^j_1$, $n^j_2+1\le k\le n^j_3$, $n^j_4+1\le k\le n^j_5$ und $n^j_6+1\le k\le n^j_7$;

$F^j_{k2}\in C^{1,\alpha}(S^j_k)$ für $1\le k\le n^j_1$, $n^j_2+1\le k\le n^j_3$, $n^j_5+1\le k\le n^j_6$ und $n^j_7+1\le k\le n^j$;

$F^j_{k3}\in C^{1,\alpha}(S^j_k)$ für $1\le k\le n^j_1$, $n^j_3+1\le k\le n^j_5$, $n^j_7+1\le k\le n^j$;

$F^j\in C^{1,\alpha}(S_j)$, $G^j\in C^{0,\alpha}(S_j)$;

g^j, g^0, h^j, $p^j\in C^{0,\alpha}(S_j)$, f^j, $l^j\in C^{1,\alpha}(S_j)$.

Die formulierten Randkontaktaufgaben schreiben wir symbolisch und in Beziehung zu Kapitel 1 auch kurz

$$L\,U = F \quad . \tag{3.5}$$

Wir beweisen nun Aussagen über die eindeutige Lösbarkeit der Probleme $M(\sigma)$ und $G(\sigma)$.

<u>Satz 3.1</u>. Wenn D ein unendliches Gebiet ist, so besitzt die Aufgabe $Mo(\sigma)$ nur die triviale Lösung.

Beweis. $V(x)=\{V^j(x)$ für $x\in D_j$, $j=0,1,\dots,m\}$ sei eine Lösung von Aufgabe $Mo(\sigma)$. Wir wenden in den Gebieten D_j $(j=1,\dots,m)$ den Integralsatz (2.7) auf die Vektoren V^j und $\bar{V}^j$ an und in D_0 den Integralsatz (2.8) auf $V=V^0$. Unter Berücksichtigung der Orientierung der Normalen n sowie der homogenen Rand- und Kontaktbedingungen erhalten wir nach Summation aller Ausdrücke die Formel

$$2i\int\limits_{S_R(0)}\Big\{\frac{\rho_0\sigma^2}{k_1^0}|\overset{1}{u}{}^0|^2+\frac{\rho_0\sigma^2}{k_2^0}|\overset{2}{u}{}^0|^2+k_3^0(\lambda_0+2\mu_0)|\overset{3}{u}{}^0|^2+(\gamma_0+\varepsilon_0)(k_1^0|\overset{1}{\omega}{}^0|^2+ k_2^0|\overset{2}{\omega}{}^0|^2)\Big\}\,ds+K(R)=0\;.$$

Da man aus den in Lemma 2.1 angegebenen Formeln und den Voraussetzungen an die elastischen Konstanten, insbesondere aus $I_0\sigma^2-4\alpha_0>0$ unschwer k_1^0 , k_2^0 , $k_3^0>0$ erschließt, ergeben sich für $R\to\infty$ die Relationen

$$\lim_{R\to\infty}\int\limits_{S_R(0)}|\overset{1}{u}{}^0|^2ds=0\;,\dots,\;\lim_{R\to\infty}\int\limits_{S_R(0)}|\overset{2}{\omega}{}^0|^2ds=0\;.$$

Weil nun die $\overset{1}{u}{}^0,\dots,\overset{2}{\omega}{}^0$ nach Lemma 2.1 Lösungen von Schwingungsgleichungen sind, folgt nach dem bekannten Fundamentallemma der Schwingungstheorie (vgl. z.B.[10]) sofort $\overset{1}{u}{}^0\equiv 0$,..., $\overset{2}{\omega}{}^0\equiv 0$. Damit ist bereits $V^0\equiv 0$ gezeigt.

Auf Grund der homogenen Kontaktbedingungen auf den S_j kann man für die V^j auf S_j die folgenden Randbedingungen schließen :

$$V^j(z)=0 \text{ und } \underset{(j)}{P}(\partial_z,n)V^j(z)=0 \quad \text{für } z\in S_j \ (j=1,\dots,m). \qquad (*)$$

Im Spezialfall, wenn alle D_j $(j=1,\dots,m)$ einfach zusammenhängend sind, erhält man nun nach Einsetzen in die Darstellungsformel (2.12) sofort $V^j(x)=0$ für alle $x\in D_j$.

Im allgemeinen Fall hat man wie in [16] die Greenschen Matrizen $\underset{(j)}{G}(x,y;\sigma)$ der m Aufgaben

$$\underset{(j)}{M}(\partial_x,\sigma)W^j(x)=0 \ , \ x\in D_j^- \ ; \ \underset{(j)}{N}{}_l(\partial_z,n)W^j(z)=0 \ , \ z\in S_k^j \ , \ (l,k \text{ gemäß } (3.2))$$

(D_j^- ist das von den Kurven S_k^j $(k=1,\dots,n^j)$ berandete n^j-fach zusammenhängende unendliche Gebiet) zu konstruieren. Die Existenz dieser Matrizen kann analog zu den nachfolgenden Ausführungen bewiesen werden. Da die V^j auf den S_k^j homogene Randbedingungen befriedigen, gilt mit $\underset{(j)}{G}(x,y;\sigma)$ statt $\underset{(j)}{M}(x-y;\sigma)$ die Darstellungsformel (2.12) für $V^j(x)$ in D_j , wenn nur über S_j integriert wird. Nun kann aber wegen $(*)$ wie oben $V^j(x)=0$ für alle $x\in D_j$ geschlossen werden, womit der Satz bewiesen ist.

<u>Satz 3.2.</u> D sei ein unendliches Gebiet. Dann besitzt das Problem Go(σ) genau dann nichttriviale Lösungen, wenn σ Eigenwert einer der Aufgaben

$$\underset{(j)}{M}(\partial_x,\sigma)W^j(x)=0 \ , \ x\in D_j \ ,$$

$$\underset{(j)}{N}{}_l(\partial_z,n)W^j(z)=0 \quad \text{für } z\in S_k^j \ (k=1,\dots,n^j;\ l \text{ vgl. } (3.2)) \ ; \qquad (3.6)$$

$$\underset{(j)}{P}(\partial_z,n)W^j(z)=0 \ , \ n^T(z)u^j(z)=0 \ , \ \omega^j(z)=0 \quad \text{für } z\in S_j \ (j=1,\dots,m)$$

ist. Die Lösungen von Go(σ) haben genau die Gestalt

$$V(x) = \begin{cases} W^j(x) & \text{für } x\in D_j \ (j=1,\dots,m) \\ 0 & \text{für } x\in D_0 \end{cases} \ ,$$

wobei die W^j nichttriviale Lösungen der Aufgaben (3.6) sind.

Beim Beweis schließt man zunächst wie bei Satz 3.1 $V^0\equiv 0$. Die übrigen Behauptungen sieht man leicht ein.

Läßt man in den Randbedingungen der Aufgaben (3.6) die beiden Bedingungen $n^T(z)u^j(z)=0$ und $\omega^j(z)=0$ weg, so entstehen neue Eigenwertprobleme (3.6'), so daß die Eigenwerte und Eigenvektoren von (3.6) eine Teilmenge derer von (3.6') bilden. Mit den Greenschen Matrizen der (3.6') entsprechenden statischen Aufgaben (d.h. $\sigma=0$) kann man in bekannter Weise ein zu (3.6') äquivalentes Fredholmsches Integralglei-

chungssystem aufbauen, in dem σ als Parameter auftritt. Auf diese Weise kann mit Hilfe der Fredholmschen Sätze der Beweis geführt werden, daß (3.6') (und damit auch (3.6)) ein diskretes Spektrum höchstens abzählbar vieler Eigenwerte mit endlicher Vielfachheit besitzt.
Es bleibt noch offen, ob das Spektrum von (3.6) eventuell leer sein kann oder stets nichtleer ist. Eine analoge Problemstellung ist in der dreidimensionalen verallgemeinerten Thermomechanik durch explizite Angabe spezieller Eigenschwingungszustände positiv entschieden worden (vgl. den Beitrag von L.JENTSCH).

Falls D ein endliches Gebiet ist, kann man auch zeigen, daß die Aufgaben $Mo(\sigma)$ und $Go(\sigma)$ abzählbar viele Eigenwerte endlicher Vielfachheit besitzen. Man hat hierzu die "Greenschen Kontaktmatrizen" der entsprechenden statischen Probleme zu konstruieren (vgl. auch [16]), mit denen man wiederum äquivalente Fredholmsche Integralgleichungssysteme aufstellen kann.

Unter den angenommenen Voraussetzungen erhält man auch das Ergebnis, daß alle so konstruierten Eigenvektoren regulär sind und ihre ersten Ableitungen auf den Rändern ∂D_j noch hölderstetig. Wir wollen uns, um den Rahmen der Arbeit nicht zu sprengen, mit diesen allgemeinen Bemerkungen begnügen und im einzelnen nicht auf die erforderlichen Beweise eingehen.

Unter Verwendung der Resultate von Kapitel 1 weisen wir jetzt die Existenz von regulären Lösungen der Aufgaben $M(\sigma)$ und $G(\sigma)$ nach. Dabei beschränken wir uns auf die Betrachtung der Randkontaktaufgaben für das homogene Differentialgleichungssystem (2.3), da man unter Verwendung bekannter Sätze über das Volumenpotential der mikropolaren Elastizitätstheorie in bekannter Weise den allgemeinen Fall auf den speziellen zurückführen kann.

Wir suchen nun die Lösung $V(x)$ der Probleme $M(\sigma)$ bzw. $G(\sigma)$ in der Gestalt von modifizierten Einfachschichtpotentialen

$$\begin{aligned} V^0(x) &= \frac{1}{\pi}\int_{L^0} \underset{(0)}{\hat{G}}(x,y;\sigma)\varphi^0(y)ds + \frac{1}{\pi}\int_{S} \underset{(0)}{\hat{G}}(x,y;\sigma)\psi^0(y)ds \\ V^j(x) &= \frac{1}{\pi}\int_{L^j} \underset{(j)}{\hat{G}}(x,y;\sigma)\varphi^j(y)ds + \frac{1}{\pi}\int_{S_j} \underset{(j)}{\hat{G}}(x,y;\sigma)\psi^j(y)ds \qquad (3.7) \\ & \qquad (j=1,2,\dots,m)\ , \end{aligned}$$

wobei die Greenschen Matrizen $\underset{(j)}{\hat{G}}$ $(j=0,1,\dots,m)$ gemäß Kapitel 2 so konstruiert sind, daß die Potentiale (3.7) bezüglich D_0 bzw. der D_j und bezüglich σ äquivalente Potentiale darstellen. Das Bogenelement ds in (3.7) ist natürlich auf die Variable y zu beziehen. Die Vektoren

$\varphi^j=(\varphi_1^j,\varphi_2^j,\varphi_3^j)^T$ und $\psi^j=(\psi_1^j,\psi_2^j,\psi_3^j)^T$ sind gewisse gesuchte Vektoren, die auf ihren Definitionsbereichen als hölderstetig vorausgesetzt werden.

Nach Einsetzen des Ansatzes (3.7) in alle Rand- und Kontaktbedingungen der Aufgaben erhalten wir ein Integralgleichungssystem

$$A\phi = F \quad , \tag{3.8}$$

das man unter Berücksichtigung der in Kapitel 2 angegebenen Sätze über das Einfachschichtpotential leicht aufschreiben kann (ϕ ist hier eine Zusammenfassung der Vektoren φ^j und ψ^j).

Man erkennt aus (2.11) leicht, daß (3.8) aus Fredholmschen Gleichungen erster Art mit logarithmisch singulären Kernen und aus Gleichungen zweiter Art mit singulären Kernen der Ordnung $|z-y|^{-1}$ zusammengesetzt ist. Die Gleichungen erster Art rühren gerade von jenen Rand- bzw. Kontaktbedingungen her, in denen nur der Verschiebungsvektor V bzw. gewisse Komponenten dieses Vektors, aber keine Ableitungen von V vorkommen.

Wir wenden nun auf alle Gleichungen erster Art den Operator

$$\Omega = \Omega(ds_z) = \left(\frac{d}{ds_z} + a(z)\right) \tag{3.9}$$

an, wobei a(z) eine nichtnegative hölderstetige Funktion auf der betrachteten Kurve ist. Im Spezialfall $a(z) \equiv 0$ bezeichnen wir den Operator Ω mit Ω_0. Das nach Anwendung von Ω entstehende System bezeichnen wir mit

$$S\phi = \Omega A\phi = \Omega F \quad . \tag{3.10}$$

Im einzelnen wollen wir hier nur die Gleichungen von (3.10) notieren, die sich (im Falle der Aufgabe $G(\sigma)$) aus den Kontaktbedingungen (3.4) ergeben :

$$n_2(z)\psi_1^0(z)-n_1(z)\psi_2^0(z)+\frac{1}{\pi}\int_{L^0} s^T(z)\underset{(0)}{Q}(\partial_z,n)\underset{(0)}{\hat{G}}(z,y;\sigma)\varphi^0(y)ds$$
$$+\frac{1}{\pi}\int_{S} s^T(z)\underset{(0)}{Q}(\partial_z,n)\underset{(0)}{\hat{G}}(z,y;\sigma)\psi^0(y)ds = g^j(z) \ ,$$

$$-n_2(z)\psi_1^j(z)+n_1(z)\psi_2^j(z)+\frac{1}{\pi}\int_{L^j} s^T(z)\underset{(j)}{Q}(\partial_z,n)\underset{(j)}{\hat{G}}(z,y;\sigma)\varphi^j(y)ds$$
$$+\frac{1}{\pi}\int_{S_j} s^T(z)\underset{(j)}{Q}(\partial_z,n)\underset{(j)}{\hat{G}}(z,y;\sigma)\psi^j(y)ds = g^0(z) \ ,$$

$$n_1(z)(\psi_1^j(z)+\psi_1^0(z))+n_2(z)(\psi_2^j(z)+\psi_2^0(z)) + \frac{n^T(z)}{\pi}\Big\{\int_{L^j}\underset{(j)}{Q}\underset{(j)}{\hat{G}}\varphi^j ds -$$
$$\int_{L^0}\underset{(0)}{Q}\underset{(0)}{\hat{G}}\varphi^0 ds + \int_{S_j}\underset{(j)}{Q}\underset{(j)}{\hat{G}}\psi^j ds - \int_{S}\underset{(0)}{Q}\underset{(0)}{\hat{G}}\psi^0 ds\Big\} = h^j(z) \ ,$$

$$\frac{1}{\pi}\Big\{\int_{L^j}\frac{d}{ds}(N(z)\underset{(j)}{\hat{G}}(z,y;\sigma))\varphi^j(y)ds - \int_{L^0}\frac{d}{ds}(N(z)\underset{(0)}{\hat{G}}(z,y;\sigma))\varphi^0(y)ds$$

$$+\int_{S_j}\frac{d}{ds}(N\underset{(0)}{\hat{G}})\psi^j ds - \int_S\frac{d}{ds}(N\underset{(0)}{\hat{G}})\psi^0 ds\Big\} + \frac{a(z)}{\pi}\Big\{\int_{L^j}N(z)\underset{(j)}{\hat{G}}(z,y;\sigma)\varphi^j(y)ds -$$

$$-\int_{L^0}N\underset{(0)}{\hat{G}}\varphi^0 ds + \int_{S_j}N\underset{(j)}{\hat{G}}\psi^j ds - \int_S N\underset{(0)}{\hat{G}}\psi^0 ds\Big\} = (\frac{d}{ds} + a(z))(f^j(z),l^j(z))^T ,$$

$$\psi_3^j(z)+\psi_3^0(z)+\frac{e_3^T}{\pi}\Big\{C_j^{-1}\Big\langle\int_{L^j}\frac{\partial}{\partial n}\underset{(j)}{\hat{G}}(z,y;\sigma)\varphi^j(y)ds+\int_{S_j}\frac{\partial}{\partial n}\underset{(j)}{\hat{G}}(z,y;\sigma)\psi^j(y)ds\Big\rangle$$

$$-C_0^{-1}\Big\langle\int_{L^0}\frac{\partial}{\partial n}\underset{(0)}{\hat{G}}\varphi^0 ds + \int_S\frac{\partial}{\partial n}\underset{(0)}{\hat{G}}\psi^0 ds\Big\rangle\Big\} = p^j(z)$$

mit
$$N(z) = \begin{bmatrix} n_1(z) & n_2(z) & 0 \\ 0 & 0 & 1\end{bmatrix} \quad , \quad e_3 = [0,0,1]^T \text{ , } z\in S_j \quad .$$

Man kann nun wie in der Arbeit [13] zeigen, daß (3.10) im Sinne von [27] ein singuläres Integralgleichungssystem vom Normaltyp ist und den Index Null besitzt. Hierzu hat man den charakteristischen Teil des Integralgleichungssystems abzuspalten und auf allen Teilkurven S_k^j und S_j die Beiträge zum Gesamtindex zu ermitteln.

Wir führen die dazu erforderlichen Rechnungen für die Aufgabe $G(\sigma)$ auf den Kurven S_j durch. Der charakteristische Teil von (3.10) auf S_j ist wegen (2.10), (2.11) offensichtlich in den folgenden Ausdrücken enthalten :

$$n_2(z)\psi_1^0(z)-n_1(z)\psi_2^0(z)+\frac{1}{\pi}\int_{S_j}(-n_2(z),n_1(z))\begin{bmatrix}0 & D_0\\ -D_0 & 0\end{bmatrix}\frac{d}{ds_z}\ln\frac{1}{|z-y|}\tilde{\psi}^0(y)ds ,$$

$$-n_2\psi_1^j+n_1\psi_2^j+\frac{1}{\pi}\int_{S_1}(-n_2,n_1)\begin{bmatrix}0 & D_j\\ -D_j & 0\end{bmatrix}\frac{d}{ds_z}\ln\frac{1}{|z-y|}\tilde{\psi}^j(y)ds ,$$

$$n_1(\psi_1^j+\psi_1^0)+n_2(\psi_2^j+\psi_2^0)+\frac{1}{\pi}\int_{S_j}(n_1,n_2)(\begin{bmatrix}0 & D_j\\ -D_j & 0\end{bmatrix}\tilde{\psi}^j-\begin{bmatrix}0 & D_0\\ -D_0 & 0\end{bmatrix}\tilde{\psi}^0)\frac{d}{ds_z}\ln\frac{1}{|z-y|}ds,$$

$$\frac{1}{\pi}\int_{S_j}(n_1,n_2)(\begin{bmatrix}A_j & 0\\ 0 & A_j\end{bmatrix}\tilde{\psi}^j-\begin{bmatrix}A_0 & 0\\ 0 & A_0\end{bmatrix}\tilde{\psi}^0)\frac{d}{ds_z}\ln\frac{1}{|z-y|}ds ,$$

$$\frac{1}{\pi}\int_{S_j}(C_j\psi_3^j-C_0\psi_3^0)\frac{d}{ds_z}\ln\frac{1}{|z-y|}ds ,$$

$$(C_j)^{-1}\psi_3^j(z)+(C_0)^{-1}\psi_3^0(z) ,$$

Es sind hier $\tilde{\psi}^j = (\psi_1^j,\psi_2^j)^T$ und $\tilde{\psi}^0 = (\psi_1^0,\psi_2^0)^T$ gesetzt.

$t=z_1+iz_2$, $\tau=y_1+iy_2$ seien die den Punkten z und y zugeordneten komplexen Zahlen. Es gilt dann bekanntlich wegen $S_j\in C^{2,\alpha}$ die Beziehung

$$\frac{d}{ds_z}\ln\frac{1}{|z-y|} = \frac{1}{\tau-t}\frac{dt}{ds_z}+k(t,\tau) = \frac{1}{\tau-t}\frac{d\tau}{ds_y}+k_1(t,\tau) ,$$

wobei $k(t,\tau)$ und $k_1(t,\tau)$ schwach singuläre komplexe Kerne sind. Damit hat der charakteristische Teil des Systemes (3.10) die Form

$$A(t)\,\Psi(t) + \frac{B(t)}{\pi i} \int_{S_j} \frac{\Psi(\tau)d\tau}{\tau - t}$$

mit $\Psi(t) = (\psi^0(t)^T, \psi^j(t)^T)^T$ und

$$A(t) = \begin{bmatrix} n_2 & -n_1 & 0 & 0 & 0 & 0 \\ 0 & 0 & 0 & -n_2 & n_1 & 0 \\ n_1 & n_2 & 0 & n_1 & n_2 & 0 \\ 0 & 0 & 0 & 0 & 0 & 0 \\ 0 & 0 & 0 & 0 & 0 & 0 \\ 0 & 0 & (C_0)^{-1} & 0 & 0 & (C_j)^{-1} \end{bmatrix},$$

$$B(t) = \begin{bmatrix} -iD_0n_1 & -iD_0n_2 & 0 & 0 & 0 & 0 \\ 0 & 0 & 0 & -iD_jn_1 & -iD_jn_2 & 0 \\ iD_0n_2 & -iD_0n_1 & 0 & -iD_jn_2 & iD_jn_1 & 0 \\ -iA_0n_1 & -iA_0n_2 & 0 & iA_jn_1 & iA_jn_2 & 0 \\ 0 & 0 & -iC_0 & 0 & 0 & iC_j \\ 0 & 0 & 0 & 0 & 0 & 0 \end{bmatrix}.$$

Es gilt nun wegen $n_1^2+n_2^2=1$

$$\det(A\pm B) = \det \begin{bmatrix} n_2\mp iD_0n_1 & -n_1\mp iD_0n_2 & 0 & 0 & 0 & 0 \\ 0 & 0 & 0 & -n_2\mp iD_jn_1 & n_1\mp iD_jn_2 & 0 \\ n_1\pm iD_0n_2 & n_2\mp iD_0n_1 & 0 & n_1\mp iD_jn_2 & n_2\pm iD_jn_1 & 0 \\ \mp iA_0n_1 & \mp iA_0n_2 & 0 & \pm iA_jn_1 & \pm iA_jn_2 & 0 \\ 0 & 0 & \mp iC_0 & 0 & 0 & \pm iC_j \\ 0 & 0 & C_0^{-1} & 0 & 0 & C_j^{-1} \end{bmatrix}$$

$$= \mp i\left(\frac{C_0}{C_j} + \frac{C_j}{C_0}\right) \det \begin{bmatrix} n_2\mp iD_0n_1 & -n_1\mp iD_0n_2 & 0 & 0 \\ 0 & 0 & -n_2\mp iD_jn_1 & n_1\mp iD_jn_2 \\ n_1\pm iD_0n_2 & n_2\mp iD_0n_1 & n_1\mp iD_jn_2 & n_2\pm iD_jn_1 \\ \mp iA_0n_1 & \mp iA_0n_2 & \pm iA_jn_1 & \pm iA_jn_2 \end{bmatrix}$$

$$= \left(\frac{C_0}{C_j} + \frac{C_j}{C_0}\right)\left(A_j(1-D_0^2)+A_0(1-D_j^2)\right) = \text{const}\ .$$

Aus unseren Voraussetzungen an die elastischen Konstanten folgt leicht $C_l>0$, $D_l^2<1$ $(l=0,1,\dots,m)$. Setzen wir noch zusätzlich z.B. entweder $\lambda_l+3\mu_l-\alpha_l>0$ oder $\lambda_l+3\mu_l-\alpha_l<0$ $(l=0,1,\dots,m)$ voraus (diese Voraussetzungen sind hinreichend, aber nicht notwendig), so gilt

$$\det(A\pm B) = \text{const} \neq 0\ .$$

Es ist damit gezeigt, daß das System (3.10) im Falle der Aufgabe G(σ) und unter den genannten Zusatzforderungen an die elastischen Konstanten auf den S_j vom Normaltyp ist und daß der Beitrag der S_j zum Gesamtindex von (3.10) gleich 0 ist. Analog führt man die Betrachtungen auf den übrigen Kurven sowie bei der Aufgabe $M(\mathfrak{S})$, so daß insgesamt gezeigt werden kann, daß (3.10) in allen Fällen den Index 0 hat.

Zur weiteren Untersuchung von System (3.10) betrachten wir zunächst den Fall, daß die nach Voraussetzung nichtnegative Funktion a(z) auf jeder einzelnen geschlossenen Kurve, auf der Ω angewendet wurde, nicht identisch verschwindet. Diese Voraussetzung sichert, daß es keine nichttriviale hölderstetige Funktion u(z) gibt, so daß $\Omega u=0$ ist.
Es genügt offenbar, diese Behauptung zu zeigen, wenn u auf einer geschlossenen Kurve L definiert ist. Faßt man u als Funktion etwa der Bogenlänge s auf $(0 \leq s \leq c)$, so führt diese Frage auf das Randwertproblem

$$\frac{d}{ds}u(s)+a(s)u(s)=0 \ , \quad u(0)=u(c) \ ,$$

das bei nichttrivialem nichtnegativem a offensichtlich nur die triviale Lösung besitzt. Damit ist aber die Behauptung bewiesen.

Wir sind nun in der Lage, die Existenz einer regulären Lösung der Aufgaben $M(\mathfrak{S})$ bzw. $G(\mathfrak{S})$ nachzuweisen, wenn gewisse auch notwendige Bedingungen für ihre Lösbarkeit erfüllt sind.
B_0 sei der lineare Raum aller regulären Lösungen des (homogenen) Differentialgleichungssystems in D, B_1 der lineare Raum aller auf den S_j und S_k^j in der oben erläuterten Weise definierten hölderstetigen Vektoren φ^l und ψ^l $(l=0,1,\dots,m)$. Die Gesamtheit der vorgegebenen Rand- und Kontaktwerte, die zu den oben im einzelnen angegebenen Funktionenklassen $C^{0,\alpha}(S_j)$, $C^{0,\alpha}(S_k^j)$, $C^{1,\alpha}(S_j)$ bzw. $C^{1,\alpha}(S_k^j)$ gehören, bilden den linearen Raum B_2. B_3 geht aus B_2 hervor, wenn die erwähnten Klassen $C^{1,\alpha}(S_j)$ und $C^{1,\alpha}(S_k^j)$ durch $C^{0,\alpha}(S_j)$ bzw. $C^{0,\alpha}(S_k^j)$ ersetzt werden. Die betrachtete Randkontaktaufgabe hatten wir mit

$$L\,U = F \tag{3.5}$$

bezeichnet. Nach dem Gesagten ist L ein Operator aus B_0 in B_2. Der Operator V des Einfachschichtpotentials (3.7) läßt sich als Abbildung von B_1 in B_0 deuten. Oben erhielten wir das Integralgleichungssystem

$$A\,\Phi = L\,V\,\Phi = F \ , \tag{3.8}$$

wobei A ein Operator von B_1 in B_2 ist. Schließlich wird nach Anwendung des Operators Ω das System

$$S\,\Phi = \Omega\,A\,\Phi = \Omega F \tag{3.10}$$

erhalten, wobei S ein Operator von B_1 in B_3 ist. Damit liegt genau die Situation des allgemeinen Existenzsatzes von Kapitel 1 vor.

Wir überlegen uns nun, daß die Voraussetzungen V1 bis V6 von Satz 1.1

erfüllt sind.

Die homogenen Aufgaben $Mo(\sigma)$ bzw. $Go(\sigma)$ mögen h linear unabhängige Lösungen besitzen. Nach den obigen Erörterungen gilt $h<\infty$, womit V1 nachgewiesen ist.

V3 ist von vornherein klar. Da die Potentiale (3.7) nämlich als äquivalente Potentiale konstruiert wurden, kann aus $V(\phi)=0$ sofort $\phi=0$ geschlossen werden, womit $N(V)=0$ bewiesen ist.

V4 ist erfüllt, weil nach den obigen Bemerkungen $N(\Omega)=0$ gilt.

Aus den Ergebnissen der Integralgleichungstheorie und der Folgerung 1 zu Lemma 1.1 folgt, daß der Index $\varkappa$ des Systemes (3.10) mit dem in V5 definierten Index zusammenfällt, womit auch V5 erwiesen ist.

V6 ist hier trivialerweise erfüllt.

Es bleibt der Nachweis von V2. Wenn $U_p(x)=\{U_p^j(x)$ für $x\in D_j\}$ $(j=0,1,\dots,m;\ p=1,2,\dots,h)$ ein vollständiges linear unabhängiges System von Lösungen der entsprechenden homogenen Aufgaben $Mo(\sigma)$ bzw. $Go(\sigma)$ ist, so erhält man nach Einsetzen der $U_p^j(x)$ und der gesuchten Lösung $V^j(x)$ der inhomogenen Aufgabe $M(\sigma)$ bzw. $G(\sigma)$ in (2.7) die Beziehungen :

$$0=\sum_{l=1}^{8}\int_{L_l^j}\hat{F}_l^j(z)^T\underset{(j)}{N'}_l(\partial_z,n)U_p^j(z)ds+\int_{S_j}(V^j(z)^T\underset{(j)}{P}(\partial_z,n)U_p^j(z)-$$
$$-U_p^j(z)^T\underset{(j)}{P}(\partial_z,n)V^j(z))ds\quad(j=1,\dots,m;p=1,\dots,h)\qquad(*)$$

und

$$0=\sum_{l=1}^{8}\int_{L_l^0}\hat{F}_l^0(z)^T\underset{(0)}{N'}_l(\partial_z,n)U_p^0(z)ds+\sum_{j=1}^{m}\int_{S_j}(V^0(z)^T\underset{(0)}{P}(\partial_z,\tilde{n})U_p^0(z)-$$
$$-U_p^0(z)^T\underset{(0)}{P}(\partial_z,\tilde{n})V^0(z))ds\quad(p=1,\dots,h)\ .\qquad(**)$$

Hierbei bedeutet $\tilde{n}$ die aus D_0 heraus zeigende Normale.

Im Falle der Aufgabe $M(\sigma)$ führt die Addition aller Gleichungen (*) und (**) bei festem p unter Berücksichtigung der Orientierung der Normalen n und der Kontaktbedingungen auf

$$\sum_{j=0}^{m}\sum_{l=1}^{8}\int_{L_l^j}\hat{F}_l^j(z)^T\underset{(j)}{N'}_l(\partial_z,n)U_p^j(z)ds+\sum_{j=1}^{m}\int_{S_j}(F^j(z)^T\underset{(j)}{P}(\partial_z,n)U_p^j(z)-$$
$$-U_p^j(z)^TG^j(z))ds=0\ ,\qquad(3.11)$$

im Falle der Aufgabe $G(\sigma)$ dagegen auf

$$\sum_{j=0}^{m}\sum_{l=1}^{8}\int_{L_l^j}\hat{F}_l^j(z)^T\underset{(j)}{N'}_l(\partial_z,n)U_p^j(z)ds+\sum_{j=1}^{m}\int_{S_j}\{f^j(z)(n(z)^T\underset{(j)}{Q}(\partial_z,n)U_p^j\}-$$

$$-(n^T(z)u_p^j(z))h^j(z) -(s^T(z)u_p^j(z))g^j(z) +(s^T(z)u_p^0(z))g^0(z) + \\ + (\gamma_j+\varepsilon_j) \frac{\partial}{\partial n} \omega_p^j(z)l^j(z) - \omega_p^j(z)p^j(z)\} \, ds = 0 \quad (p=1,\dots,h). \tag{3.12}$$

Die $u_p^j(z)$ und $\omega_p^j(z)$ $(j=0,1,\dots,m)$ sind hierbei die den $U_p^j(z)$ entsprechenden Verschiebungs- bzw. Drehvektoren.

Zum Nachweis von V2 genügt es nun zu zeigen, daß diese h Bedingungen linear unabhängig sind. Wir betrachten dazu zunächst (3.11). Wären die h Bedingungen (3.11) linear abhängig, so würde eine nichttriviale Linearkombination

$$U_0 = \sum_{i=1}^{h} \gamma_i U_i$$

existieren, so daß

$$\underset{(i)}{N'}_l(\partial_z,n)U_0^i(z)=0 \ , \ z\in L_l^i \quad (i=0,1,\dots,m;\ l=1,2,\dots,8), \qquad (*)$$

$$\underset{(j)}{P}(\partial_z,n)U_0^j(z) = U_0^j(z) = 0 \quad (j=1,\dots,m) \text{ für } z\in S_j$$

gelten würde. Da aber die U_0^j $(j=1,\dots,m)$ auf den L_l^j außerdem nach Voraussetzung die Randbedingungen $\underset{(j)}{N}_l(\partial_z,n)U_0^j(z)=0$ befriedigen, ergibt sich aus Formel (2.12) sofort für $x\in D_j$ $(j=1,\dots,m)$ $U_0^j(x)=0$. $U_0^0(x)=0$ für $x\in D_0$ erschließt man auf dem gleichen Wege, indem nämlich ausgenutzt wird, daß neben der Randbedingungen (*) für $i=0$ auf Grund der homogenen Kontaktbedingungen für U_0 auch die Beziehungen

$$\underset{(0)}{P}(\partial_z,n)U_0^0(z) = U_0^0(z) = 0 \quad \text{für } z\in S_j \ (j=1,\dots,m)$$

bestehen müssen. Es gilt damit insgesamt $U_0(x)=0$ für alle $x\in D$. Das widerspricht aber offenbar der linearen Unabhängigkeit der U_i $(i=1,\dots,h)$. Folglich müssen die h Bedingungen (3.11) linear unabhängig sein.

Wir betrachten nun (3.12). Unter der gleichen Annahme, daß die Bedingungen (3.12) linear abhängig sind, erhalten wir die Existenz einer nichttrivialen Linearkombination

$$U_0 = \sum_{i=1}^{h} \gamma_i U_i \quad ,$$

so daß für die entsprechenden u_0^j, ω_0^j gilt

$$\underset{(i)}{N'}_l(\partial_z,n)U_0^i(z)=0 \quad \text{für } z\in L_l^i \ (i=0,1,\dots,m;\ l=1,2,\dots,8) \ ;$$

$$n^T(z)\underset{(j)}{Q}(\partial_z,n)U_0^j(z) = n^Tu_0^j(z) = s^Tu_0^j(z) = \frac{\partial}{\partial n}\omega_0^j(z) = \omega_0^j(z) = 0$$

$$\text{für } z\in S_j \ (j=1,\dots,m) \ .$$

$$s^T(z)u_0^0(z)=0 \quad \text{für } z\in S_j \ (j=1,\ldots,m) .$$

Die zweite Gruppe dieser Bedingungen impliziert hier zusammen mit den homogenen Kontaktbedingungen ebenfalls

$$\underset{(j)}{P}(\partial_z,n)U_0^j(z)=U_0^j(z)=0 \quad \text{für } z\in S_j \ (j=1,\ldots,m).$$

Damit kann wie oben auf Grund der Darstellungsformel (2.12) $U_0^j(x)=0$ für $x\in D_j$ $(j=1,\ldots,m)$ geschlossen werden. Weiterhin übertragen sich wegen der homogenen Kontaktbedingungen die homogenen Randbedingungen auf den S_j $(j=1,\ldots,m)$ auch auf $U_0^0(z)$, womit $U_0^0(x)=0$ $(x\in D_0)$ und somit $U_0(x)=0$ für $x\in D$ geschlossen werden kann. Aus diesem Widerspruch zur linearen Unabhängigkeit der U_i $(i=1,\ldots,h)$ ergibt sich schließlich die Voraussetzung V2.

Damit ist die Gültigkeit der Voraussetzungen V1 bis V6 nachgewiesen, und wir erhalten ohne weiteres aus Satz 1.1 sofort den folgenden

Satz 3.3. σ sei ein Eigenwert der Aufgabe Mo(σ) (bzw. Go(σ)) der Vielfachheit h=0 . Unter dieser Voraussetzung existiert genau dann eine reguläre Lösung V der Aufgabe M(σ) (bzw. G(σ)), wenn die vorgegebenen Rand- und Kontaktwerte die notwendigen und hinreichenden Lösbarkeitsbedingungen (3.11) (bzw. (3.12)) erfüllen.
Die Lösung der Aufgaben ist in der Gestalt (3.7) darstellbar, wenn die φ^j, ψ^j Lösungen der äquivalenten Integralgleichungssysteme (3.8) oder (3.10) (unter der Voraussetzung, daß a(z) auf keiner geschlossenen Randkurve identisch verschwindet) sind.

Wir weisen darauf hin, daß die Untersuchung besonders einfach wird, wenn σ kein Eigenwert der homogenen Aufgabe Mo(σ) bzw. Go(σ) ist. In diesem Falle besitzen die Integralgleichungen (3.8) und (3.10) eine eindeutige Lösung.
Der obige Existenzsatz umfaßt z.B. auch für m=0 den Fall der reinen Randwertaufgabe, und man verfügt hiermit über eine einfache und verallgemeinerungsfähige Methode zur Konstruktion äquivalenter Integralgleichungen für Aufgaben der Schwingungstheorie, insbesondere auch für Außengebietaufgaben sowie für Aufgaben in mehrfach zusammenhängenden Gebieten.
Bemerkenswert ist weiterhin, daß wir im Falle der Aufgabe M(σ) gegenüber einer Arbeit von GIORGAŠVILI [30] , in der ein in bezug auf die zugelassenen Randbedingungen spezielleres Kontaktproblem nur unter der Voraussetzung $S_j\in C^{2,\alpha}$ behandelt werden konnte, hier mit der schwächeren Forderung $S_j\in C^{1,\alpha}$ auskommen.

Wir gehen nun noch kurz auf die Änderungen der Überlegungen ein, die notwendig werden, wenn die bisherigen Voraussetzungen an a(z) in der

Hinsicht aufgegeben werden, daß das identische Verschwinden dieser Funktion auf gewissen geschlossenen Randkurven zugelassen ist. Insbesondere betrachten wir den Fall $a(z) \equiv 0$, d.h. $\Omega = \Omega_0$.

Die Voraussetzungen V1, V2 und V3 sind hier offenbar auch erfüllt, da der Operator Ω hierauf keinen Einfluß hat. Dagegen gibt es hier nichttriviale Vektoren im Nullraum von Ω_0. Denn Ω_0 bildet genau die auf den einzelnen geschlossenen Kurven S_j und S_k^j stückweise konstanten Vektoren auf Null ab. Unter Beachtung der Anzahl der Gleichungen, die auf den einzelnen Kurven differenziert worden sind, ergibt sich für die Aufgabe $M(\mathfrak{S})$

$$\dim N(\Omega_0) = n = 3m + \sum_{j=0}^{m} \{3n_1^j + 2(n_3^j - n_2^j) + (n_4^j - n_3^j) + 2(n_5^j - n_4^j) + (n_6^j - n_5^j) + (n_7^j - n_6^j) +$$

$$+ 2(n_8^j - n_7^j)\} = 3m + \sum_{j=0}^{m} \{3n_1^j - 2n_2^j + n_3^j - n_4^j + n_5^j - n_7^j + 2n_8^j\}$$

und für die Aufgabe $G(\mathfrak{S})$

$$\dim N(\Omega_0) = n = 2m + \sum_{j=0}^{m} \{3n_1^j - 2n_2^j + n_3^j - n_4^j + n_5^j - n_7^j + 2n_8^j\} \quad .$$

Die Berechnung des Indexes $\varkappa$ des Systemes (3.10) mit dem Operator Ω_0 führt auf die gleichen Betrachtungen wie oben, also gilt $\varkappa = 0$, und V5 ist erfüllt.

Zum Nachweis von V6 wird das adjungierte homogene Integralgleichungssystem zu (3.10) betrachtet. Man kann hier zeigen, daß dieses System in beiden Fällen n stückweise konstante und linear unabhängige Vektoren als Lösungen hat, die gerade auf den Kurven, wo das System (3.8) differenziert worden ist, von Null verschieden sind. Wir gehen hier auf den Beweis und die genaue Formulierung dieses Ergebnisses nicht näher ein und verweisen den interessierten Leser diesbezüglich auf die Arbeiten [13] und [16], in denen an den Beispielen der klassischen ebenen Elastizitätstheorie bzw. der Thermoelastizitätstheorie die entsprechenden Überlegungen ausführlich dargestellt sind.

Außerdem erwähnen wir noch, daß die aus der Integralgleichungstheorie durch diese n Lösungen des adjungierten homogenen Systems für (3.10) resultierenden Lösbarkeitsbedingungen die Struktur

$$\int_S \frac{d}{ds} f(s)\,ds = 0 \quad (\text{mit } f \in C^{1,\alpha}(S))$$

haben und somit stets erfüllt sind. Es sind damit n Lösbarkeitsbedingungen für (3.10) linear abhängig, womit auch V6 zutrifft.

Auf diese Weise erhalten wir unter Anwendung von Satz 1.1 erneut die ersten Behauptungen des Existenzsatzes 3.3. Überdies liefert Satz 1.1 die Existenz von genau $\dim N(S) - n$ linear unabhängigen Lösbarkeitsbedingungen für die Gleichung

$$\Omega_0 A\phi = \Omega_0 F \quad (F\in B_2) \tag{3.13}$$

sowie die Abschätzung

$$\max(n,h) \leq \dim N(S) \leq n+h \ , \tag{3.14}$$

die im Falle h=0 (d.h. σ ist kein Eigenwert) scharf ist.

Beim Vergleich der beiden Varianten (a(z) auf keiner geschlossenen Randkurve identisch Null einerseits und andererseits $\Omega = \Omega_0$) stellt man fest, daß die Struktur der Kerne von (3.13) formelmäßig am einfachsten ist. Gegen diese Variante mit dem Operator Ω_0 (in Hinblick auf eventuelle numerische Nutzung) spricht allerdings das Auftreten von solchen "zusätzlichen"Lösungen des homogenen Systems (3.13o), die keinen Eigenschwingungszuständen entsprechen. So besitzt z.B. die homogene Gleichung (3.13o) im Nichteigenwertfall nach (3.14) genau n linear unabhängige Lösungen, während (3.10o) im Rahmen der ersten Variante nur trivial lösbar ist.

4. Die allgemeine gemischte Randwertaufgabe der ebenen mikropolaren Elastizitätstheorie

In diesem Kapitel wollen wir zeigen, wie unter Ausnutzung der Ergebnisse von Kapitel 1 Existenzsätze für die allgemeine gemischte Randwertaufgabe zu gewinnen sind. Dabei betrachten wir der Einfachheit der Darlegung halber nur den Fall eines einfach zusammenhängenden unendlichen Gebietes. Bei mehrfachem Zusammenhang verlaufen die Überlegungen ganz analog. Die entsprechende Aufgabe läßt sich für ein endliches Gebiet im Nichteigenwertfall ebenso behandeln, während im Eigenwertfall die Bemerkungen am Ende des Kapitels beachtet werden müssen.

D sei ein einfach zusammenhängendes unendliches Gebiet mit $S=\partial D\in C^{2,\alpha}$. Auf S seien m Punkte (Knoten) $a_1,\dots,a_m$ $(m\geq 2)$ in positivem Sinn angeordnet. a_1 wird gelegentlich auch als a_{m+1} bezeichnet und a_m als a_0. $m_1,\dots,m_8$ seien nichtnegative ganze Zahlen und $\nu_1,\dots,\nu_{2m_\nu}$ $(\nu=1,\dots,8)$ natürliche Zahlen, die den folgenden Bedingungen genügen :

$$\sum_{\nu=1}^{8} m_\nu = m \; ; \quad 1\leq \nu_1<\nu_2<\dots<\nu_{2m_\nu}\leq m+1 \; ; \quad \nu_{2l}=\nu_{2l-1}+1$$

$$(\nu=1,\dots,8;\; l=1,\dots,m) \qquad \text{und}$$

$$S=\bigcup_{\nu=1}^{8} S_\nu \cup \bigcup_{\mu=1}^{m} a_\mu \;, \quad S_\nu\cap S_\mu=\emptyset \quad \text{für } \nu\neq\mu \text{, mit} \tag{4.1}$$

$$S_\nu=(a_{\nu_1},a_{\nu_2})\cup(a_{\nu_3},a_{\nu_4})\cup\dots\cup(a_{\nu_{2m_\nu-1}},a_{\nu_{2m_\nu}})$$

($(a_{\nu_{2l-1}},a_{\nu_{2l}})$ bedeutet den Abschnitt auf S zwischen den Knoten $a_{\nu_{2l-1}}$ und $a_{\nu_{2l}}$, zu dem diese nicht hinzugerechnet werden).

$A_{\nu\mu}$ sei die Anzahl der Knoten, die gemeinsame Endpunkte von S_ν und S_μ sind $(\nu,\mu=1,\dots,8;\ \nu\neq\mu)$. Es gilt dann nach Konstruktion

$$\sum_{\substack{\nu=1\\ \nu\neq\mu}}^{8} A_{\nu\mu}=2m_\mu \quad (\mu=1,\dots,8). \tag{4.2}$$

Wir betrachten folgende Randwertaufgabe :
Gesucht ist eine im Gebiet D mit den Knoten $a_1,\dots,a_m$ *-reguläre (ε^*-reguläre bzw. ε-reguläre) Lösung V der Grundgleichungen

$$M(\partial_x,\sigma)V(x)=0 \;, \quad x\in D \;, \tag{4.3}$$

die auf S die folgenden Randbedingungen erfüllt :

$$N_\nu(\partial_z,n)V(z)=F_\nu(z)=(f_1^\nu(z),f_2^\nu(z),f_3^\nu(z))^T \;, \quad z\in S_\nu \quad (\nu=1,\dots,8). \tag{4.4}$$

Hierbei ist n die in D hinein zeigende Normale an S.

Wir stellen folgende Voraussetzungen an die Randwerte :

a. $F_\nu(z) \in H_\varepsilon \quad (\nu=1,\ldots,8)$;

b. Die Funktionen $f_1^\nu(z)$ $(\nu=1,3,5,7)$, $f_2^\nu(z)$ $(\nu=1,3,6,8)$ und $f_3^\nu(z)$ $(\nu=1,4,5,8)$ seien auf ihren Definitionsbereichen stetig und stetig fortsetzbar in die zugehörigen Endpunkte a_1 ; ihre Ableitungen nach der Bogenlänge mögen der Klasse H_ε angehören. (4.5)

Außerdem seien die folgenden Übergangsbedingungen in den Knoten erfüllt

α) In den Knoten a_1 vom Typ S_ν-S_μ $(\nu,\mu=1,4,5,8;\ \nu\neq\mu)$:

$$\lim_{S_\nu \ni z \to a_1} f_3^\nu(z) = \lim_{S_\mu \ni z \to a_1} (-1)^{\nu+\mu} f_3^\mu(z) ,$$

β) in den Knoten a_1 vom Typ S_1-S_3 :

$$\lim_{S_1 \ni z \to a_1} f_j^1(z) = \lim_{S_3 \ni z \to a_1} f_j^3(z) \quad (j=1,2) ,$$

γ) vom Typ S_5-S_7 :

$$\lim_{S_5 \ni z \to a_1} f_1^5(z) = \lim_{S_7 \ni z \to a_1} f_1^7(z) ,$$

δ) vom Typ S_6-S_8 : (4.6)

$$\lim_{S_6 \ni z \to a_1} f_2^6(z) = \lim_{S_8 \ni z \to a_1} f_2^8(z) ,$$

ε) vom Typ S_ν-S_μ $(\nu=1,3;\ \mu=5,7)$:

$$\lim_{S_\nu \ni z \to a_1} (n_1(a_1) f_1^\nu(z) + n_2(a_1) f_2^\nu(z)) = \lim_{S_\mu \ni z \to a_1} f_1^\mu(z) ,$$

ζ) vom Typ S_ν-S_μ $(\nu=1,3;\ \mu=6,8)$:

$$\lim_{S_\nu \ni z \to a_1} (n_2(a_1) f_1^\nu(z) - n_1(a_1) f_2^\nu(z)) = \lim_{S_\mu \ni z \to a_1} f_2^\mu(z) .$$

Die Übergangsbedingungen (4.6) (α)- ζ)) sind notwendig, um die Stetigkeit der gesuchten Lösung V auf S zu sichern und folgen daher aus der vorausgesetzten *-Regularität von V.

Die formulierte Aufgabe, d.h. (4.3) - (4.6), bezeichnen wir kurz als Aufgabe R(σ), die zugehörige homogene Aufgabe (d.h. $F_\nu(z) \equiv 0$) wird mit Ro(σ) bezeichnet.
Es gilt der folgende

Satz 4.1. Die Aufgabe Ro(σ) besitzt nur die triviale Lösung.

Zum Beweis setzen wir die Lösung V der Aufgabe Ro(σ) in Formel (2.8) ein. Unter Berücksichtigung der homogenen Randbedingungen auf S erhalten wir nach dem Grenzübergang $R \to \infty$ die Beziehungen

$$\lim_{R\to\infty} \int_{S_R(0)} |\overset{1}{u}|^2 \, ds = \lim_{R\to\infty} \int_{S_R(0)} |\overset{2}{u}|^2 \, ds = \lim_{R\to\infty} \int_{S_R(0)} |\overset{3}{u}|^2 \, ds =$$

$$= \lim_{R\to\infty} \int_{S_R(0)} |\overset{1}{\omega}|^2 \, ds = \lim_{R\to\infty} \int_{S_R(0)} |\overset{2}{\omega}|^2 \, ds = 0 \, .$$

Hieraus folgt aber wie früher nach dem Fundamentallemma der Schwingungstheorie sofort $V \equiv 0$, was zu beweisen war.

Um das Randwertproblem $R(\sigma)$ in ein Integralgleichungssystem zu überführen, setzen wir die Lösung in der Gestalt des äquivalenten Potentials vom Typ der einfachen Schicht an

$$V(x) = \frac{1}{\pi} \int_S \hat{G}(x,y;\sigma) \, \varphi(y) \, ds \quad , \tag{4.7}$$

wobei die Greensche Matrix $\hat{G}(x,y;\sigma)$ wie in Kapitel 2 konstruiert ist und $\varphi(y) = (\varphi_1, \varphi_2, \varphi_3)^T$ einen auf S definierten gesuchten Vektor der Klasse H^* darstellt. Unter Berücksichtigung der in Kapitel 2 angegebenen Sätze über das Einfachschichtpotential erhalten wir nach Einsetzen in die Randbedingungen von $R(\sigma)$ ein Integralgleichungssystem

$$A\varphi = F \tag{4.8}$$

für φ , das man leicht explizit aufschreiben kann.
(3.7) besteht aus Gleichungen 2.Art mit stark singulären Kernen der Ordnung $|z-y|^{-1}$ sowie aus Gleichungen 1. Art, deren Kerne logarithmische Singularitäten aufweisen. Differenziert man die letzteren nach der Bogenlänge $s=s_z$, so erhält man das folgende singuläre Integralgleichungssystem mit unstetigen Koeffizienten

$$A(z)\varphi(z) + \frac{1}{\pi} \int_S K(z;y)\varphi(y) ds = \Omega F(z) \tag{4.9}$$

mit

$$A(z) = \begin{cases} \begin{bmatrix} 0 & 0 & 0 \\ 0 & 0 & 0 \\ 0 & 0 & 0 \end{bmatrix}, \; z \in S_1 \; ; \; \begin{bmatrix} -1 & 0 & 0 \\ 0 & -1 & 0 \\ 0 & 0 & -1 \end{bmatrix}, \; z \in S_2 \; ; \\ \begin{bmatrix} 0 & 0 & 0 \\ 0 & 0 & 0 \\ 0 & 0 & -1 \end{bmatrix}, \; z \in S_3 \; ; \; \begin{bmatrix} -1 & 0 & 0 \\ 0 & -1 & 0 \\ 0 & 0 & 0 \end{bmatrix}, \; z \in S_4 \; ; \\ \begin{bmatrix} 0 & 0 & 0 \\ n_2 & -n_1 & 0 \\ 0 & 0 & 0 \end{bmatrix}, \; z \in S_5 \; ; \; \begin{bmatrix} -n_1 & -n_2 & 0 \\ 0 & 0 & 0 \\ 0 & 0 & -1 \end{bmatrix}, \; z \in S_6 \; ; \\ \begin{bmatrix} 0 & 0 & 0 \\ n_2 & -n_1 & 0 \\ 0 & 0 & -1 \end{bmatrix}, \; z \in S_7 \; ; \; \begin{bmatrix} -n_1 & -n_2 & 0 \\ 0 & 0 & 0 \\ 0 & 0 & 0 \end{bmatrix}, \; z \in S_8 \; . \end{cases}$$

$$
K(z,y)=\begin{cases}
\frac{d}{ds}\,\hat{G}(z,y;\sigma),\ z\in S_1\ ; & P(\partial_z,n)\hat{G}(z,y;\sigma),\ z\in S_2\ ;\\[2mm]
\begin{bmatrix}\frac{d}{ds} & 0 & 0\\ 0 & \frac{d}{ds} & 0\\ 0 & 0 & C\frac{\partial}{\partial n}\end{bmatrix}\hat{G}(z,y;\sigma),\ z\in S_3\ ; & \begin{bmatrix} & Q(\partial_z,n) & \\ 0 & 0 & -\frac{d}{ds}\end{bmatrix}\hat{G}(z,y;\sigma),\ z\in S_4\ ;\\[2mm]
\begin{bmatrix}\frac{d}{ds}\langle\langle(n^T;0)\hat{G}(z,y;\sigma)\rangle\rangle\\ s^TQ(\partial_z,n)\hat{G}(z,y;\sigma)\\ \frac{d}{ds}(e_3^T\,\hat{G}(z,y;\sigma))\end{bmatrix},\ z\in S_5\ ; & \begin{bmatrix}n^TQ(\partial_z,n)\hat{G}(z,y;\sigma)\\ -\frac{d}{ds}\langle\langle(s^T;0)\hat{G}(z,y;\sigma)\rangle\rangle\\ C\frac{\partial}{\partial n}(e_3^T\,\hat{G}(z,y;\sigma)\end{bmatrix},\ z\in S_6\ ;\\[2mm]
\begin{bmatrix}\frac{d}{ds}\langle\langle(n^T;0)\hat{G}(z,y;\sigma)\rangle\rangle\\ s^TQ(\partial_z,n)\hat{G}(z,y;\sigma)\\ C\frac{\partial}{\partial n}(e_3^T\,\hat{G}(z,y;\sigma))\end{bmatrix},\ z\in S_7\ ; & \begin{bmatrix}n^TQ(\partial_z,n)\hat{G}(z,y;\sigma)\\ -\frac{d}{ds}\langle\langle(s^T;0)\hat{G}(z,y;\sigma)\rangle\rangle\\ -\frac{d}{ds}(e_3^T\,\hat{G}(z,y;\sigma))\end{bmatrix},\ z\in S_8\ ,
\end{cases}
$$

$$
\Omega F(z)=\begin{cases}
\frac{d}{ds}F_1(z)\ ,\ z\in S_1\ ; & F_2(z),\ z\in S_2\ ;\\[2mm]
\begin{bmatrix}\frac{d}{ds}f_1^3\\ \frac{d}{ds}f_2^3\\ f_3^3\end{bmatrix},\ z\in S_3\ ; & \begin{bmatrix}f_1^4\\ f_2^4\\ \frac{d}{ds}f_3^4\end{bmatrix},\ z\in S_4\ ;\\[2mm]
\begin{bmatrix}\frac{d}{ds}f_1^5\\ f_2^5\\ \frac{d}{ds}f_3^5\end{bmatrix},\ z\in S_5\ ; & \begin{bmatrix}f_1^6\\ \frac{d}{ds}f_2^6\\ f_3^6\end{bmatrix},\ z\in S_6\ ;\\[2mm]
\begin{bmatrix}\frac{d}{ds}f_1^7\\ f_2^7\\ f_3^7\end{bmatrix},\ z\in S_7\ ; & \begin{bmatrix}f_1^8\\ \frac{d}{ds}f_2^8\\ \frac{d}{ds}f_3^8\end{bmatrix},\ z\in S_8
\end{cases}
$$

Der charakteristische Teil des Systemes (4.9) kann in komplexer Form wie folgt geschrieben werden :

$$
A(t)\varphi(t) + \frac{1}{\pi i}\,B(t)\int_S \frac{\varphi(\tau)}{\tau-t}\,d\tau
$$

mit

$$
B(t) = \begin{cases}
i\begin{bmatrix}A & 0 & 0\\ 0 & A & 0\\ 0 & 0 & C\end{bmatrix},\ t\in S_1\ ; & i\begin{bmatrix}0 & D & 0\\ -D & 0 & 0\\ 0 & 0 & 0\end{bmatrix},\ t\in S_2\ ;\\[2mm]
i\begin{bmatrix}A & 0 & 0\\ 0 & A & 0\\ 0 & 0 & 0\end{bmatrix},\ t\in S_3\ ; & i\begin{bmatrix}0 & D & 0\\ -D & 0 & 0\\ 0 & 0 & -C\end{bmatrix},\ t\in S_4\ ;
\end{cases}
$$

$$B(t) = \begin{cases} i\begin{bmatrix} An_1 & An_2 & 0 \\ -Dn_1 & -Dn_2 & 0 \\ 0 & 0 & C \end{bmatrix}, \ t\in S_5 ; & i\begin{bmatrix} -Dn_2 & Dn_1 & 0 \\ An_2 & -An_1 & 0 \\ 0 & 0 & 0 \end{bmatrix}, \ t\in S_6 ; \\ i\begin{bmatrix} An_1 & An_2 & 0 \\ -Dn_1 & -Dn_2 & 0 \\ 0 & 0 & 0 \end{bmatrix}, \ t\in S_7 ; & i\begin{bmatrix} -Dn_2 & Dn_1 & 0 \\ An_2 & -An_1 & 0 \\ 0 & 0 & -C \end{bmatrix}, \ t\in S_8 \end{cases}$$

und

$$A(t) = A(z) .$$

Wie man leicht nachrechnet, ist das System (4.9) vom Normaltyp, wenn die auch in Kapitel 2 und 3 erwähnten natürlichen Voraussetzungen an die elastischen Konstanten gefordert werden (insbesondere sei $A = \frac{\lambda+3\mu-\alpha}{2(\mu+\alpha)(\lambda+2\mu)} \neq 0$).

Die Indexberechnung wird nach der Theorie von N.P. VEKUA [27] geführt. Wenn

$$g(t) = (A(t)+B(t))^{-1}(A(t)-B(t)) \tag{4.10}$$

gesetzt ist, hat man dazu bekanntlich die Wurzeln λ_1^j, λ_2^j, λ_3^j ($j=1,\dots,m$) der charakteristischen Gleichungen der Matrizen

$$\gamma^j(a_j) = g^{-1}(a_j+0)\, g(a_j-0)$$

zu bestimmen. Der Knoten a_j heißt nach [27] nichtsingulär, wenn nicht alle Wurzeln λ_1^j, λ_2^j, λ_3^j positiv reell sind. Man definiert die Zahlen ϱ_l^j durch

$$\lambda_l^j = e^{2\pi i \varrho_l^j} \quad (l=1,2,3) ,$$

so daß bei festem j noch entweder

$$-1 < \operatorname{Re} \varrho_l^j \leq 0 \quad \text{oder} \quad 0 \leq \operatorname{Re} \varrho_l^j < 1 \quad (l=1,2,3) \tag{4.11}$$

gilt. Fordert man für alle j die erste Ungleichung von (4.11), so entspricht das der Untersuchung von (4.9) auf Lösbarkeit in der umfangreichsten Klasse h^*, während die Forderung der zweiten Ungleichung für alle j bei Betrachtungen in der engsten Klasse h_0 notwendig ist. Der Index $\varkappa_h$ in einer beliebigen Klasse h wird durch die folgende Formel gegeben :

$$\varkappa_h = \frac{1}{2\pi} \arg \left[\frac{\det g(t)}{\prod_{j=1}^{m} \prod_{l=1}^{3} (t-z_0)^{\varrho_l^j}} \right]_S , \tag{4.12}$$

wobei z_0 ein beliebiger Punkt außerhalb von D ist. Die Zweige von $(t-z_0)^{\varrho_l^j}$ müssen hierbei so gewählt werden, daß die Funktionen $p_l^j(z) = (z-z_0)^{\varrho_l^j}$ in der längs $\widehat{z_0 a_j \infty}$ aufgeschnittenen Ebene analytisch sind. Die in der eckigen Klammer von (4.12) stehende Funktion ist dann auf S stetig.

Nach aufwendigen, aber einfachen Rechnungen zeigt man, daß alle Knoten des Systems (4.9) nichtsingulär sind. Weiterhin erhält man als Index von (4.9) in der umfangreichsten Klasse h^* die Zahl

$$\varkappa_{h^*} = \varkappa(A_{\nu\mu}) = \frac{1}{2} \sum_{\substack{l,k=1 \\ l<k}}^{8} A_{lk} + \sum_{j=1}^{4} A_{2j-1,2j} + \frac{1}{2}(A_{14}+A_{16}+A_{17}+A_{23}+A_{25}+A_{28}+A_{35}+A_{38}+A_{46}+A_{47}+A_{58}+A_{67}) \quad (4.13)$$

In einer beliebigen Klasse h, die dadurch charakterisiert wird, daß die Lösung φ in der Umgebung von $A^0_{\nu\mu}$ Knoten des Typs S_ν-S_μ der Klasse H_ε angehören soll, ergibt sich als Index

$$\varkappa_h = \varkappa_{h^*} - 2\,\varkappa(A^0_{\nu\mu}) \quad . \qquad (4.14)$$

Wir weisen noch darauf hin, daß unter den angenommenen Voraussetzungen der schwach singuläre Teil des Systems (4.9) alle Bedingungen erfüllt, die in [27] gefordert werden, so daß die Ergebnisse von N.P. VEKUA voll auf (4.9) angewendet werden können (aus der Voraussetzung $S \in C^{2,\alpha}$ folgt nämlich, daß die schwach singulären Bestandteile der Kerne höchstens logarithmische Singularitäten haben).

Wir untersuchen jetzt die Aufgabe R(σ), die wir symbolisch mit

$$L\,U = F$$

bezeichnen, auf *-reguläre Lösbarkeit. L ist ein linearer Operator, der eine Teilmenge des linearen Raumes B_0 der *-regulären Vektoren in den linearen Raum B_2 der durch (4.5) und (4.6) definierten Randwerte überführt. B_1 sei der lineare Raum der auf S definierten Vektoren der Klasse H^*. Durch (4.7) ist ein linearer Operator V von B_1 in B_0 erklärt. (4.8) bedeutet

$$A\varphi = L\,V\varphi = F \quad . \qquad (4.8)$$

Nach Anwendung des oben erklärten Differentiationsoperators erhielten wir das System (4.9), das symbolisch in der Form

$$S\varphi = \Omega\,A\varphi = \Omega F \qquad (4.9)$$

geschrieben wird. S ist ein Operator von B_1 in B_3, wobei B_3 den linearen Raum der Vektoren der Klasse H_ε auf S mit den Knoten a_j (j=1,...., m) bedeutet.

Wir gehen nun über zum Nachweis der Voraussetzungen V1 bis V6 von Satz 1.1 . V1 und V3 folgen sofort aus Satz 4.1 bzw. Lemma 2.2 . Da weiterhin h=0 gilt, ist auch V2 trivialerweise erfüllt.

Zum Nachweis von V4 ist es erforderlich festzustellen, wieviele Vektoren aus B_2 im Nullraum von Ω liegen. Dazu betrachten wir zunächst den linearen Raum $\hat{B}_2$ der Vektoren, die nur die Bedingungen a und b von (4.5) befriedigen. B_2 kann als Unterraum aufgefaßt werden, zu dem diejenigen Vektoren von $\hat{B}_2$ gehören, die noch zusätzlich die Übergangsbedingungen (4.6) erfüllen.

Das allgemeine Element $\hat{g}$ des Nullraumes von Ω über $\hat{B}_2$ hat offenbar die Gestalt

$$\hat{g} = \sum_{\nu=1}^{8} \sum_{\substack{l=1 \\ l\in T}}^{3} \sum_{j=1}^{m_\nu} C_{lj}^{\nu} \, g_{lj}^{\nu} \quad . \tag{4.15}$$

Hierbei sind die C_{lj}^{ν} willkürliche Konstanten, die g_{lj}^{ν} sind stückweise konstante Vektoren auf S, definiert durch

$$g_{lj}^{\nu} = g_{lj}^{\nu}(z) = \begin{bmatrix} \delta_{\nu\mu}\,\delta_{jm}\,\delta_{l1} \\ \delta_{\nu\mu}\,\delta_{jm}\,\delta_{l2} \\ \delta_{\nu\mu}\,\delta_{jm}\,\delta_{l3} \end{bmatrix} \quad \text{für } z \in (a_{\mu_{2m-1}}, a_{\mu_{2m}}) \ ,$$

und das Symbol $l\in T$ in der Summe deutet an, daß genau über die Werte l summiert werden soll, die den Gleichungen entsprechen, die auf S_ν differenziert worden sind. Z.B. läuft l für $\nu=1$ von 1 bis 3, für $\nu=2$ entfällt die Summation, für $\nu=3$ durchläuft l die Werte 1 und 2, für $\nu=4$ nur den Wert 3 usw. . Die Vektoren $\hat{g}$ der Gestalt (4.15) spannen einen linearen Raum der Dimension d auf mit

$$d = 3m_1+2m_3+m_4+2m_5+m_6+m_7+2m_8 \ .$$

Auf Grund von (4.2) rechnet man leicht nach :

$$\begin{aligned} d &= \varkappa_{h^*} + b \ , \\ b &= 2A_{13}+A_{14}+2A_{15}+A_{16}+A_{17}+2A_{18}+A_{35}+A_{36}+A_{37}+A_{38}+A_{45}+A_{48} \\ &\quad +A_{57}+A_{58}+A_{68} \ . \end{aligned} \tag{4.16}$$

Um die gesuchte Dimension von $N(\Omega)$ (über B_2) genau zu bestimmen, unterscheiden wir folgende Hauptfälle :

I. $m_2+m_4+A_{56}+A_{58}+A_{67}+A_{78} \neq 0$ und $m_2+m_3+m_6+m_7 \neq 0$

II. $m_2=m_3=m_6=m_7=0$ und $m_4+A_{58} \neq 0$

III. $m_2=m_4=A_{56}=A_{58}=A_{67}=A_{78}=0$ und $m_3+m_6+m_7 \neq 0$

IV. $m=m_1+m_5+m_8$ und $A_{58}=0$.

Man erkennt auf Grund der Bedeutungen der Zahlen m_ν und $A_{\nu\mu}$ leicht, daß das eine vollständige Fallunterscheidung ist.

Wir behandeln nun zunächst die einfacheren Fälle I und II .

<u>Lemma 4.1</u>. Im Falle I gilt (über B_2) $n_I = \dim N(\Omega) = \varkappa_{h^*}$, im Falle II dagegen $n_{II} = \dim N(\Omega) = \varkappa_{h^*}+1$.

Beweis. Die Übergangsbedingungen (4.6) bilden offenbar ein System von linearen Gleichungen für die Konstanten C^{ν}_{1j}. Die Anzahl der Gleichungen dieses Systems ist gleich

$$A_{14}+A_{15}+A_{18}+A_{45}+A_{58}+2A_{13}+A_{57}+A_{68}+A_{15}+A_{35}+A_{17}+A_{37}+A_{16}+A_{36}+A_{18}+A_{38} = \qquad (*)$$
$$2A_{13}+A_{14}+2A_{15}+A_{16}+A_{17}+2A_{18}+A_{35}+A_{36}+A_{37}+A_{38}+A_{45}+A_{48}+A_{57}+A_{58}+A_{68} = b \quad .$$

Es gilt nun, den Rang des erwähnten linearen Gleichungssystems zu bestimmen. Wir betrachten zunächst Fall I und überlegen uns, daß das lineare Gleichungssystem hier den Rang b hat. Sei z.B. a_1 vom Typ S_1-S_5. Dann haben wir in a_1 nach α) und ε) die Gleichungen

$$n_1(a_1)C^1_{1m_1} + n_2(a_1)C^1_{2m_1} = C^5_{11} \ , \quad C^1_{3m_1} = C^5_{31} \quad .$$

Es ist klar, daß man aus jeder dieser beiden Gleichungen eine Konstante eliminieren kann, und zwar nach Belieben entweder eine Konstante mit oberem Index 1 oder 5. Ist nun z.B. a_2 vom Typ S_5-S_7, so erhalten wir in a_2 die Gleichung

$$C^5_{11} = C^7_{11} \ ,$$

mit deren Hilfe wiederum jede der beiden Konstanten eliminiert werden kann. Man überzeugt sich nun durch Nachprüfen leicht davon, daß diese "Eliminationseigenschaft" in jedem Knoten aller auftretenden Kombinationen erfüllt ist. Weiterhin ist von Bedeutung, daß bei jedem neuen Knoten neue Konstanten hinzutreten, die in den bisherigen Gleichungen nicht vorkamen, mit Ausnahme des letzten Schrittes am Knoten a_m. Außerdem bemerkt man leicht, daß sich das Gleichungssystem in Blöcke aufspaltet, in deren erstem nur die C^{ν}_{1j} und C^{ν}_{2j} auftreten, und im zweiten die C^{ν}_{3j}.
Wir nehmen nun z.B. an, was durchaus möglich ist, daß in a_m keine Bedingung an $C^1_{3m_1}$ gestellt ist. Dann gilt die oben erwähnte Eliminationseigenschaft offenbar für jede Gleichung des Blockes der C^{ν}_{3j}. Hieraus folgt leicht, daß dieser Block keinen Rangabfall besitzen kann. Dasselbe kann über den anderen Block mit den Konstanten C^{ν}_{1j} und C^{ν}_{2j} ausgesagt werden, wenn in a_m keine Bedingung an $C^1_{1m_1}$, $C^1_{2m_1}$ gestellt ist.
Da der Knoten a_m keinerlei Sonderstellung einnimmt, kann das Nichtauftreten eines Rangabfalles nach den obigen Überlegungen auch dann geschlossen werden, wenn ein Knoten a_i existiert, in dem keine Bedingung an die C^{ν}_{3j} gestellt ist, und ein (eventuell anderer) Knoten a_k, in dem die Konstanten C^{ν}_{1j}, C^{ν}_{2j} keiner Bindungsgleichung genügen müssen.
Letzteres ist aber, wovon man sich mit einfachen Überlegungen leicht überzeugen kann, im betrachteten Fall I stets gewährleistet.
Damit ist auch der Rang des Gleichungssystems im Falle I gleich b, und wir können mit (4.16) und (*) auf

$$n_I = \dim N(\Omega) = \varkappa_{h*}$$

schließen.

Im Falle II wird durch die Bedingung $m_4+A_{58}\neq 0$ gesichert, daß ein derartiger Knoten für den Block der $C^{\nu}_{1j}, C^{\nu}_{2j}$ existiert. Dieser Unterblock hat damit keinen Rangabfall. Die Voraussetzung $m_2=m_3=m_6=m_7=0$ hat dagegen zur Folge, daß in jedem Knoten eine Bedingung durch die C^{ν}_{3j} zu erfüllen ist. Der Block dieser Konstanten hat die folgende prinzipielle Gestalt

$$B_1=(\pm)B_2\ ,\ B_2=(\pm)B_3\ ,\ldots,\ B_m=(\pm)B_1 \qquad (**)$$

(die Konstanten B_i bedeuten hier die C^{ν}_{3j} in der entsprechenden Reihenfolge). Aus der Gestalt der Übergangsbedingung α) in (4.6) erkennt man auch leicht, daß die Anzahl der Minuszeichen in (**) gerade sein muß.

Setzt man nun in (**) $B_1=1$, so erhält man durch sukzessives Einsetzen eine nichttriviale Lösung von (**). (**) kann andererseits keine weiteren linear unabhängigen Lösungen besitzen, da die ersten m-1 Gleichungen von (**) offenbar den Rang m-1 haben.

Damit folgt aber, daß das gesamte lineare Gleichungssystem im Falle II den Rang b-1 hat, woraus wieder in Verbindung mit (*) und (4.16) folgt

$$n_{II} = \dim N(\Omega) = \varkappa_{h*}+1\ .$$

Hiermit ist das Lemma bewiesen.

Wir haben nun in den Fällen I und II zugleich V4 und V5 nachgewiesen. V6 ist im Falle I trivialerweise erfüllt.

Zum Nachweis von V6 haben wir im Falle II noch zu zeigen, daß $n_{II}-\varkappa_{h*}=1$ der Lösbarkeitsbedingungen für

$$S\varphi = w \quad (w\in B_3)$$

im Sinne unserer Definition von Kapitel 1 über $R(\Omega)$ linear abhängig ist. Wir ziehen hierzu die Integralgleichungstheorie heran und betrachten das adjungierte homogene Integralgleichungssystem zu (4.9), das hier wegen $m_2=m_3=m_6=m_7=0$ die Gestalt

$$A^T(z)\,\psi(z) + \frac{1}{\pi}\int_S K^T(y,z)\,\psi(y)ds = 0 \qquad (4.17)$$

mit

$$A^T(z) = \begin{cases} \begin{bmatrix}0&0&0\\0&0&0\\0&0&0\end{bmatrix},\ z\in S_1\ ; & \begin{bmatrix}-1&0&0\\0&-1&0\\0&0&0\end{bmatrix},\ z\in S_4 \\ \begin{bmatrix}0&n_2&0\\0&-n_1&0\\0&0&0\end{bmatrix},\ z\in S_5\ ; & \begin{bmatrix}-n_1&0&0\\-n_2&0&0\\0&0&0\end{bmatrix},\ z\in S_8 \end{cases},$$

$$K^T(y,z) = \begin{cases} \frac{d}{ds_y}\hat{G}^T(y,z;\sigma)\ ,\ y\in S_1\ ;\ \left[\times\ -\frac{d}{ds_y}\langle e_3^T\ \hat{G}(y,z;\sigma)\rangle^T\right],\ y\in S_4\ ; \\ \left[\times\ \frac{d}{ds_y}\langle e_3^T\ \hat{G}(y,z;\sigma)\rangle^T\right],\ y\in S_5\ ;\ \left[\times\ -\frac{d}{ds_y}\langle e_3^T\ \hat{G}\rangle^T\right],\ y\in S_8 \end{cases}$$

und $e_3^T = [0,0,1]$ hat. (Im Ausdruck für $K^T(y,z)$ sind auf S_4 , S_5 und S_8 jeweils nur die letzte Spalte angegeben.)

Lemma 4.2. Das System (4.17) besitzt in der zur Klasse h^* adjungierten Klasse h_0 die Lösung

$$\psi_1^{II}(z) = \begin{cases} [0,0,1]^T & \text{für } z\in S_1\cup S_5\,, \\ [0,0,-1]^T & \text{für } z\in S_4\cup S_8\,. \end{cases} \tag{4.18}$$

Beweis. Einsetzen von ψ_1^{II} in (4.17) zeigt, daß sich die Behauptung auf

$$\int_S \frac{d}{ds_y}\hat{G}(y,z;\sigma)^T\ e_3\ ds_y = 0$$

reduziert. Wir beweisen die etwas allgemeinere Behauptung

$$\int_S \frac{d}{ds_y}\hat{G}(y,z;\sigma)^T\ ds_y = 0\ . \tag{4.19}$$

Es sei f(y) eine auf S stetige Funktion, die mit eventueller Ausnahme von y=z nach s_y differenzierbar ist. Weiter möge auf S eine Abschätzung

$$\left|\frac{d}{ds_y}f(y)\right| < \frac{C}{|y-z|^{1-\varepsilon}}\quad ,\ (\varepsilon>0) \tag{4.20}$$

bestehen. Dann ist $\frac{d}{ds_y}f$ im uneigentlichen Sinne über S integrierbar, und es gilt wegen der Stetigkeit von f(y) auf S offensichtlich

$$\int_S \frac{d}{ds_y}f(y)\ ds_y = 0 \tag{4.21}$$

$\hat{G}(y,z;\sigma)^T$ hat die Darstellung $\hat{G}(y,z;\sigma)^T = M(y-z;\sigma)^T + g(y,z;\sigma)^T$, wobei $g(y,z;\sigma)^T$ auf S bezüglich y stetig ist und nach s_y stetig differenzierbar. Weiter gilt nach Kapitel 2

$$M(y-z;\sigma)^T = \begin{bmatrix} A\ln\frac{1}{|y-z|} + B\frac{(y_1-z_1)^2}{|y-z|^2} & B\frac{(y_1-z_1)(y_2-z_2)}{|y-z|^2} & 0 \\ B\frac{(y_1-z_1)(y_2-z_2)}{|y-z|^2} & A\ln\frac{1}{|y-z|} + B\frac{(y_2-z_2)^2}{|y-z|^2} & 0 \\ 0 & 0 & C\ln\frac{1}{|y-z|} \end{bmatrix} + S(y-z)^T \quad (*)$$

Die Elemente von $S(y-z)^T$ genügen nach Kapitel 2 den oben für die Funktion f(z) geforderten Bedingungen. Es ist noch die Matrix in der eckigen Klammer von (*) zu untersuchen.

Der obere (2,2)-Block dieser Matrix hat die gleiche Struktur wie die Grundlösungsmatrix der klassischen ebenen Elastizitätstheorie, so daß man die Behauptung (4.19) hierfür wie in [13] zeigen kann.
Unter Benutzung der Definition des Cauchyschen Hauptwertintegrals bleibt nachzuweisen

$$\int_S \frac{d}{ds_y} \ln \frac{1}{|y-z|} \, ds_y = \lim_{\varepsilon \to 0} \int_{S \setminus K_\varepsilon(z)} \frac{d}{ds_y} \ln \frac{1}{|y-z|} \, ds_y = 0 .$$

Die Richtigkeit dieser Beziehung ist aber sofort klar, da das Integral über $S \setminus K_\varepsilon(z)$ sofort ausgerechnet werden kann und bereits ohne Grenzübergang den Wert 0 hat.
Hiermit ist das Lemma bewiesen.

Wir zeigen jetzt, daß die Lösung ψ_1^{II} von (4.17) zu keiner linear unabhängigen Lösbarkeitsbedingung für (4.9) führt. Die durch ψ_1^{II} nach den Aussagen der Integralgleichungstheorie verursachte notwendige und hinreichende Lösbarkeitsbedingung ist

$$\int_{S_1} \frac{d}{ds} f_3^1(z) ds - \int_{S_4} \frac{d}{ds} f_3^4(z) ds + \int_{S_5} \frac{d}{ds} f_3^5(z) ds - \int_{S_8} \frac{d}{ds} f_3^8(z) ds = 0 . \qquad (**)$$

Wir führen die auf S stetige Funktion

$$f_3(z) = \left\{ (-1)^{\nu+1} \; f_3^\nu(z) \quad \text{für } z \in S_\nu \right\}$$

ein, die offenbar auch (4.20) genügt. (**) kann nun in der Form

$$\int_S \frac{d}{ds} f_3(z) \, ds = 0$$

geschrieben werden, was aber wegen (4.21) sicher erfüllt ist.
Wir haben damit auch im Falle II die letzte Voraussetzung V6 nachgewiesen. Aus Satz 1.1 ergibt sich nun sofort der

Satz 4.2. In den Fällen I und II existiert für alle den Bedingungen (4.5) genügenden Randwerte stets eine *-reguläre Lösung der Aufgabe $R(\sigma)$, wenn die Randwerte noch den Bedingungen (4.6) genügen. Diese Lösung wird durch (4.7) gegeben, wobei φ eine Lösung des Integralgleichungssystems (4.8) in der Klasse h^* ist. φ ist außerdem eine Lösung des singulären Integralgleichungssystems (4.9). Das homogene System (4.9o) besitzt im Falle I genau $n_I = \varkappa_{h^*}$ und im Falle II genau $n_{II} = \varkappa_{h^*}+1$ Lösungen.

Wir betrachten nun die Fälle III und IV . Im Falle III unterscheiden wir die 4 Unterfälle :

IIIa. $m=m_1+m_3$, IIIb. $m=m_5+m_7$, IIIc. $m=m_6+m_8$ und
IIId. $m_1+m_3 \neq 0$ und $m_5+m_6+m_7+m_8 \neq 0$.

Diese Unterfälle realisieren wiederum eine vollständige Fallunterscheidung innerhalb Fall III .

Wir bemerken nun zunächst, daß die beim Beweis von Lemma 4.1 durchgeführten Überlegungen, die zeigten, daß das aus den Bedingungen (4.6) folgende lineare Gleichungssystem aus genau b Gleichungen besteht, allgemeingültig sind. Wir haben nun wieder wie früher den Rang dieses Gleichungssystemes in allen Fällen zu bestimmen.

Im Falle IIIa zeigt man leicht, daß der erwähnte Rang b-2 beträgt. Es gilt dann

$$n_{IIIa} = \dim N(\Omega) = \varkappa_{h^*}+2 .$$

Weiterhin stellt man fest, daß das adjungierte homogene System in diesem Falle die Lösungen

$$\psi_1^{IIIa}(z) = [1,0,0]^T \quad \text{und} \quad \psi_2^{IIIa}(z) = [0,1,0]^T \tag{4.22}$$

besitzt.

Im Falle IIIb (bzw. IIIc) hat das Gleichungssystem den Rang b-1 , so daß

$$n_{IIIb} = n_{IIIc} = \dim N(\Omega) = \varkappa_{h^*}+1$$

resultiert. Die Vektoren

$$\psi_1^{IIIb}(z) = [1,0,0]^T \quad (\text{bzw. } \psi_1^{IIIc}(z) = [0,1,0]^T\ ) \tag{4.23}$$

sind Lösungen des adjungierten homogenen Integralgleichungssystems. Hiermit sind in den bisher betrachteten Fällen V4 und V5 erfüllt.

Wir betrachten nun den komplizierteren Fall IIId .
Es seien hier $a_{i_1}, \dots, a_{i_{2r}}$ $(1 \le i_1 < i_2 < \dots < i_{2r} \le m+1)$ die Punkte vom Typ S_ν-S_μ bzw. S_μ-S_ν $(\nu=1,3;\ \mu=5,6,7,8)$. O.B.d.A. nehmen wir an, daß zwischen a_{i_1} und a_{i_2} nur Abschnitte vom Typ S_1 oder S_3 liegen. Das gilt dann notwendigerweise auch für $a_{i_{2l-1}}, a_{i_{2l}}$ $(l=1,\dots,r)$.
Es ist auch leicht einzusehen, daß 2r eine gerade Zahl sein muß, die mindestens gleich 2 ist.
Wir definieren nun aus später ersichtlichen Gründen den Vektor t^p in den Punkten a_{i_p} :

$$t^p = t(a_{i_p}) = \begin{cases} n(a_{i_p})\ , & \text{wenn } a_{i_p} \text{ Endpunkt von } S_5 \text{ oder } S_7 \text{ ist,} \\ -s(a_{i_p})\ , & \text{wenn } a_{i_p} \text{ Endpunkt von } S_6 \text{ oder } S_8 \text{ ist} \end{cases} \tag{4.24}$$

$$(p=1,\dots,2r) .$$

Wir wollen nun die Dimension des Nullraumes $N(\Omega)$ bestimmen. Wie bei Lemma 4.1 zerfällt das Gleichungssystem für die C_{lj}^ν in zwei Blöcke. Auf Grund der Bedingung $m_3+m_6+m_7 \neq 0$ zeigt man wie früher, daß der

Block der C^{ν}_{3j} keinen Rangabfall haben kann.

Wir betrachten nun den Block der C^{ν}_{1j} und C^{ν}_{2j}. Sei a_j ein von den a_{i_1}, $\ldots, a_{i_{2r}}$ verschiedener Knoten. Dann haben wir in a_j Bedingungen entweder des Typs

$$C^{\nu}_{1l_1} = C^{\mu}_{1l_2} \quad \text{und} \quad C^{\nu}_{2l_1} = C^{\mu}_{2l_2} \quad (\nu=1;\ \mu=3)$$

oder $$C^{\nu}_{1l_1} = C^{\mu}_{1l_2} \quad (\nu=5;\ \mu=7)$$

oder $$C^{\nu}_{2l_1} = C^{\mu}_{2l_2} \quad (\nu=6;\ \mu=8)$$ zu erfüllen.

Es ist leicht einzusehen, daß diese Gleichungen keinen Rangabfall verursachen können. Wir können alle in diesen Gleichungen auftretenden Konstanten ausdrücken durch die entsprechenden Konstanten, die denjenigen Abschnitten zugeordnet sind, welche rechts bzw. links um die $a_{i_{2l}}$ $(l=1,\ldots,r)$ gruppiert sind.

Die links von den Knoten $a_{i_{2l}}$ stehenden und in den Block der C^{ν}_{1j}, C^{ν}_{2j} eingehenden Konstanten bezeichnen wir zur Abkürzung mit $C_{11},\ldots,C_{1r}$ und $C_{21},\ldots,C_{2r}$. Rechts von den $a_{i_{2l}}$ geht jeweils nur eine der Konstanten C^{ν}_{lj} ($l=1$ oder 2) ein. Diese bezeichnen wir ebenfalls der Reihe nach mit $C_1,\ldots,C_r$.

Wir können nun die Bedingungsgleichungen für die C_{lj}, C_k, die sich namentlich aus den Formeln ε) bzw. γ) von (4.6) ergeben, aufschreiben. Die Gleichung in a_{i_2} hat z.B. die Form

$$C_{11}(e_1^T t^2) + C_{12}(e_2^T t^2) = C_1$$

$$\text{mit } e_1^T = [1,0]\ ,\ e_2^T = [0,1]\ .$$

Allgemein ergibt sich im Knoten a_{i_p} die folgende Bedingung :

$$a_{1p}\, C_{1\left[\frac{p+1}{2}\right]} + a_{2p}\, C_{2\left[\frac{p+1}{2}\right]} - C_{\left[\frac{p}{2}\right]} = 0 \quad (p=1,\ldots,2r) \qquad (*)$$

mit $a_{lp} = (e_l^T t^p)$ ($[s]$ ist der ganze Teil von s ; $\left[\frac{1}{2}\right] = r$).

Es macht sich nun innerhalb Fall IIId eine weitere Fallunterscheidung erforderlich.

Fall IIId1 : Alle Paare der Vektoren t^{2p-1}, t^{2p} $(p=1,\ldots,r)$ sind linear abhängig, und es sei $t^{2p-1} = -t^{2p}$ für eine gerade Anzahl von p-Werten.

Fall IIId2 : Fall IIId1 trifft nicht zu .

Lemma 4.3. Im Falle IIId1 gilt $n_{IIId1} = \dim N(\Omega) = \varkappa_{h^*}+1$, im Falle IIId2 $n_{IIId2} = \dim N(\Omega) = \varkappa_{h^*}$.

Beweis. Die Behauptung des Lemmas ist offensichtlich bewiesen, wenn wir im Falle IIId1 gezeigt haben, daß der Rang von (*) gleich 2r-1 ist, im Falle IIId2 aber gleich 2r. Hieraus folgt nämlich, daß das gesamte Gleichungssystem für die $\check{C}_{1j}$ den Rang b-1 bzw. b hat, wonach man wie früher auf die Behauptungen des Lemmas schließen kann.

Wir nehmen zunächst an, ein Paar t^{2p-1}, t^{2p} sei linear unabhängig, o.B.d.A. sei das t^1, t^2. Dann können wir aus der Koeffizientenmatrix von (*) eine 2r-2r-Untermatrix U der Form

$$U = \begin{bmatrix} a_{11} & a_{21} & 0 & 0 & 0 & . & 0 & -1 \\ a_{12} & a_{22} & 0 & 0 & 0 & . & 0 & 0 \\ 0 & 0 & b_2 & 0 & 0 & . & 0 & 0 \\ 0 & 0 & c_2 & -1 & 0 & . & 0 & 0 \\ 0 & 0 & 0 & -1 & b_3 & . & 0 & 0 \\ . & . & . & . & . & . & . & . \\ 0 & 0 & 0 & 0 & 0 & . & b_r & 0 \\ 0 & 0 & 0 & 0 & 0 & . & c_r & -1 \end{bmatrix}$$

bilden (die b_i und c_i bedeuten hier gewisse der Konstanten a_{jk}), wobei stets angenommen werden kann, daß $b_i \neq 0$ für i=2,3,...,r gilt. Es ist klar, daß

$$\det U = \pm \det \begin{bmatrix} a_{11} & a_{21} \\ a_{12} & a_{22} \end{bmatrix} \prod_{i=2}^{r} b_i$$

gilt. Da aber in den Zeilen der (2,2)-Determinante rechts gerade die Koordinaten der beiden nach Voraussetzung linear unabhängigen Vektoren t^1 und t^2 stehen, ist det U verschieden von Null, womit in diesem Fall bewiesen ist, daß der Rang der Koeffizientenmatrix von (*) gleich 2r ist.

Es seien jetzt alle Paare t^{2s-1}, t^{2s} linear abhängig. Man sieht leicht ein, daß nur eine Untermatrix der Koeffizientenmatrix von (*) der Gestalt

$$W = \begin{bmatrix} b_1 & 0 & 0 & 0 & . & 0 & -1 \\ \pm b_1 & -1 & 0 & 0 & . & 0 & 0 \\ 0 & -1 & b_2 & 0 & . & 0 & 0 \\ 0 & 0 & \pm b_2 & -1 & . & 0 & 0 \\ . & . & . & . & . & . & . \\ 0 & 0 & 0 & 0 & . & b_r & 0 \\ 0 & 0 & 0 & 0 & . & \pm b_r & -1 \end{bmatrix}$$

den Rang 2r haben kann, wobei $b_s \neq 0$ gilt für alle s=1,...,r. (Daß die

Koeffizientenmatrix von (*) keinen kleineren Rang als 2r-1 haben kann, erkennt man ebenfalls sofort an der Matrix W.)
Durch Entwicklung nach der letzten Spalte ergibt sich

$$\det W = (-1)^r \prod_{\nu=1}^{r} b_\nu + (-1)^{r-1}(-1)^k \prod_{\nu=1}^{r} b_\nu = (-1)^{r-1}((-1)^k-1) \prod_{\nu=1}^{r} b_\nu ,$$

wobei k die Anzahl der Minuszeichen bei den Elementen unterhalb der Hauptdiagonale ist, die wiederum mit der Anzahl der Vektorpaare t^{2s-1}, t^{2s} identisch ist, für die gilt $t^{2s-1} = -t^{2s}$.
Hiermit folgt die eingangs aufgestellte Behauptung sofort, und das Lemma ist in allen Fällen bewiesen.

Aus Lemma 4.3 folgen leicht V4 und V5 in den Fällen IIId1 und IIId2. Wir betrachten nun weiter den Fall IIId1. Es seien hier die Zahlen i_{s_l} (l=1,...,k) die Teilmenge der i_s , für die

$$t^{2s_l-1} = -t^{2s_l} \quad (t^{2s_l-1} = t(a_{i_{2s_l-1}}) \ , \ t^{2s_l} = t(a_{i_{2s_l}}))$$

gilt. Wir erinnern daran, daß die Zahl k im Falle IIId1 nach Voraussetzung gerade ist.
Zur Konstruktion einer Lösung des adjungierten homogenen Integralgleichungssystems zu (4.9) definieren wir nun den auf S stetigen Vektor

$$\hat{t}(z)= \begin{cases} (-1)^l \, t^{2s_l} \text{ für } z\in(a_{i_{2s_l-1}},a_{i_{2s_l}}) \\ (-1)^l \, t^{2p} \text{ für } z\in(a_{i_{2p-1}},a_{i_{2p}}) \text{ mit } i_{2s_l}< i_{2p-1}, i_{2p}<i_{2s_{l+1}-1} \\ (-1)^l t(z) \text{ für } z\in(a_{i_{2p}},a_{i_{2p+1}}) \text{ mit } i_{2s_l}\le i_{2p}, i_{2p+1}\le i_{2s_{l+1}-1} \end{cases} \quad (4.25)$$

Hierbei ist gesetzt

$$t(z) = \begin{cases} n(z) \text{ für } z\in S_5\cup S_7 \\ -s(z) \text{ für } z\in S_6\cup S_8 \end{cases} \quad . \qquad (4.26)$$

(Man hat in (4.25) die Ungleichungen, die ausgehend von den p-Werten die l-Werte festlegen, auch für die Grenzfälle l=0 und l=k+1 zu beachten, wobei $i_{2s_0}=0$ und $i_{2s_{k+1}-1} = m+1$ zu setzen ist.)
Wenn man nun das adjungierte homogene Integralgleichungssystem zu (4.9) aufschreibt, was keinerlei Schwierigkeiten bereitet, stellt man fest, daß dieses nach Einsetzen des Vektors $\psi_1^{IIId1}(z)$ aus Formel (4.27) in die Identität

$$\frac{1}{\pi} \int_S \frac{d}{ds_y} (\hat{G}(y,z;\sigma)^T \, \hat{t}(y)) \, ds_y = 0 \qquad (**)$$

übergeführt wird. Hierbei gilt

$$
\psi_1^{\mathrm{IIId1}}(z) = \begin{cases} \begin{bmatrix} \hat{t}(z) \\ 0 \end{bmatrix} & \text{für } z \in S_1 \cup S_3 \\ (-1)^l \begin{bmatrix} 1 \\ 0 \\ 0 \end{bmatrix} & \text{für } z \in (a_{i_{2p}}, a_{i_{2p+1}}) \text{ mit } i_{2s_l} \le i_{2p}, i_{2p+1} \le i_{2s_{l+1}-1}, \\ & \text{falls } (a_{i_{2p}}, a_{i_{2p+1}}) \subset S_5 \cup S_7; \\ (-1)^l \begin{bmatrix} 0 \\ 1 \\ 0 \end{bmatrix} & \text{für } z \in (a_{i_{2p}}, a_{i_{2p+1}}) \text{ mit } i_{2s_l} \le i_{2p}, i_{2p+1} \le i_{2s_{l+1}-1}, \\ & \text{falls } (a_{i_{2p}}, a_{i_{2p+1}}) \subset S_6 \cup S_8 \end{cases} \tag{4.27}
$$

Die Richtigkeit von (**) ergibt sich wie folgt. Nach (4.19) gilt nämlich

$$
\int_S \frac{d}{ds_y}(\hat{G}(y,z;\sigma)^T \hat{t}(y))ds_y = \left\{\int_S \frac{d}{ds_y}\hat{G}(y,z;\sigma)^T ds_y\right\} \hat{t}(z) +
$$

$$
+ \int_S \frac{d}{ds_y}(\hat{G}(y,z;\sigma)^T(\hat{t}(y)-\hat{t}(z)))ds_y = \int_S \frac{d}{ds_y}(\hat{G}(y,z;\sigma)^T(\hat{t}(y)-\hat{t}(z)))ds_y .
$$

Man überzeugt sich nun auf Grund der Voraussetzungen an S leicht davon, daß der Vektor $\hat{t}(y)$ auf S sogar hölderstetig ist. Hieraus folgt leicht, daß jede Komponente des Vektors $\{\hat{G}(y,z;\sigma)^T(\hat{t}(y)-\hat{t}(z))\}$ auf S stetig ist (bezüglich y) und einer Abschätzung (4.20) genügt. Damit verschwindet aber das Integral (**) tatsächlich.

Wir weisen nun im Falle IIId die Voraussetzung V6 von Satz 1.1 nach. Für IIId2 ist V6 trivialerweise erfüllt. Im Falle IIId1 führen wir die auf S stetige Funktion

$$
f(z) = \begin{cases} [f_1^\nu(z), f_2^\nu(z)]\, \hat{t}(z) , & z \in S_\nu \ (\nu = 1,3) , \\ (\hat{t}(z)^T t(z))\, f_1^\mu(z) , & z \in S_\mu \ (\mu = 5,7), \\ (\hat{t}(z)^T t(z))\, f_2^\lambda(z) , & z \in S_\lambda \ (\lambda = 6,8) \end{cases}
$$

ein. Diese Funktion genügt offenbar einer Abschätzung (4.20). Deshalb gilt

$$
\int_S \frac{d}{ds} f(z)\, ds = 0 . \tag{***}
$$

Andererseits lauten die durch (4.27) gegebenen Lösbarkeitsbedingungen für (4.9) :

$$
\sum_{\nu=1,3} \int_{S_\nu} \frac{d}{ds} \{(f_1^\nu(z), f_2^\nu(z))\, \hat{t}(z)\}\, ds + \sum_{\mu=5,7} \int_{S_\mu} (-1)^l \frac{d}{ds} f_1^\mu(z)\, ds
$$

$$
+ \sum_{\lambda=6,8} \int_{S_\lambda} (-1)^l \frac{d}{ds} f_2^\lambda(z)\, ds = 0 ,
$$

wobei die Zahl l auf den einzelnen Abschnitten (a_i, a_j) aus (4.27) zu bestimmen ist. Nach (4.25) gilt aber auf den Kurven S_ν (ν=5,6,7,8) stets $(-1)^l = \hat{t}(z)^T t(z)$. Somit führt die Lösbarkeitsbedingung auf die stets erfüllte Relation (***); damit ist aber auch V6 bewiesen.

In den einfacheren Fällen IIIa bis IIIc bereitet der Nachweis von V6 mit den ermittelten Lösungen (4.22) bzw. (4.23) des adjungierten homogenen Integralgleichungssystems keine Schwierigkeiten.

Wir gehen nun noch kurz auf den Fall IV ein. Hier unterscheiden wir die Unterfälle

Fall IVa : die bei IIId1 genannten Voraussetzungen treffen zu.

Fall IVb : die Voraussetzungen von IIId2 sind erfüllt.

Man kann wie oben zeigen

$$n_{IVa} = \dim N(\Omega) = \varkappa_{h^*}+2 \;, \quad n_{IVb} = \dim N(\Omega) = \varkappa_{h^*}+1 \quad .$$

In jedem Falle ist der Vektor (4.18) Lösung des adjungierten homogenen Integralgleichungssystems. Im Falle IVa besitzt das adjungierte homogene System außerdem noch die Lösung (4.27), wobei sich in (4.27) auf Grund der spezielleren Voraussetzungen von Fall IV einige Vereinfachungen ergeben. V6 ist hiermit auch im Falle IV erfüllt.
Da man aus den obigen Betrachtungen auch unmittelbar V4 und V5 im Fall IV bestätigen kann, erhalten wir insgesamt den

Satz 4.3. In den Fällen III und IV existiert für alle den Bedingungen (4.5) und (4.6) genügenden Randwerte eine *-reguläre Lösung der Aufgabe R(σ). Diese wird durch (4.7) gegeben, wobei φ die Lösung des Integralgleichungssystems (4.8) in der Klasse h^* ist. φ ist außerdem Lösung von (4.9).
Das homogene Integralgleichungssystem (4.9o) besitzt in den Fällen IIIa und IVa genau $\varkappa_{h^*}+2$, in den Fällen IIIb, IIIc, IIId1 und IVb genau $\varkappa_{h^*}+1$ und im Falle IIId2 genau $\varkappa_{h^*}$ linear unabhängige Lösungen.

Wir wenden uns jetzt der Frage nach der Existenz von ε^*- bzw. ε-regulären Lösungen der Aufgabe R(σ) zu. Nach den in Kapitel 2 erwähnten Eigenschaften des Einfachschichtpotentials gelangen wir zu derartigen Existenzaussagen durch Untersuchung des Systems (4.9) in der entsprechenden Klasse h .
m sei die Anzahl linear unabhängiger Lösungen des homogenen Systemes (4.9o) in der Klasse h und m' die Anzahl linear unabhängiger Lösungen des zugehörigen homogenen adjungierten Integralgleichungssystems in der adjungierten Klasse h'. Dann gilt nach den Noetherschen Sätzen (vgl.[27])

$$m - m' = \varkappa_h \quad , \tag{4.28}$$

wobei $\varkappa_h$ nach Formel (4.14) gegeben ist. Wegen $h \subset h^*$ und $h' \supset h_0$, den Sätzen 4.2 und 4.3 sowie wegen (4.28) ergibt sich in den Fällen I und

IIId2 leicht

$$\max(0,\varkappa_h) \le m \le \varkappa_{h^*} , \quad \max(-\varkappa_h,0) \le m' \le \varkappa_{h^*}-\varkappa_h , \tag{4.29}$$

in den Fällen II, IIIb, IIIc, IIId1 und IVb

$$\max(\varkappa_h+1,0) \le m \le \varkappa_{h^*}+1 , \quad \max(-\varkappa_h,1) \le m' \le \varkappa_{h^*}-\varkappa_h+1 \tag{4.30}$$

und in den Fällen IIIa und IVa

$$\max(\varkappa_h+2,0) \le m \le \varkappa_{h^*}+2 , \quad \max(-\varkappa_h,2) \le m' \le \varkappa_{h^*}-\varkappa_h+2 . \tag{4.31}$$

Wir betrachten zunächst die erstgenannten Fälle und setzen $q=\varkappa_{h^*}-m$, $p=m'$. Es gilt dann $p+q=\varkappa_{h^*}-\varkappa_h$.
Wir wollen vorläufig annehmen, die $p=m'$ Bedingungen für die Lösbarkeit von (4.9), die durch die Lösungen des adjungierten homogenen Systemes gegeben sind, seien über den Elementen der Gestalt ΩF $(F\in B_2)$ linear unabhängig. Mit anderen Worten wird also vorausgesetzt, die Gleichung

$$\Omega A\varphi = \Omega F \quad (F\in B_2)$$

habe in der Klasse h genau p linear unabhängige Lösbarkeitsbedingungen. Wegen $m=\varkappa_{h^*}-q$ und $\dim N(\Omega)=\varkappa_{h^*}$ hat weiter die Gleichung

$$A\varphi = G \quad (G\in N(\Omega))$$

nach der Folgerung 1 zu Lemma 1.1 genau q linear unabhängige Lösbarkeitsbedingungen. Nach Lemma 1.2 ergibt sich nun die Existenz von genau $p+q=\varkappa_{h^*}-\varkappa_h$ notwendigen und hinreichenden Lösbarkeitsbedingungen für die Gleichung

$$A\varphi = F \quad (F\in B_2) .$$

Hieraus folgt bereits die Hinlänglichkeit der erhaltenen p+q Lösbarkeitsbedingungen für die ε^*- bzw. ε-reguläre Lösbarkeit von $R(\sigma)$.
In den Fällen bei (4.30) setzen wir $q=\varkappa_{h^*}+1-m$, $p=m'-1$, womit ebenfalls $p+q=\varkappa_{h^*}-\varkappa_h$ gilt. Da, wie wir früher zeigten, in diesen Fällen stets eine Lösung des adjungierten homogenen Systems zu (4.9) eine linear abhängige Lösbarkeitsbedingung für (4.9) liefert, bestehen für

$$\Omega A\varphi = \Omega F \quad (F\in B_2)$$

maximal p linear unabhängige Lösbarkeitsbedingungen. Wir nehmen nun wieder vorläufig an, daß p Bedingungen tatsächlich linear unabhängig sind. Weil für

$$A\varphi = G \quad (G\in N(\Omega))$$

offenbar wiederum q notwendige und hinreichende Lösbarkeitsbedingungen bestehen, ergibt sich auch hier die Existenz von genau $p+q = \varkappa_{h^*}-\varkappa_h$ Lösbarkeitsbedingungen für

$$A\varphi = F \quad (F\in B_2)$$

in der Klasse h, die auch hinreichend für die Existenz einer ε^*- bzw. ε-regulären Lösung von $R(\sigma)$ sind.
Analog erhält man unter der Voraussetzung der linearen Unabhängigkeit von $p=m'-2$ Lösbarkeitsbedingungen in den zu (4.31) gehörenden Fällen mit $q=\varkappa_{h^*}+2-m$ die entsprechende Aussage für die Lösbarkeit der Aufgabe $R(\sigma)$.

Es bleibt lediglich zu zeigen, daß in allen Fällen die erwähnten p Lösbarkeitsbedingungen über $R(\Omega)$ tatsächlich linear unabhängig sind. Diese Tatsache folgt in den Fällen zu (4.29) daraus, daß die in (4.9) möglichen rechten Seiten ΩF $(F\in B_2)$ einen allgemeinen Vektor aus H_ε darstellen. Wir betrachten dazu über einem Intervall der reellen Achse die Gleichung

$$f'(s) = g(s) \;, \quad a_1 < s < b_1 \;, \quad g(s)\in H_\varepsilon \;.$$

Nehmen wir g(s) als gegeben an, so folgt hieraus als allgemeine Lösung

$$f(s) = \int_c^s g(s_1)ds_1 + K \;, \; K=\text{const}, \; c \text{ fest} \;, \; a_1 < c < b_1 \;. \qquad (*)$$

Wendet man diese Überlegungen zur Konstruktion von $F\in B_2$ aus einem vorgegebenen Vektor $G\in H_\varepsilon$ nach der Regel $\Omega F = G$ an und berücksichtigt dabei, daß F die Übergangsbedingungen (4.6) erfüllen muß, so erhält man für die Konstanten K von (*) auf den einzelnen Abschnitten (a_i,a_{i+1}) gerade das früher untersuchte lineare Gleichungssystem für die Konstanten C^ν_{lj}, hier allerdings mit nicht verschwindender rechter Seite. Und zwar gehen in die rechte Seite dieses Gleichungssystems die Werte der Funktionen

$$h(s) = \int_c^s g(s_1)ds_1$$

in den Knoten a_i ein. Da, wie wir früher bewiesen, hier kein Rangabfall vorliegt, ist das inhomogene Gleichungssystem stets lösbar, und wir haben so die behauptete Allgemeinheit der rechten Seite von (4.9) nachgewiesen.

Wir skizzieren noch kurz das Vorgehen in den zu (4.30) gehörenden Fällen. Das Gleichungssystem für die verschiedenen Konstanten K in (*) besitzt hier den Rangabfall 1 . Betrachtet man die auf der rechten Seite dieses Gleichungssystems stehenden Werte der Funktionen h(s) in den Knoten in geeigneter Weise als einen linearen Raum Y , so folgt aus bekannten Sätzen der linearen Algebra die eindeutige Darstellbarkeit des allgemeinen Elementes $y\in Y$ in der Gestalt $y= Cy_0+y_1$ (C=const),

wobei y_0 ein fest gewählter Vektor ist, für den das betrachtete Gleichungssystem unlösbar ist, während es für y_1 stets lösbar sein soll. Sei G_0 irgendein fester Vektor aus H_ε, so daß die auf den einzelnen Abschnitten definierten Funktionen h(s) in den Knoten Randwerte besitzen, die dem Wert y_0 entsprechen. Dann ist die Darstellung $G = CG_0+G_1$ für alle $G \in H_\varepsilon$ ebenfalls eindeutig, worin $G_1 \in H_\varepsilon$ ein Vektor ist, der in der Art $G_1=\Omega F$ $(F \in B_2)$ geschrieben werden kann. Unter Verwendung von Lemma 1.1 kann nun aber aus der Möglichkeit einer solchen Darstellung die lineare Unabhängigkeit der $p=m'-1$ Lösbarkeitsbedingungen geschlossen werden.
In den durch (4.31) erfaßten Fällen kann man ganz analog argumentieren. Zusammenfassend erhalten wir den

Satz 4.4. Das Problem $R(\sigma)$ besitzt in der Klasse der ε^*-regulären bzw. ε-regulären Vektoren dann eine Lösung, wenn die Randwerte $p+q= \varkappa_{h^*}-\varkappa_h$ linear unabhängigen Lösbarkeitsbedingungen genügen. Diese Lösung ist in der Gestalt (4.7) darstellbar, wobei φ eine Lösung der Integralgleichungssysteme (4.8) bzw. (4.9) in der entsprechenden Klasse h ist. p dieser Lösbarkeitsbedingungen ergeben sich aus denjenigen Lösungen des adjungierten homogenen Integralgleichungssystems zu (4.9) in der Klasse h', die nicht bereits der Klasse h_0 angehören. Die restlichen q Lösbarkeitsbedingungen drücken jene aus, die bei der Untersuchung der Integralgleichung

$$A\varphi = G \quad (G \in N(\Omega))$$

in der Klasse h auftreten können.
Wenn m die Anzahl der Lösungen von (4.9o) in der Klasse h ist und m' die Anzahl der Lösungen des adjungierten homogenen Integralgleichungssystemes in der adjungierten Klasse, so gelten in den Fällen I und IIId2 die Ungleichungen (4.29) und $q=\varkappa_{h^*}-m$, $m'=p$. In den Fällen II, IIIb, IIIc, IVb und IIId1 gelten die Ungleichungen (4.30) und $q=\varkappa_{h^*}+1-m$, $p=m'-1$ und in den Fällen IIIa und IVa die Ungleichungen (4.31) sowie $q=\varkappa_{h^*}+2-m$, $p=m'-2$.

Wir wollen schließlich noch bemerken, wie die Untersuchung der Aufgabe $R(\sigma)$ modifiziert werden muß, wenn D ein endliches Gebiet ist. Falls σ kein Eigenwert der Aufgabe $Ro(\sigma)$ ist können die Betrachtungen offenbar völlig analog geführt werden.
Im Eigenwertfall bereitet dagegen der Nachweis von V1 und V2 Schwierigkeiten. Wenn man nämlich, wie bei den analogen Problemstellungen für die nichtgemischten Aufgaben in Kapitel 3 kurz angedeutet wurde, mit den Greenschen Matrizen der entsprechenden statischen Aufgaben zum Eigenwertproblem äquivalente Integralgleichungssysteme aufstellt, werden

Abschätzungen der Greenschen Matrizen für statische gemischte Aufgaben benötigt, die u.E. in der Literatur bisher noch nicht vorliegen. Wir bemerken, daß auf dem gleichen Wege auch Probleme mit gemischten Kontaktbedingungen behandelt werden können (vgl. [17]).

5. Grundgleichungen der ebenen Theorie stationärer thermoelastischer Schwingungen

Man kann ([37], [16]) aus den dynamischen Grundgleichungen der Thermoelastizitätstheorie eines isotropen Körpers durch Spezialisierung auf zwei unabhängige Variable x_1, x_2 und Einsetzen einer periodischen Zeitabhängigkeit gemäß Kapitel 2 das Differentialgleichungssystem

$$B(\partial_x,\omega)U(x) = -\Phi(x) \qquad (\omega>0) \tag{5.1}$$

herleiten, wobei

$$B(\partial_x,\omega) = \begin{bmatrix} \multicolumn{2}{c}{A(\partial_x,\omega)} & -\gamma\frac{\partial}{\partial x_1} \\ & & -\gamma\frac{\partial}{\partial x_2} \\ i\omega\eta\frac{\partial}{\partial x_1} & i\omega\eta\frac{\partial}{\partial x_2} & \Delta+\frac{i\omega}{\varkappa} \end{bmatrix}_{3,3}$$

gesetzt ist. $A(\partial_x,\omega)$ wird durch

$$A(\partial_x,\omega) = \left[A_{ij}(\partial_x,\omega)\right]_{i,j=1,2}$$

mit

$$A_{ij}(\partial_x,\omega) = \left\{(\mu\Delta+\varrho\omega^2)\,\delta_{ij} + (\lambda+\mu)\frac{\partial^2}{\partial x_i\partial x_j}\right\}$$

gegeben. Hierbei bedeuten $\gamma=(2\mu+3\lambda)\alpha$ mit dem linearen Ausdehnungskoeffizienten α, $\eta=\lambda_\theta^{-1}\gamma T_0$ mit der konstanten Temperatur T_0 im undeformierten Ausgangszustand und der Wärmeleitfähigkeit λ_θ; $\varkappa=c_\varepsilon^{-1}\lambda_\theta$ ist die Temperaturleitfähigkeit mit der spezifischen Wärme bei konstanter Deformation c_ε. Der Vektor $U(x)=(u_1,u_2,u_3)^T=(u^T;u_3)^T$ ist die Zusammenfassung der beiden Verschiebungskomponenten u_1, u_2, die ihrerseits zum Verschiebungsvektor $u=(u_1,u_2)^T$ zusammengefaßt sind, und der Temperaturdifferenz $u_3=\theta$ zur konstanten Ausgangstemperatur T_0. Φ setzt sich aus den Volumenkräften und der Wärmequellendichte zusammen. Wir weisen darauf hin, daß der Vektor U hier stets als komplex betrachtet werden muß. Außerdem sei bemerkt, daß hier, wie auch in Kapitel 2, durch U und Φ die Amplituden der stationären harmonischen Schwingung beschrieben werden.
Die Materialcharakteristika λ,μ (Lamésche Konstanten), ϱ, γ, η, $\varkappa$, λ_θ werden wieder entweder konstant oder stückweise konstant vorausgesetzt und sollen den in der Praxis stets erfüllten Ungleichungen $\varrho,\mu,\lambda+\mu,\gamma,\eta,\varkappa,\lambda_\theta>0$ genügen.

Bei der Untersuchung von System (5.1) sind die folgenden Randoperatoren von Interesse:

$$R_1(\partial_z,n) = \begin{bmatrix} 1 & 0 & 0 \\ 0 & 1 & 0 \\ 0 & 0 & 1 \end{bmatrix} \; ; \quad R_2(\partial_z,n) = \begin{bmatrix} \tilde{T}(\partial_z,n) \\ 0 \quad 0 \quad \frac{\partial}{\partial n} \end{bmatrix} \; ;$$

$$R_3(\partial_z,n) = \begin{bmatrix} 1 & 0 & 0 \\ 0 & 1 & 0 \\ 0 & 0 & \frac{\partial}{\partial n} \end{bmatrix} \; ; \quad R_4(\partial_z,n) = \begin{bmatrix} \tilde{T}(\partial_z,n) \\ 0 \quad 0 \quad -1 \end{bmatrix} \; ;$$

$$R_5(\partial_z,n) = \begin{bmatrix} n_1 \quad n_2 \quad 0 \\ s^T\tilde{T}(\partial_z,n) \\ 0 \quad 0 \quad 1 \end{bmatrix} \; ; \quad R_6(\partial_z,n) = \begin{bmatrix} n^T\tilde{T}(\partial_z,n) \\ n_2 \quad -n_1 \quad 0 \\ 0 \quad 0 \quad \frac{\partial}{\partial n} \end{bmatrix} \; ; \tag{5.2}$$

$$R_7(\partial_z,n) = \begin{bmatrix} n_1 \quad n_2 \quad 0 \\ s^T\tilde{T}(\partial_z,n) \\ 0 \quad 0 \quad \frac{\partial}{\partial n} \end{bmatrix} \; ; \quad R_8(\partial_z,n) = \begin{bmatrix} n^T\tilde{T}(\partial_z,n) \\ n_2 \quad -n_1 \quad 0 \\ 0 \quad 0 \quad -1 \end{bmatrix} \; .$$

Hierbei bedeuten n und s dasselbe wie in Kapitel 2. $\tilde{T}(\partial_z,n)$ ist der Wärmespannungsoperator, gegeben durch

$$\tilde{T}(\partial_z,n) = \begin{bmatrix} T(\partial_z,n) & \begin{matrix} -\gamma n_1 \\ -\gamma n_2 \end{matrix} \end{bmatrix}_{2,3} \tag{5.3}$$

mit

$$T(\partial_z,n) = \left[T_{ij}(\partial_z,n)\right]_{i,j=1,2}$$

und

$$T_{ij}(\partial_z,n) = \mu\delta_{ij}\frac{\partial}{\partial n} + \lambda n_i \frac{\partial}{\partial z_j} + \mu n_j \frac{\partial}{\partial z_i} \; .$$

Neben den Operatoren $R_k(\partial_z,n)$ führen wir noch die sogenannten konjugierten Operatoren $R_k'(\partial_z,n)$ ein, die durch

$$R_k'(\partial_z,n) = R_{k+1}(\partial_z,n) \quad (k=1,3,5,7),$$
$$R_k'(\partial_z,n) = -R_{k-1}(\partial_z,n) \quad (k=2,4,6,8) \tag{5.4}$$

definiert werden.

In der Thermoelastizitätstheorie muß man außerdem auch die adjungierten Operatoren $B^*(\partial_x,\omega)$ und $R_k^*(\partial_z,n)$ betrachten. Diese können so definiert werden, daß man in den Formeln (5.1), (5.2) bzw. (5.3) $i\omega\eta$ durch γ ersetzt und umgekehrt ([8], [38], [10]). Mit den Operatoren $R_k^*(\partial_z,n)$ sind gemäß (5.4) auch die Operatoren $R_k^{*\prime}(\partial_z,n)$ erklärt, wobei die Reihenfolge der Operationszeichen * und ' ohne Bedeutung ist.

Wir verwenden oft das folgende Zerlegungslemma, das z.B. in [38] bewiesen ist :

<u>Lemma 5.1</u>. Jede Lösung U des homogenen Systems $B(\partial_x,\omega)U(x)=0$ läßt sich auf folgende Weise zerlegen :

$$U = (\overset{1}{u}^T + \overset{2}{u}^T \; ; \; u_3)^T \quad , \text{ wobei} \tag{5.5}$$

$$\begin{aligned} \overset{1}{u} &= - \frac{\lambda+2\mu}{\varrho\omega^2} \operatorname{grad} \operatorname{div} u + \frac{\gamma}{\varrho\omega^2} \operatorname{grad} u_3 \, , \\ \overset{2}{u} &= \frac{\mu}{\varrho\omega^2} \operatorname{rot} \operatorname{rot} u \end{aligned} \tag{5.6}$$

gesetzt sind. Dabei genügen $\overset{1}{u}$, $\overset{2}{u}$ und u_3 den Gleichungen

$$(\Delta+\lambda_1^2)(\Delta+\lambda_2^2)\, \overset{1}{u} = 0 \, , \quad \operatorname{rot} \overset{1}{u} = 0 \, ,$$

$$(\Delta+\lambda_3^2)\, \overset{2}{u} = 0 \, , \quad \operatorname{div} \overset{2}{u} = 0 \, ,$$

$$(\Delta+\lambda_1^2)(\Delta+\lambda_2^2)\, u_3 = 0 \, ,$$

wobei die Konstanten λ_1^2, λ_2^2 und λ_3^2 durch die Formeln

$$\lambda_1^2 + \lambda_2^2 = \frac{\varrho\omega^2}{\lambda+2\mu} + \frac{i\omega}{\varkappa} + \frac{i\omega\eta\gamma}{\lambda+2\mu} \, ,$$

$$\lambda_1^2 \lambda_2^2 = \frac{i\omega}{\varkappa} \frac{\varrho\omega^2}{\lambda+2\mu} \, , \quad \lambda_3^2 = \frac{\varrho\omega^2}{\mu} \qquad \text{gegeben werden.}$$

Bei der Untersuchung von System (5.1) behalten wir die in Kapitel 2 eingeführten Begriffe der Regularität, *-Regularität, ε^*-Regularität und ε-Regularität im Falle eines endlichen Gebietes ungeändert bei. In unendlichen Gebieten fordern wir für große $|x|$ statt (2.6) die Gültigkeit der thermoelastischen Ausstrahlungsbedingungen (vgl. [39])

$$\begin{aligned} &\overset{1}{u}(x) = o(|x|^{-\frac{1}{2}}) \, , && \frac{\partial \overset{1}{u}(x)}{\partial x_l} = O(|x|^{-\frac{3}{2}}) \, , \\ &u_3(x) = o(|x|^{-\frac{1}{2}}) \, , && \frac{\partial u_3(x)}{\partial x_l} = O(|x|^{-\frac{3}{2}}) \quad (l=1,2) \, , \\ &\overset{2}{u}(x) = O(|x|^{-\frac{1}{2}}) \, , && \frac{\partial \overset{2}{u}(x)}{\partial |x|} - i\lambda_3 \overset{2}{u}(x) = o(|x|^{-\frac{1}{2}}) \, , \end{aligned} \tag{5.7}$$

wobei von jetzt an die Finitheit von $\Phi(x)$ vorausgesetzt wird, damit für große $|x|$ Lemma 5.1 angewandt werden kann.

U sei eine im endlichen Gebiet D reguläre (oder auch *-, ε^*- oder ε-reguläre) Lösung des homogenen Systems $B(\partial_x,\omega)U = 0$. Dann gilt der Integralsatz ([38], [10]):

$$\begin{aligned} \frac{2\gamma}{i\omega\eta} \int_D |\operatorname{grad} u_3|^2 dx = \int_{\partial D} \{ & \bar{u}^T \tilde{T}(\partial_z,n) U - u^T \tilde{T}(\partial_z,n) \bar{U} \\ & + \frac{\gamma}{i\omega\eta} (u_3 \frac{\partial \bar{u}_3}{\partial n} + \bar{u}_3 \frac{\partial u_3}{\partial n}) \} ds \quad . \end{aligned} \tag{5.8}$$

Wenn D dagegen ein unendliches Gebiet ist und U eine (den Ausstrahlungsbedingungen genügende) reguläre (*-, ε^*- oder ε-reguläre) Lösung des homogenen Differentialgleichungssystems, so gilt

$$\frac{2\gamma}{i\omega\eta}\int\limits_{D\cap K_R(0)}|\operatorname{grad} u_3|^2dx = 2\omega i\sqrt{\varrho\mu}\int\limits_{S_R(0)}|\dot{u}|^2ds + K(R)$$

$$+\int\limits_{\partial D}\Big\{\bar{u}^T\tilde{T}(\partial_z,n)U - u^T\tilde{T}(\partial_z,n)\bar{U} + \frac{\gamma}{i\omega\eta}\Big(u_3\frac{\partial\bar{u}_3}{\partial n} + \bar{u}_3\frac{\partial u_3}{\partial n}\Big)\Big\}ds \quad , \tag{5.9}$$

wobei die Funktion $K(R)$ mit $R\to\infty$ gegen 0 konvergiert ([38], [10]).

Wir benötigen noch den folgenden Integralsatz für zwei in einem endlichen Gebiet D *-reguläre Vektoren U, V dergestalt, daß $B(\partial_x,\omega)U$ und $B^*(\partial_x,\omega)V$ in D absolut integrierbar sind :

$$\int\limits_D\{U^T(x)B^*(\partial_x,\omega)V(x) - V^T(x)B(\partial_x,\omega)U(x)\}dx$$
$$= \int\limits_{\partial D}\{U^T(z)R_2^*(\partial_z,n)V(z) - V^T(z)R_2(\partial_z,n)U(z)\}ds \quad . \tag{5.10}$$

Man sieht leicht ein, daß das Kurvenintegral in (5.10) auch in der Gestalt

$$\int\limits_{\partial D}\{(R_k(\partial_z,n)U(z))^T R_k^{*\prime}(\partial_z,n)V(z)-(R_k^{\prime}(\partial_z,n)U(z))^T R_k^*(\partial_z,n)V(z)\}ds$$
$$(k=1,2,\ldots,8)$$

geschrieben werden kann.

Die folgende Grundlösungsmatrix für das System (5.1) wurde in [39] berechnet

$$\Gamma(z;\omega,\gamma)= -\frac{\pi i}{2}\Big[(1-\delta_{k3})(1-\delta_{l3})\Big\{\frac{\delta_{kl}}{\mu}H_0^{(1)}(\lambda_3|z|)-\sum_{j=1}^{3}\alpha_j\frac{\partial^2}{\partial z_k\partial z_l}H_0^{(1)}(\lambda_j|z|)\Big\}$$
$$+i\omega\eta\delta_{k3}(1-\delta_{l3})\sum_{j=1}^{3}\beta_j\frac{\partial}{\partial z_l}H_0^{(1)}(\lambda_j|z|) -\gamma\delta_{l3}(1-\delta_{k3})\sum_{j=1}^{3}\beta_j\frac{\partial}{\partial z_k}H_0^{(1)}(\lambda_j|z|)$$
$$+\delta_{k3}\delta_{l3}\sum_{j=1}^{3}\gamma_j H_0^{(1)}(\lambda_j|z|)\Big]_{k,l=1,2,3} \tag{5.11}$$

mit

$$\alpha_j=\frac{(-1)^j(1-i\omega\varkappa^{-1}\lambda_j^{-2})}{(\lambda+2\mu)(\lambda_2^2-\lambda_1^2)}\ (j=1,2),\quad \alpha_3=-\frac{1}{\varrho\omega^2}\ ,\quad \sum_{j=1}^{3}\alpha_j=0\quad ,$$

$$\beta_j=\frac{(-1)^j}{(\lambda+2\mu)(\lambda_2^2-\lambda_1^2)}\quad (j=1,2),\ \beta_3=0\ ,\ \sum_{j=1}^{3}\beta_j=0\ ,$$

$$\gamma_j=\frac{(-1)^j(\lambda_j^2-k^2)}{\lambda_2^2-\lambda_1^2}\quad (j=1,2)\ ,\ \gamma_3=0,\ \sum_{j=1}^{3}\gamma_j=1\ ;\ k^2=\frac{\varrho\omega^2}{\lambda+2\mu}\quad .$$

Die Spalten von $\Gamma(x-y;\omega,\gamma)$ genügen bei festem y für große $|x|$ den Ausstrahlungsbedingungen. Die Zeilenvektoren von $\Gamma(x-y;\omega,\gamma)$ sind bezüglich y Lösungen des adjungierten Differentialgleichungssystemes $B^*(\partial_y,\omega)V=0$. Damit stellt die Matrix

$$\Gamma^*(z;\omega,\gamma) = \Gamma(-z;\omega,\gamma)^T$$

eine Grundlösungsmatrix für das adjungierte Differentialgleichungssystem dar.

Wenn S eine Kurve der Klasse $C^{1,\alpha}$ ist, so kann man unter Ausnutzung der Eigenschaften der Hankelschen Funktion $H_0^{(1)}$ zeigen, daß für $x,y\in S$ folgende Beziehungen gelten ([16], [17]) :

$$\frac{d}{ds_x}\Gamma(x-y;\omega,\gamma) = \begin{bmatrix} a & 0 & 0 \\ 0 & a & 0 \\ 0 & 0 & 1 \end{bmatrix} \frac{d}{ds_x}\ln\frac{1}{|x-y|} + H_1(x,y),$$
$$R_2(\partial_x,n)\Gamma(x-y;\omega,\gamma) = \begin{bmatrix} 0 & -c & 0 \\ c & 0 & 0 \\ 0 & 0 & 0 \end{bmatrix} \frac{d}{ds_x}\ln\frac{1}{|x-y|} + H_2(x,y) \qquad (5.12)$$

mit

$$a = \frac{\lambda+3\mu}{2\mu(\lambda+2\mu)}, \qquad c = \frac{\mu}{\lambda+2\mu}.$$

$H_1(x,y)$ und $H_2(x,y)$ sind hierbei auf $S\times S$ höchstens von der Ordnung $O(|x-y|^{-1+\varepsilon})$ mit festem $\varepsilon>0$.

Nach Anwendung der Integralformel (5.10) auf eine Lösung U des Systemes (5.1) in einem endlichen Gebiet und auf die Grundlösungsmatrix $\Gamma^*(x-y;\omega,\gamma) = \Gamma(y-x;\omega,\gamma)^T$ erhält man auf bekannte Weise die Darstellungsformel

$$2U(x) = \frac{1}{\pi}\int_{\partial D}\{\Gamma(x-y;\omega,\gamma)R_2(\partial_y,n)U(y) - [R_2^*(\partial_y,n)\Gamma^*(y-x;\omega,\gamma)]^T U(y)\}ds$$
$$+ \frac{1}{\pi}\int_D \Gamma(x-y;\omega,\gamma)\,\Phi(y)dy \qquad \text{für } x\in D. \qquad (5.13)$$

Es ist leicht zu sehen, daß diese Formel auch allgemeiner in der Form

$$2U(x) = \frac{1}{\pi}\int_{\partial D}\{[R_k^*(\partial_y,n)\Gamma^*(y-x;\omega,\gamma)]^T R_k'(\partial_y,n)U(y)$$
$$- [R_k^{*\prime}(\partial_y,n)\Gamma^*(y-x;\omega,\gamma)]^T R_k(\partial_y,n)U(y)\}ds \qquad (5.14)$$
$$+ \frac{1}{\pi}\int_D \Gamma(x-y;\omega,\gamma)\,\Phi(y)dy \qquad (k=1,2,\ldots,8) \quad \text{für } x\in D$$

geschrieben werden kann.

Das Einfachschichtpotential der ebenen Thermoelastizitätstheorie wird gegeben durch

$$V(x;\varphi) = \frac{1}{\pi}\int_{\partial D}\Gamma(x-y;\omega,\gamma)\,\varphi(y)ds \qquad (5.15)$$

mit einem dreikomponentigen Dichtevektor φ . Aus [39], [16] sind die folgenden Eigenschaften von $V(x;\varphi)$ bekannt.

Wenn $\varphi\in C^{0,\alpha}(L)$ und $L=\partial D\in C^{1,\alpha}$ $(0<\alpha\leq 1)$, so gelten die folgenden Behauptungen :

1. $V(x;\varphi)$ ist in D reguläre Lösung von $B(\partial_x,\omega)U(x)=0$.

2. Für $z \in L$ gilt

$$\{R_2(\partial_z,n)V(z;\varphi)\}^{\pm} = \pm\varphi(z) + \frac{1}{\pi}\int_L [R_2(\partial_z,n)\,\Gamma(z-y;\omega,\gamma)]\varphi(y)ds$$

(n ist die äußere Normale an L im Punkte z) .

3. Für $z \in L$ gilt

$$\frac{d}{ds_z}V(z;\varphi) = \frac{1}{\pi}\int_L \frac{d}{ds_z}\,\Gamma(z-y;\omega,\gamma)\,\varphi(y)ds \;,$$

man darf auf L also unter dem Integral differenzieren.

Zur Übertragung dieser Eigenschaften auf Dichten der Klasse H^* vergleiche man die Bemerkungen von Kapitel 2 , die sich hier unmittelbar übertragen (vgl. [17]).

Die Konstruktion eines äquivalenten Potentials vom Typ der Einfachschicht

$$\hat{V}(x;\varphi) = \frac{1}{\pi}\int_L \hat{G}(x,y;\omega)\,\varphi(y)ds$$

erfolgt vollständig analog zu Kapitel 2. Man macht sich dabei zunutze, daß die Eigenwerte und Eigenvektoren der ersten Randwertaufgabe für das homogene Differentialgleichungssystem (5.1) mit einer Teilmenge der Eigenwerte und Eigenvektoren der ersten Randwertaufgabe für das Differentialgleichungssystem stationärer Schwingungen der klassischen Elastizitätstheorie identifiziert werden können (vgl. auch [16]).

6. Randkontaktaufgaben der ebenen Thermoelastizitätstheorie bei festem Kontakt

Bezüglich der betrachteten Gebiete und deren Berandungen übernehmen wir hier die Bezeichnungen und Voraussetzungen von Kapitel 3 . Die Gebiete D_j $(j=0,1,\ldots,m)$ seien von elastischen Medien ausgefüllt, in denen die Materialcharakteristika gewisse konstante Werte haben. Wir betrachten nun die folgende Randkontaktaufgabe :

Gesucht sind reguläre Lösungen U^j $(j=0,1,\ldots,m)$ der Differentialgleichungssysteme

$$\underset{(j)}{B}(\partial_x,\omega)\, U^j(x) = -\phi^j(x) \quad , \quad x\in D_j \quad , \tag{6.1}$$

die auf den S_k^j den Randbedingungen

$$\underset{(j)}{R}{}_l(\partial_z,n)U^j(z)= F_k^j(z) \quad \text{für } z\in S_k^j \text{ mit } n_{l-1}^j+1\le k\le n_l^j \tag{6.2}$$

$$(l=1,\ldots,8;\ j=0,1,\ldots,m)$$

sowie auf den S_j den Kontaktbedingungen

$$\left.\begin{aligned} &U^j(z)-U^0(z)= F^j(z), \\ &\underset{(j)}{\tilde{T}}(\partial_z,n)U^j(z)- \underset{(0)}{\tilde{T}}(\partial_z,n)U^0(z)= g^j(z) \qquad \text{für } z\in S_j , \\ &\lambda_{\theta_j} \frac{\partial}{\partial n} u_3^j(z) - \lambda_{\theta_0} \frac{\partial}{\partial n} u_3^0(z) = h^j(z) \qquad (j=1,2,\ldots,m) \end{aligned}\right. \tag{6.3}$$

genügen.

Die formulierte Aufgabe bezeichnen wir mit dem Symbol $B(\omega)$, die entsprechende homogene Aufgabe (d.h. ϕ^j und alle Randvorgaben verschwinden identisch) mit $Bo(\omega)$.

In Anknüpfung an Kapitel 1 werde diese Aufgabe auch in Operatorenschreibweise wie folgt geschrieben :

$$L\, U = F \quad .$$

Wir beweisen nun den Eindeutigkeitssatz für den Fall, daß D ein unendliches Gebiet ist.

<u>Satz 6.1</u>. D sei ein unendliches Gebiet. Dann besitzt die Aufgabe $B(\omega)$ höchstens eine reguläre Lösung.

Beweis. Es seien V und W zwei reguläre Lösungen von $B(\omega)$. Dann ist die Differenz $U=V-W$ reguläre Lösung des homogenen Problems $Bo(\omega)$.
Es seien weiter U^k die Werte von U in den Gebieten D_k $(k=0,1,\ldots,m)$. Wir wenden auf die U^j $(j=1,\ldots,m)$ in den D_j die Formel (5.8) und auf U^0 in $D_0\cap K_R(0)$ die Formel (5.9) an und summieren die erhaltenen Ausdrücke. Wegen der Homogenität der Rand- und Kontaktbedingungen, wegen $\lambda_{\theta_j}= (\eta_j)^{-1}\gamma^j T_0$ und der vereinbarten Richtung der **Normalen** n (vgl.

Kapitel 3) verschwinden alle Integrale über S, und wir erhalten

$$\frac{2\gamma_0}{i\omega\eta_0}\int_{D_0\cap K_R(0)}|\operatorname{grad} u_3^0|^2dx+\sum_{j=1}^{m}\frac{2\gamma_j}{i\omega\eta_j}\int_{D_j}|\operatorname{grad} u_3^j|^2\,dx$$

$$=2i\omega\sqrt{\varrho\mu_0}\int_{S_R(0)}|\overset{2}{u}{}^0|^2\,ds+K(R)\ .$$

Nach dem Grenzübergang $R\to\infty$ erhalten wir sofort

$$\lim_{R\to\infty}\int_{S_R(0)}|\overset{2}{u}{}^0|^2\,ds=0 \quad \text{und} \quad \int_{D_k}|\operatorname{grad} u_3^k|^2\,dx=0\ (k=0,1,\ldots,m)\ .$$

Aus den letzten Beziehungen folgt sofort $\operatorname{grad} u_3^k = \text{const}$, und da die u_3^k Lösungen der in Lemma 5.1 angegebenen Differentialgleichung sind, folgt unter Beachtung von $\lambda_i\neq 0$ $(i=1,2)$ hieraus $u_3^k=0$. Nun kann man aber auf Grund der dritten Gleichung von (6.1) schließen

$$\operatorname{div} u^k=-\frac{1}{i\omega\eta_k}\Delta u_3^k-\frac{1}{\varkappa_k\eta_k}u_3^k=0\ .$$

Aus der Definition von $\overset{1}{u}$ in Lemma 5.1 ergibt sich jetzt unmittelbar

$$\overset{1}{u}{}^k(z)=0 \text{ für alle } z\in D_k\ (k=0,1,\ldots,m)\ .$$

Es muß nun noch gezeigt werden, daß die $\overset{2}{u}{}^j$ $(j=0,\ldots,m)$ verschwinden. Zunächst ergibt sich aus der obigen Limesrelation für $\overset{2}{u}{}^0$ und aus dem Fundamentallemma der Schwingungstheorie $\overset{2}{u}{}^0=0$. Auf Grund der Rand- und Kontaktbedingungen der Aufgabe und wegen $\overset{2}{u}{}^0=0$ bestehen für die U^j in den D_j $(j=1,\ldots,m)$ Randbedingungen, die sich auf den S_k^j aus (6.2) ergeben. Auf S_j hat man wegen (6.3) die Randbedingungen

$$U^j(z)=0 \quad \text{und} \quad \underset{(j)}{R}{}_2(\partial_z,n)U^j(z)=0\ .$$

Wenn das Gebiet D_j nun z.B. einfach zusammenhängend ist, so folgt nach Einsetzen in die Darstellungsformel (5.13) sofort $U^j(z)=0$. Ist das Gebiet D_j dagegen mehrfach zusammenhängend (in diesem Falle treten auf dem Rand von D_j nicht nur Kontaktbedingungen, sondern auch Randbedingungen auf), so schließt man analog wie beim Beweis von Satz 3.1 (die Existenz des dabei benötigten Greenschen Tensors folgt aus [40], wird aber als Spezialfall in den folgenden Ausführungen mit bewiesen).
Damit ist Satz 6.1 bewiesen.

Wenn D ein endliches Gebiet ist, so besitzt die Aufgabe Bo(ω) i.a. nichttriviale Lösungen. Unter Verwendung des Integralsatzes (5.8) beweist man nämlich leicht den

Satz 6.2. D sei ein endliches Gebiet. Dann besitzt das homogene Problem Bo(ω) genau dann eine nichttriviale reguläre Lösung, wenn ω Eigenwert der folgenden Randkontaktaufgabe für den Vektor $\overset{2}{u}(x)=\{\overset{2}{u}{}^j(x)$ für $x\in D_j$, $j=0,1,\dots,m\}$ ist :

$$\mu_j \Delta \overset{2}{u}{}^j(x) + \varrho_j \omega^2 \overset{2}{u}{}^j(x)= 0 \ , \quad \operatorname{div} \overset{2}{u}{}^j(x)= 0 \quad \text{für } x\in D_j \ , \qquad (6.4)$$

$$(\overset{2}{u}{}^k(z)- \overset{2}{u}{}^0(z)) = 0,$$

$$\underset{(k)}{T}(\partial_z,n)\overset{2}{u}{}^k(z) - \underset{(0)}{T}(\partial_z,n)\overset{2}{u}{}^0(z) = 0 \qquad \text{für } z\in S_k \ ,$$

$$\underset{(j)}{R}{}_l(\partial_z,n)\ (\overset{2}{u}{}^j(z)^T;0)^T = 0 \quad \text{für } z\in S_k^j \text{ mit } n_{l-1}^j+1\le k\le n_l^j$$

$$(l=1,2,\dots,8;\ j=0,1,\dots,m;\ k=1,2,\dots,m) \ .$$

Ist $\overset{2}{u}$ die allgemeine Lösung von (6.4), so ist $U=(\overset{2}{u}{}^T;0)^T$ die allgemeine Lösung von Bo(ω).

Die Existenztheorie für die Aufgabe B(ω) kann vollständig analog durchgeführt werden, wie in Kapitel 3 . Da man mit Hilfe des Volumenpotentials das Problem stets auf den Fall $\phi^j=0$ $(j=0,1,\dots,m)$ zurückführen kann, nehmen wir die Gültigkeit dieser vereinfachenden Voraussetzung von vornherein an.
Wir suchen die Lösung U der Aufgabe B(ω) in Gestalt eines äquivalenten Potentials vom Typ der Einfachschicht in jedem der Gebiete D_j

$$U^j(x) = \frac{1}{\pi} \int_{\partial D_j} \underset{(j)}{\hat{G}}(x,y;\omega)\varphi^j(y)ds \quad (j=0,1,\dots,m) \ . \qquad (6.5)$$

Der Ansatz führt unter Beachtung der Eigenschaften des Einfachschichtpotentials wie in Kapitel 3 auf ein Integralgleichungssystem, das wir in Bezugnahme auf Kapitel 1 abkürzend mit

$$A\,\phi = F \qquad (6.6)$$

bezeichnen. In [16] hatten wir dieses System unter Verwendung des Differentiationsoperators Ω_0 von Kapitel 3 untersucht. Die auf diesem Wege erhaltenen Resultate entsprechen denen von Kapitel 3 . Insbesondere besitzt das dabei entstehende singuläre Integralgleichungssystem den Index Null und ist vom normalen Typ. Wenn $S=\Omega A$ gesetzt ist, gilt die Abschätzung

$$\max(n,h) \le \dim N(S) \le n+h \qquad (3.14)$$

(h ist die Anzahl der linear unabhängigen Lösungen von Bo(ω)).

Durch Verwendung des Operators

$$\Omega = \Omega(\tfrac{d}{ds}) = (\tfrac{d}{ds_z}+a(z)) \ , \ a(z)\in C^{0,\alpha} \ , \qquad (6.7)$$

wobei die Funktion a(z) auf keiner geschlossenen Randkurve identisch verschwinden möge und nur nichtnegative Werte annehmen möge, können wir die Überlegungen formal um einiges vereinfachen.

Wir weisen noch darauf hin, daß mit Hilfe des Operators (6.7) stets äquivalente Integralgleichungen entstehen. Insbesondere ist im Nichteigenwertfall, also z.B. bei Außengebietaufgaben, das Integralgleichungssystem

$$A \Phi = F$$

eindeutig lösbar.

7. Die allgemeine gemischte Randwertaufgabe der ebenen Thermoelastizitätstheorie

Es sei wie in Kapitel 4 $S \in C^{2,\alpha}$. Wir führen hier dieselben Bezeichnungen wie in Kapitel 4 und betrachten die Randwertaufgabe, eine im einfach zusammenhängenden unendlichen Gebiet D ($\partial D = S$) *-reguläre Lösung U des Differentialgleichungssystemes (5.1) zu finden, die auf S die Randbedingungen

$$R_k(\partial_z, n)U(z) = F_k(z) = (f_1^k(z), f_2^k(z), f_3^k(z))^T, \quad z \in S_k \qquad (7.1)$$
$$(k=1,2,\ldots,8)$$

erfüllt. Bezüglich der $F_k(z)$ haben wir die in Kapitel 4 zusammengestellten Bedingungen a und b sowie α)- γ) zu fordern.
Die so formulierte Aufgabenstellung bezeichnen wir mit $C(\omega)$, im homogenen Fall (d.h. $\Phi=0$ und $F_k(z)=0$) mit $Co(\omega)$. In Anknüpfung an Kapitel 1 schreiben wir auch kurz

$$L\,U = F .$$

Satz 7.1. Die homogene Aufgabe $Co(\omega)$ besitzt nur die triviale Lösung.

Beweis. Setzen wir die Lösung U in Formel (5.9) ein, so ergibt sich für $R \to \infty$ wegen der homogenen Randbedingungen

$$2\gamma \lim_{R\to\infty} \int_{D\cap K_R(0)} |\operatorname{grad} u_3|^2\, dx = -2\omega^2 \eta \sqrt{\varrho\mu} \lim_{R\to\infty} \int_{S_R(0)} |\overset{2}{u}|^2\, ds .$$

Da beide Integrale und die auftretenden Konstanten positiv sind, folgt wie beim Beweis von Satz 6.1 zunächst $u_3=0$ und $\overset{2}{u} = 0$; ebenfalls wie in Satz 6.1 schließt man $\overset{1}{u} = 0$, womit der Satz bewiesen ist.

Um die Existenz einer *-regulären Lösung U des Problemes $C(\omega)$ nachzuweisen, suchen wir U in Gestalt eines äquivalenten Einfachschichtpotentials

$$U(x) = \frac{1}{\pi} \int_S \hat{G}(x,y;\omega)\, \varphi(y)\, ds . \qquad (7.2)$$

Nach Ausnutzung der Eigenschaften des Einfachschichtpotentials führt dieser Ansatz auf Grund der Randbedingungen der Aufgabe auf ein Integralgleichungssystem

$$A\varphi = F , \qquad (7.3)$$

das man leicht explizit aufschreiben kann. Wendet man auf (7.3) den gleichen Operator Ω an, wie in Kapitel 4, so erhält man das System

$$\Omega A \varphi = \Omega F , \qquad (7.4)$$

das sich vom System (4.9) nur dadurch unterscheidet, daß $\hat{G}(z,y;\sigma)$

durch $\hat{G}(z,y;\omega)$ und die Randoperatoren $N_1,\dots,N_8$ durch die Operatoren $R_1,\dots,R_8$ zu ersetzen sind (insbesondere vertritt R_2 die Stelle von P, $\tilde{T}$ die von Q , und dort, wo im Ausdruck für K(z,y) in (4.9) die Konstante C auftaucht, ist diese gleich 1 zu setzen.

(7.4) ist ein singuläres Integralgleichungssystem vom Normaltyp. Der charakteristische Teil von (7.4) wird aus dem in Kapitel 4 berechneten charakteristischen Teil von (4.9) dadurch erhalten, daß man A durch a, D durch -c und C durch 1 ersetzt.
Nach umfangreichen aber nicht schwierigen Rechnungen ergibt sich wie in Kapitel 4 der Index $\varkappa_{h^*}$ von (4.13) bzw. $\varkappa_h$ von (4.14) in den Klassen h^* bzw. h .

Alle weiteren Überlegungen lassen sich fast wörtlich übertragen. Zum Nachweis der Voraussetzungen V1 bis V6 von Kapitel 1 hat man die gleichen Betrachtungen durchzuführen, wie in Kapitel 4 . Genau wie dort ist auch die Unterscheidung der Fälle I bis IV mit allen ihren Unterfällen erforderlich. Die in den Formeln (4.18), (4.22), (4.23) und (4.27) angegebenen Vektoren lösen in den entsprechenden Unterfällen das adjungierte Integralgleichungssystem und führen zu keiner linear unabhängigen Lösbarkeitsbedingung für (7.4) .

Wie in Kapitel 4 erhält man auch hinreichende Bedingungen für die Existenz ε^*- bzw. ε-regulärer Lösungen.

Wir fassen die Ergebnisse in den folgenden beiden Sätzen zusammen.

<u>Satz 7.2</u>. Für alle den Bedingungen (4.5) und (4.6) genügenden Randwerte existiert stets eine *-reguläre Lösung der Aufgabe $C(\omega)$. Diese wird durch (7.2) gegeben, wobei φ die Lösung des Integralgleichungssystemes (7.3) in der Klasse h^* ist.
φ ist außerdem Lösung von (7.4) .

<u>Satz 7.3</u>. Das Problem $C(\omega)$ besitzt in der Klasse der ε^*- bzw. ε-regulären Vektoren sicher dann eine Lösung, wenn die Randwerte $\varkappa_{h^*}-\varkappa_h$ linear unabhängige Lösbarkeitsbedingungen erfüllen.
Diese Lösbarkeitsbedingungen lassen sich gemäß Satz 4.4 in zwei Gruppen einteilen.

Wenn D ein mehrfach zusammenhängendes unendliches Gebiet ist, so müssen die Überlegungen nur wenig modifiziert werden und führen zu den gleichen Ergebnissen. Ist D dagegen ein endliches Gebiet, so erhält man diese Resultate im Nichteigenwertfall ebenfalls. Im Eigenwertfall treten wiederum die am Schluß von Kapitel 4 genannten mit der Abschätzung der Greenschen Tensoren für gemischte statische Aufgaben zusammenhängenden Schwierigkeiten auf.

Literatur

[1] Beckert,H.: ZAMM 52(1972), 111-122.

[2] Cosserat,E. und F.: Théorie des corps déformables. Herman, Paris 1909.

[3] Courant,R. und Hilbert,D.: Methoden der mathematischen Physik. Bd. 1 und 2. Springer, Berlin 1931 und 1937.

[4] Fichera,G.: Linear elliptic equations of higher order in two independent variables ... . Proceedings of the Int. Conf. PDE and Cont. Mechanics Madison, Wisconsin 1960. R.E.Langer Editor.

[5] Iesan,D.: Int. J. Engrg. Sci. 8, No 9 (1970), 777-791.

[6] Iesan,D.: Int. J. Engrg. Sci. 9, No 1 (1971), 59-78.

[7] Jentsch,L.: Zur Existenz von regulären Lösungen der Elastostatik stückweise homogener Körper mit neuen Kontaktbedingungen an den Trennflächen zwischen zwei homogenen Teilen. Abh. d. Sächs. Akad. d. Wiss. Leipzig Band 53 Heft 2 . Akademie-Verlag Berlin 1977.

[8] Jentsch,L.: Math. Nachr. 64(1974), 171-231.

[9] Jentsch,L.: Verallgemeinerte thermoelastische Schwingungen in Körpern mit gleitenden Einschlüssen aus anderem Material. In diesem Heft.

[10] Купрадзе,В.Д., Гегелиа,Т.Г., Башелейшвили,М.О., Бурчуладзе,Т.В.: Трехмерные задачи математической теории упругости и термоупругости. Москва 1976 .

[11] Leis,R.: Math. Zeitschr. 85(1964), 141-153.

[12] Маисаиа,О.И.: Исследование основных граничных задач плоской моментной теории упругости. Тбилиси 1974 .

[13] Maul,J.: Eine einheitliche Methode zur Lösung der ebenen Aufgaben der linearen Elastostatik. Schriftenr. ZIMM Akad. d. Wiss. d. DDR. Heft 24, Berlin 1976.

[14] Maul,J.: Beiträge zur Analysis 6(1974), 103-107.

[15] Maul,J.: Сообщ. АН Груз. ССР 87 Но2 (1977), 305-308 ,
87 Но3 (1977), 569-572 .

[16] Maul,J.: О решении плоских задач связной теории термоупругости для изотропной неоднородной среды. Тр. Тбил. мат. ин-та т. 58 (1978), 150-167.

[17] Maul,J.: Beiträge zur Existenztheorie gemischter Randwert- und Kontaktaufgaben der klassischen und mikropolaren Elastizitätstheorie und Thermoelastizitätstheorie. Preprint Karl-Marx-Universität Leipzig 1977.

[18] Михлин,С.Г.: Многомерные сингулярные интегралы и интегральные уравнения. Москва 1962 .

[19] Мусхелишвили,Н.И.: Singuläre Integralgleichungen. Akademie-Verlag Berlin 1965.

[20] Мусхелишвили,Н.И.: Некоторые основные задачи математической теории упругости. Москва 1966.

[21] Nowacki,W.: Теория упругости. Мир, Москва 1966.

[22] Nowacki,W.: Theory of micropolar elasticity. ICMS Courses and Lectures No 25. Udine 1970. Springer-Verlag Wien, New York.

[23] Солонников,В.А.: Труды МИАН СССР 110 (1970),107-145.

[24] Солонников,В.А.: Труды МИАН СССР 111 (1971),181-216.

[25] Toupin,R.A.: Arch. Rat. Mech. Anal. 11(1962) .

[26] Truesdell,C. und Toupin,R,A.: The classical Field Theories. Handb. d. Physik Bd. 3 Teil 1. Springer-Verlag Berlin 1960.

[27] Векуа,Н.П.: Системы сингулярных интегральных уравнений. Москва 1970.

[28] Wacker,H.M.: Bonner Math. Schriften 31. Diss. Bonn (1968).

[29] Зазашвили,С.П.: Сообщ. АН Груз. ССР т.83 No1 (1976), 49-52.

[30] Гиоргашвили,Л.Г.: Аннотации докладов семин. ин-та прикл. матем. Тбил. ун-та 7 (1973), 33-44.

[31] Jentsch,L.: Über Wärmespannungen in Körpern mit stückweise konstanten Laméschen Elastizitätsmoduln. Schriftenr. ZIMM Dt. Akad. d. Wiss. zu Berlin, Heft 14, Berlin 1972.

[32] Манджавидзе,Г.Ф.: Прикл. мат. мех. т. 15 вып.3 (1951), 279-296

[33] Манджавидзе,Г.Ф.: Приложения теории функций в механике сплошной среды. Тр. Межд. симпозиума в Тбилиси 17.-23.9. 1963 , стр. 237-247. Москва 1965 .

[34] Купрадзе,В.Д.: Методы потенциала в теории упругости. Москва 1963 .

[35] Купрадзе,В.Д., Бурчуладзе,Т.В.: Сообщ. АН Груз. ССР 32 NoI (1963), 27-34 .

[36] Dieudonné,J.: Grundzüge der modernen Analysis I (Übers. aus dem Englischen). VEB Dt. Verl. d. Wiss. Berlin 1971.

[37] Nowacki,W.: Динамические задачи термоупругости. Мир, Москва 1970.

[38] Купрадзе,В.Д., Бурчуладзе,Т.В.: Динамические задачи теории упругости и термоупругости. Москва, изд. ВИНИТИ, итоги науки и техники, сер. совр. проблемы математики, т.7 (1975), 163-296.

[39] Бурчуладзе,Т.В.: Труды Тбил. мат. ин-та АН Груз. ССР 39(1971), 5-22 .

[40] Бежуашвили,Ю.А.: Труды Тбил. мат. ин-та 52 (1976), 5-19 .

[41] Wendland,W.L., Stephan,E., Hsiao,G.C.: On the Integral Equation Method for the Plane Mixed Boundary Value Problem of the Laplacian. Math. Meth. in the Appl. Sci. 1(1979). B.G. Teubner Stuttgart 1979.

[42] Weyl,H.: Das asymptotische Verteilungsgesetz der Eigenschwingungen eines beliebig gestalteten Körpers. Rend. Circ. Mat. Palermo 39(1915), 1-49.

Bezeichnungen

Es werden einige Bezeichnungen zusammengestellt, die für den gesamten Band gültig sind und zum Teil nicht im Text erklärt werden.

E_3	dreidimensionaler euklidischer Raum
K_R	offene Kugel im E_3 mit Mittelpunkt 0 und Radius R
∂D	Rand eines Gebietes D
δ_{kl}	Kronecker-Symbol
ϵ_{klm}	Levi-Civita-Symbol
$E \subset F$	E (nicht notwendig echt) enthalten in F
$\emptyset$	leere Menge
A^T	transponierte Matrix zur Matrix A
$\bar{A}$	$\bar{A} = (\bar{a}_{ij})$, falls $A = (a_{ij})$
rank A	Rang der Matrix A
det A	Determinante der quadratischen Matrix A
AB	Produkt der Matrizen A und B (falls möglich)
$a \cdot b = a^T b$	Skalarprodukt der Vektoren a und b
$L\{a,b,\ldots,c\}$	lineare Hülle der Vektoren a,b,...,c
dim U	Dimension des Vektorraumes U
codim U_1	Kodimension des linearen Unterraumes U_1
N(T)	Nullraum (Kern) des Operators T
D(T)	Definitionsbereich des Operators T
R(T)	Wertebereich (range) des Operators T
$[X \to Y]$	Raum der linearen beschränkten Operatoren des Banach-Raumes X in den Banach-Raum Y
Φ-Operator	$T \subset [X \to Y]$ ist Φ-Operator, wenn R(T) abgeschlossen in Y, dim $N(T) < \infty$, codim $R(T) < \infty$
Index von T	Index von T = dim N(T) - codim R(T)
$C^m(D)$	Menge der Matrizen von bestimmtem Typ, deren Elemente im Gebiet D m mal stetig differenzierbare Funktionen sind
$C^m(\bar{D})$	Menge der Matrizen von bestimmtem Typ, deren Elemente in D definierte Funktionen sind, die in D stetige und auf den Rand von D stetig fortsetzbare Ableitungen bis zur m-ten Ordnung besitzen

$C^{m,\beta}(D)$	Menge der Matrizen von bestimmtem Typ, deren Elemente im Gebiet D m mal stetig differenzierbare Funktionen sind, wobei die m-ten Ableitungen in D einer Hölder-Bedingung mit dem Exponenten β genügen
Λ_m	Klasse der Flächen mit m mal stetig differenzierbarer lokaler Darstellung (s. [8] im Lit.-Verz. Teil 1, S.63, $\Lambda_m = \Lambda_m(0)$)
$\Lambda_m(\alpha)$	Klasse der Flächen mit m mal stetig differenzierbarer lokaler Darstellung, wobei die m-ten Ableitungen einer Hölder-Bedingung mit dem Exponenten α genügen (s. [8] im Lit.-Verz. Teil 1, S.63)
C^m	Klasse der rektifizierbaren Jordankurven mit m mal stetig differenzierbarer Parameterdarstellung
$C^{m,\alpha}$	Klasse der rektifizierbaren Jordankurven mit m mal stetig differenzierbarer Parameterdarstellung, wobei die m-ten Ableitungen einer Hölder-Bedingung mit dem Exponenten α genügen
$C^{m,\beta}(S)$	Menge der Matrizen von bestimmtem Typ, deren Elemente auf der Fläche S definierte Funktionen sind, die in den lokalen Koordinaten m mal stetig differenzierbar sind, wobei die m-ten Ableitungen einer Hölder-Bedingung mit dem Exponenten β genügen (s. [8] im Lit.-Verz. Teil 1, S.63)
$C^{m,\beta}(L)$	Menge der Matrizen von bestimmtem Typ, deren Elemente auf der Kurve L definierte Funktionen sind, die bezüglich des Kurvenparameters m mal stetig differenzierbar sind, wobei die m-ten Ableitungen einer Hölder-Bedingung mit dem Exponenten β genügen
$L_2^{(k)}(S)$	Hilbertraum der Vektoren $\psi = (\psi_1, \ldots, \psi_k)^T$ mit $\psi_j \subset L_2(S)$, $j=1,\ldots,k$, und dem Skalarprodukt $(\phi, \psi) = \int_S \phi \cdot \overline{\psi}\, dS = \int_S \sum_{j=1}^{k} \phi_j \overline{\psi}_j\, dS$
Δ	Laplace-Operator
$\underset{(p)}{A}(\partial_x)$	$\underset{(p)}{A}(\partial_x) = \mu_p \Delta + (\lambda_p + \mu_p)$ grad div (Differentiation bezüglich x)
$\{\cdot\}^+, \{\cdot\}^-$	bei Sprungrelationen Grenzwert des in der Klammer stehenden Ausdruckes in einem Punkt der Fläche oder Kurve vom Innengebiet ("+"-Seite) bzw. Außengebiet

	("-"-Seite) her
H^*, H_ε, H	Funktionenklassen in [19] (Lit.-Verz. Teil 2)
Re z	Realteil von z
Im z	Imaginärteil von z

MATHEMATICAL RESEARCH - MATHEMATISCHE FORSCHUNG
BAND 1

Inverse and Improperly Posed Problems in Differential Equations

Proceedings of the Conference on Mathematical and Numerical Methods
held in Halle/Saale (GDR) from May 29 to June 2, 1979
edited by G. ANGER
1979. 296 Seiten - 8° - 37,-- M
Bestell-Nr. 762 744 1 (2182/1)

mit Beiträgen von G. ANGER and R. CZERNER (GDR), V. BARCILON (USA) and G. TURCHETTI (Italy), J.R. CANNON (USA) and R.E. EWING (USA), G. CHAVENT (France), D. COLTON (USA), L. ELDEN (Sweden), V. FRIEDRICH (GDR), I. GALLIGANI (Italy), K. GLASHOFF (FRG), M. GOEBEL (GDR), A. GÖPERT (GDR), R. GORENFLO (Berlin-West), V.M. ISAKOV (USSR), R. KLUGE (GDR), R.J. KNOPS (USA) and L.E. PAYNE (USA), R. KÜHNAU (GDR), M.M. LAVRENTJEV (USSR), B. MICHEL (GDR), J. NEDOMA (Czechoslovakia), R. NÜRNBERG (GDR), J. PEIL (GDR), V.G. ROMANOV (USSR), P.C. SABATIER (France), T.I. SEIDMAN (USA), G. STOYAN (GDR), M. TASCHE (GDR), D. ZIDAROV (Bulgaria), V.A. MOROZOV (USSR)

Most problems in applications, for instance in physics, chemistry biology, engineering and so on, are inverse problems. Previously these problems were studied as direct problems. Often the solution of an inverse problem does not depend continuously on the measured data and is therefore improperly posed. Each physical system must be stable, i.e. must depend continuously on the exterieur data accessible to measurements. This is one reason why improperly posed problems have been the subject to such extensive study recently. The practical importance of inverse and improperly posed problems have been the subject to such extensive study recently. The practical importance of inverse and improperly posed problems is such that they may be considered among the pressing problems of current mathematical research. Many problems remain unsolved in the study of inverse problems.

Die meisten Probleme in den Anwendungen, z.B. in der Physik, der Chemie, der Biologie, der Ingenieurwissenschaften usw., sind inverse Probleme. Früher wurden diese Probleme als direkte Probleme behandelt. Oft hängt die Lösung eines inversen Problems nicht stetig von den gemessenen Werten ab und ist daher inkorrekt gestellt. Jedes physikalische System muß aber stabil sein, d.h. es muß stetig von den äußeren Daten, die gemessen werden können, abhängen. Dieser Sachverhalt ist ein Grund, warum in der letzten Zeit inkorrekt gestellte Probleme so intensiv studiert wurden. Die praktische Bedeutung von inversen und inkorrekt gestellten Problemen ist so groß, daß man sie zu den unbedingt zu lösenden mathematischen Problemen der Gegenwart zählen muß. Es gibt noch viele offene Fragen bei inversen Problemen.

Bestellungen durch eine Buchhandlung erbeten

MATHEMATICAL RESEARCH - MATHEMATISCHE FORSCHUNG
BAND 2

<u>Fundamentals of Computation Theory '79</u>
Proceedings of the Conference on Algebraic, Arithmetic, an Categorical Methods in Computation Theory held in Berlin/Wendisch-Ritz (GDR) from September 17 - 21, 1979

edited by L. Budach
1979. 576 Seiten - 8° - 72,-- M
Bestell-Nr. 762 806 5 (2182/2)

By the use of algebraic, arithmetic, logical, and combinatorial methods "Fundamentals of Computation Theory" has become a branch of mathematics full of problems within the last few years. The conference FCT '79 will be the second of a series of conferences dealing with this subject and being organised every odd year. The FCT-conferences are aimed at researching and developping the interactions between mathematics and informatics.

The present proceedings contain 76 original papers, in the selection of which the editor was supported by the international Organizing Committee of FCT '79. Main topics are:

1. Algebraic & Constructive Theory of Machines, Computations, and Languages.
2. Computation Theory in Category
3. Computability, Decidability & Arithmetic Complexity.

In den letzten Jahren hat sich das Gebiet "Grundlagen der Berechnungstheorie" durch die Anwendung algebraischer, arithmetischer, logischer und kombinatorischer Methoden zu einem mathematisch-theoretischen Zweig mit einer Fülle von Problemen entwickelt. Die Konferenz FCT '79 ist die zweite in einer Reihe von Konferenzen zu diesem Gegenstand, die in jedem ungeraden Jahr organisiert werden. Die FCT-Konferenzen verfolgen das Ziel, die engen Wechselbeziehungen zwischen Mathematik und Informatik zu erfassen.

Der vorliegende Tagungsband enthält 76 Originalarbeiten, bei deren Auswahl sich der Herausgeber auf die Mitarbeit des internationalen Organisationskomitees von FCT '79 gestützt hat. Inhaltliche Schwerpunkte sind:

1. Algebraische und konstruktive Theorie von Maschinen, Berechnungen und Sprachen
2. Kategorientheoretische Methoden der Berechnungstheorie
3. Probleme der Entscheidbarkeit, Berechenbarkeit und der Komplexitätstheorie

MATHEMATICAL RESEARCH - MATHEMATISCHE FORSCHUNG

BAND 3

Decidability and Generalized Quantifiers

von

Andreas Baudisch, Detlef Seese (Akademie der Wissenschaften der DDR, Zentralinstitut für Mathematik und Mechanik),
Hans-Peter Tuschik, Martin Weese (Humboldt-Universität Berlin)

1980. 248 Seiten - 8° - 31,-- M
Bestell-Nr. 762 808 1 (2182/3)

In der vorliegenden Monographie wird ein Überblick über die derzeitigen Resultate zum Problem der Entscheidbarkeit von Theorien gegeben, die in Sprachen mit Mächtigkeitsquantoren formalisiert sind. Der Leser wird mit den Methoden der Entscheidbarkeitstheorie vertraut gemacht. Er erhält einen Einblick in die Ausdrucksstärke von Sprachen mit Mächtigkeitsquantoren. Besondere Aufmerksamkeit wird den Abelschen Gruppen, den Abelschen p-Gruppen, den Booleschen Algebren, den linearen Ordnungen, den Wäldern und Bäumen gewidmet.

This monograph presents a survey of results concerned with the decidability of theories which are formalized in languages containing cardinality quantifiers. The reader becomes acquainted with the tools of the decidability theory. Moreover he gets an insight into the expressive power of languages with cardinality quantifiers. Special attention is paid to Abelian groups, Abelian p-groups, Boolean algebras, linear orderings, forests and trees.

FSC
www.fsc.org
MIX
Papier | Fördert gute Waldnutzung
FSC® C083411

Kolibri 360 GmbH
Ferdinand-Jühlke-Straße 7
99095 Erfurt, Deutschland
produktsicherheit@kolibri360.de